공기업 기계직 전공필기

기출변형문제집 | 최신 경향 문제 수록

기계의 진리

── 공기업 기계직 전공필기 연구소 지음 ──

BM (주)도서출판 성안당

■ 도서 A/S 안내

성안당에서 발행하는 모든 도서는 저자와 출판사, 그리고 독자가 함께 만들어 나갑니다.

좋은 책을 펴내기 위해 많은 노력을 기울이고 있습니다. 혹시라도 내용상의 오류나 오탈자 등이 발견되면 "좋은 책은 나라의 보배"로서 우리 모두가 함께 만들어 간다는 마음으로 연락주시기 바랍니다. 수정 보완하여 더 나은 책이 되도록 최선을 다하겠습니다.

성안당은 늘 독자 여러분들의 소중한 의견을 기다리고 있습니다. 좋은 의견을 보내주시는 분께는 성안당 쇼핑몰의 포인트(3,000포인트)를 적립해 드립니다.

잘못 만들어진 책이나 부록 등이 파손된 경우에는 교환해 드립니다.

저자 e-mail : abc425700@naver.com

본서 기획자 e-mail : coh@cyber.co.kr (최옥현)

홈페이지 : http://www.cyber.co.kr   전화 : 031) 950-6300

현재 시중에는 공기업 기계직과 관련된 전공 기출 문제집이 많지 않습니다. 이에 따라 시험을 준비하고 있는 사람들은 기사 문제나 여러 공무원 기출 문제 등을 통해 공부하고 있어서 공기업 기계직 시험에서 자주 출제되는 중요한 포인트를 놓칠 수 있습니다. 이에 필자는 공기업 기계직 시험을 직접 응시하여 최신 경향을 파악하고 있고, 이를 바탕으로 문제집을 만들고 있습니다.

최근 공기업 기계직 전공 시험 문제는 개념을 정확하게 알고 있는가, 정의를 정확하게 이해하고 있는가에 중점을 두고 출제되고 있습니다. 이에 따라 본서는 자주 등장하는 중요 역학 정의 문제와 단순한 암기가 아닌 이해를 통한 해설로 장기적으로 기억될 뿐만 아니라 향후 면접에도 도움이 될 수 있도록 문제집을 만들었습니다.

[이 책의 특징]

● 최신 경향 기출문제 수록

저자가 직접 시험에 응시하여 문제를 풀어보고 이를 바탕으로 한 100 % 기출 문제를 수록했습니다. 공기업 기계직 시험에 완벽히 대비할 수 있도록 해설에는 관련된 모든 이론, 실수할 수 있는 부분, 암기법 등을 수록했습니다. 또한, 중요 문제는 응용할 수 있도록 문제를 변형하여 출제했습니다.

● 모의고사 2회, 질의응답, 필수이론, 3역학 공식 모음집 수록

최신 기술문제뿐만 아니라 공기업 기계직 시험에 더욱더 대비할 수 있도록 모의고사 2회를 수록하였습니다. 또한, 여러 이론을 쉽게 이해할 수 있도록 질의응답과 자주 출제되는 필수 이론을 수록하여 중요한 개념을 숙지할 수 있도록 하였습니다. 마지막으로 3역학 공식 모음집을 수록하여 공식을 쉽게 익힐 수 있도록 하였습니다.

● 변별력 있는 문제 수록

중앙공기업보다 지방공기업의 전공 시험이 난이도가 더 높습니다. 따라서 중앙공기업 전공 시험의 변별력 문제뿐만 아니라 지방공기업의 전공 시험에 대비할 수 있도록 실제 출제된 변별력 있는 문제를 다수 수록했습니다.

공기업 기계직 기출문제집 [기계의 진리 시리즈]를 통해 전공 시험에서 큰 도움이 되었으면 합니다. 모두 원하시는 목표 꼭 성취할 수 있기를 항상 응원하겠습니다.

저자 씀

중앙공기업 vs. 지방공기업

저자는 과거 중앙공기업에 입사하여 근무했지만 개인적으로 가치관 및 우선순위가 맞지 않아 퇴사하고 다시 지방공기업에 입사했습니다. 중앙공기업과 지방공기업을 직접 경험해 보았기 때문에 각각의 장단점을 명확하게 파악하고 있습니다.

중앙공기업과 지방공기업의 장단점은 다음과 같이 명확합니다.

중앙공기업(메이저 공기업 기준)	지방공기업(서울시 및 광역시 산하)
[장점] • 대기업에 버금가는 고연봉 • 높은 연봉 상승률 • 사기업 대비 낮은 업무 강도 (다만 부서마다 업무 강도가 다름) • 지방 근무는 대부분 사택 제공	**[장점]** • 연고지 근무에 따른 만족감 상승 • 평균적으로 낮은 업무 강도 및 워라벨 (다만 부서 및 업무에 따라 다름) • 지방 근무는 대부분 사택 제공
[단점] • 순환 근무 및 비연고지 근무	**[단점]** • 중앙공기업에 비해 낮은 연봉 • 중앙공기업에 비해 낮은 연봉 상승률

어떤 회사든 자신이 원하는 가치관을 모두 보장할 수는 없지만, 우선순위를 3~5개 정도 파악해서 가장 근접한 회사를 찾아 그에 맞는 목표를 설정하는 것이 매우 중요합니다.

66

가치관과 우선순위에 맞는 목표 설정!!

99

공부방법

효율적인 공부방법

1. 일반기계기사 과년도 기출문제를 먼저 풀고, 보기와 문제를 모두 암기하여 어떤 형식으로 문제가 출제되는지 파악하기
2. 과년도 기출문제와 관련된 이론을 모두 암기하기
3. 일반기계기사의 모든 이론을 꼼꼼히 암기하기
4. 위 과정을 적어도 2~3회 반복하여 정독하기

1. 과년도 기출문제만 풀고 암기하는 분들이 간혹 있습니다. 하지만 이러한 방법은 기사 자격증 시험 합격에는 무리가 없지만, 공기업 전공시험을 통과하는 데에는 그리 큰 도움이 되지 않습니다.

2. 여러 책을 참고하고, 공기업 기출문제로 어떤 것이 출제되었는지 확인하여 부족한 부분과 새로운 개념을 익힙니다.

3. 각종 공무원 7, 9급 기계공작법, 기계설계, 기계일반 기출문제를 풀어보고 모두 암기합니다.

4. 문제 풀이방과 저자가 운영하는 블로그를 적극 활용하며 백지 암기방법을 사용합니다. 또한, 요즘은 역학의 기본 정의에 관한 문제가 많이 출제되니 역학에 대해 확실히 대비해야 합니다.

5. 암기 과목에서 50%는 이해, 50%는 암기해야 하는 내용들로 구성되어 있다고 생각합니다. 예를 들어 주철의 특징, 순철의 특징, 탄소 함유량이 증가하면 발생하는 현상, 마찰차 특징, 냉매의 구비조건 등 무수히 많은 개념들은 이해를 통해 자연스럽게 암기할 수 있습니다.

6. 전공은 한 번 공부할 때 원리와 내용을 제대로 공부하세요. 세 가지 이점이 있습니다.
- 면접 때 전공과 관련된 질문이 나오면 남들보다 훨씬 더 명확한 답변을 할 수 있습니다.
- 향후 취업을 하더라도 자격증 취득과 관련된 자기 개발을 할 때 큰 도움이 됩니다.
- 인생은 누구도 예측할 수 없습니다. 취업을 했더라도 가치관이 맞지 않거나 자신의 생각과 달라 이직할 수도 있습니다. 처음부터 제대로 준비했다면 그러한 상황에 처했을 때 이직하기가 수월할 것입니다.

1 시험에 대한 자세와 습관

쉽지만 틀리는 경우가 다반사입니다. 실제로 저자도 코킹과 플러링 문제를 틀린 적 있습니다. 기밀만 보고 바로 코킹으로 답을 선택했다가 틀렸습니다. 따라서 쉽더라 문제를 천천히 꼼꼼하게 읽는 습관을 길러야 합니다.

그리고 단위는 항상 신경써서 문제를 풀어야 합니다. 문제가 요구하는 답이 mm인 m인지, 주어진 값이 지름인지 반지름인지 문제를 항상 꼼꼼하게 읽어야 합니다.

이러한 습관만 잘 기르면 실전에서 전공점수를 올릴 수 있습니다.

2 암기 과목 문제부터 풀고 계산 문제로 넘어가기

보통 시험은 대부분 암기 과목 문제와 계산 문제가 순서에 상관없이 혼합되어 출제 니다. 그래서 보통 암기 과목 문제를 풀고 그 다음 계산 문제를 풉니다. 실전에서 실 로 이렇게 문제를 풀면 "아~ 또 뒤에 계산 문제가 있네" 하는 조급한 마음이 생겨 쉬 암기 과목 문제도 틀릴 수 있습니다.

따라서 암기 과목 문제를 풀면서 계산 문제는 별도로 ○ 표시를 해 둡니다. 그리고 기 과목 문제를 모두 푼 다음, 그때부터 계산 문제를 풀면 됩니다. 이 방법으로 문제 이를 하면 계산 문제를 푸는 데 속도가 붙을 것이고, 정답률도 높아질 것입니다.

위의 두 가지 방법은 저자가 수많은 시험을 응시하면서 시행착오를 겪고 얻은 노하 입니다. 위의 방법으로 습관을 기른다면 분명히 좋은 시험 성적을 얻을 수 있으리라 신합니다.

시험의 난이도가 어렵든 쉽든 항상 90점 이상을 확보할 수 있도록 대비하면 필기시 을 통과하는 데 큰 힘이 될 것입니다. 꼭 열심히 공부해서 90점 이상 확보하여 좋은 과 얻기를 응원하겠습니다.

차 례

01 2020 상반기 한국환경공단 기출문제

1문제당 2.5점 / 점수 [   ]점 → 정답 및 해설: p.142

01 허용응력이란 기계나 설비 등을 안전하게 사용하는 데 허용되는 최대한도 응력을 말한다. 그렇다면 실제 사용할 때 고려해야 할 사항으로 옳지 **못한** 것은?

① 기계의 부식을 고려해야 한다.
② 기계의 마멸을 고려해야 한다.
③ 기계의 용도와 종류를 고려해야 한다.
④ 사용 재료의 신뢰성과 특성을 고려해야 한다.
⑤ 사용응력을 허용응력보다 크게 설계해야 한다.

02 다음 중 분포하중의 종류가 <u>아닌</u> 것은?

① 이동 분포하중   ② 부분 균일 분포하중   ③ 불균일 분포하중
④ 균일 분포하중   ⑤ 부분 분포하중

03 원형봉재의 길이가 200mm, 지름이 30mm인 봉재에 인장하중을 가했더니 길이가 250mm가 되었다. 이때 변형률은 얼마인가?

① 0.15   ② 0.20   ③ 0.25
④ 0.35   ⑤ 0.45

04 기둥의 좌굴에 대한 설명으로 옳지 **못한** 것은?

① 재료의 불균일로 인해 발생한다.
② 하중의 방향과 기둥의 중심선이 일치하지 않을 때 발생한다.
③ 기둥의 중심선이 직선이 아닐 때 발생한다.
④ 장주에 압축하중이 수직으로 직접 작용할 때 발생한다.
⑤ 가로방향의 하중에 의해 굽힘과 처짐이 발생한다.

5 변형체, 즉 작용하중이나 온도변화에 의한 크기와 형상의 변화를 다루는 학문은?

① 고체역학   ② 유체역학   ③ 응용역학

④ 동역학   ⑤ 재료역학

6 재료가 견딜 수 있는 최대 응력을 나타내는 것은?

① 항복응력   ② 극한강도   ③ 비례한도

④ 탄성한도   ⑤ 사용응력

7 자유도란 물리계의 모든 상태, 위치를 완전히 기술하기 위한 독립좌표의 최소수이다. 다음 중 자유도 계산 시 꼭 기억해야 할 것이 <u>아닌</u> 것은?

① 지지반력이 주어진 정보와 일치해야 한다.

② 최대한 간결하게 표시해야 한다.

③ 물체에 작용하는 외력만 표시한다.

④ 힘, 거리, 각도를 표시한다.

⑤ 힘, 거리, 각도를 모르는 경우 표시하지 않는다.

8 정역학적인 평형방정식만으로는 모든 미지수의 계산이 불가능한 보를 부정정보라고 한다. 다음 중 부정정보인 것은?

① 외팔보   ② 단순보   ③ 돌출보

④ 일단고정 타단지지보   ⑤ 내다지보

9 비열에 대한 설명으로 옳은 것은?

① 비열이 큰 물질일수록 온도 변화가 크다.

② 일반적으로 액체의 비열은 고체의 비열보다 작다.

③ 액체와 고체에 동일한 열량을 가하면 액체의 온도 변화가 고체보다 크다.

④ 대부분 엔진의 냉각수는 비열이 작은 것을 사용한다.

⑤ 동일한 물질이라면 같은 비열을 갖는다.

10 물체에 열을 가했을 때 발생하는 현상이 <u>아닌</u> 것은?

① 분자의 집합 형태가 변한다.
② 분자의 운동에너지가 증가한다.
③ 분자 간의 인력이 열에 저항한다.
④ 외부에 저항하여 부피의 변화가 생긴다.
⑤ 물체의 위치에너지가 변한다.

11 열전달과 관련된 설명으로 옳은 것은?

① 대류는 분자와 상관없이 열이 직접 이동하는 현상이다.
② 전도는 분자가 열을 업고 직접 이동하는 현상이다.
③ 복사는 열이 간접적으로 이동하는 현상이다.
④ 겨울철에 전기히터를 사용하는 것은 복사와 관련이 있다.
⑤ 실내 냉난방을 하는 것은 복사와 가장 관련이 있다.

12 압력과 온도가 같을 때, 모든 가스는 단위 체적 속에 같은 수의 분자를 갖는다는 법칙은?

① 보일의 법칙   ② 샤를의 법칙   ③ 아보가드로의 법칙
④ 게이-뤼삭의 법칙   ⑤ 파스칼의 법칙

13 열역학 제1법칙과 관련된 것으로 <u>틀린</u> 것은?

① 에너지 보존 법칙이다.
② 열과 일 사이의 변환에 있어서 에너지가 어떻게 변하든 에너지의 총량은 항상 일정하다.
③ 에너지 불변의 법칙을 설명한다.
④ 일은 열로, 열은 일로 변환이 가능하다.
⑤ 열은 저온에서 고온으로 이동할 수 없다.

14 물질의 변화 중에서 계와 주위 사이의 열 출입이 <u>없는</u> 변화는?

① 등온변화   ② 정압변화   ③ 정적변화
④ 단열변화   ⑤ 정온변화

5 40°C의 물 25g, 20°C의 물 15g을 혼합했을 때의 혼합온도는?

① 30°C   ② 31.5°C   ③ 32.5°C

④ 33.5°C   ⑤ 34.5°C

6 정압 상태에서 가열하면 게이-뤼삭 법칙에 의거해서 체적과 온도는 각각 어떻게 변하는가?

① 체적 증가, 온도 증가   ② 체적 증가, 온도 감소
③ 체적 감소, 온도 일정   ④ 체적 일정, 온도 증가
⑤ 위 조건으로 판단할 수 없다.

7 난류의 특징으로 옳지 <u>못한</u> 것은?

① 불규칙, 무작위성이 있다.
② 점도가 크고 속도가 작아 협소하고 작은 공간의 관이나 구멍 등의 유동에서 발생한다.
③ 소산성과 여러 규모의 운동을 지닌 다양성을 갖는다.
④ 회전성과 성질들을 혼합하는 능력이 있다.
⑤ 3차원, 회전성을 갖는다.

8 층류에 대한 설명으로 옳지 <u>못한</u> 것은?

① 유체입자들이 서로 층을 이루어 평행하게 이동하며 열손실이 적다.
② 유체입자들이 얇은 층을 이루어서 층과 층 사이에 입자 교환 없이 질서정연한 미끄럼현상이 없는 유동이다.
③ 유체입자들이 얇은 층을 이루어서 층과 층 사이에 입자 교환 없이 질서정연하게 미끄러지면서 흐르는 유동이다.
④ 층류는 유체 입자들이 서로 평행하게 층을 이룬다.
⑤ 층류는 매끄러운 흐름의 유동이다.

9 부양체의 안정상태에 관한 설명으로 옳은 것은?

① 무게중심이 경심의 좌우측에 위치한다.
② 무게중심이 경심보다 위에 있다.
③ 무게중심이 경심보다 아래에 있다.
④ 무게중심이 경심과 일치한다.
⑤ 무게중심과 경심은 관련이 없다.

20 잔잔한 수면 위에 작은 바늘이 뜨는 이유는 어떤 원리와 관계되는가?

① 부력   ② 모세관현상   ③ 표면장력
④ 양력   ⑤ 항력

21 유체의 국부저항손실에 대한 설명으로 옳지 못한 것은?

① 원관 내에서 유체의 관 벽 사이의 마찰로 인해 발생하는 손실이다.
② 밸브류, 이음쇠 등에서 발생하는 손실이다.
③ 굴곡관에서 발생하는 손실이다.
④ 관의 축소·확대에 의해 발생하는 손실이다.
⑤ 부차적 손실, 형상 손실, 국부저항 손실은 모두 같은 말이다.

22 선반 주축을 중공축으로 하는 이유가 아닌 것은?

① 굽힘과 비틀림 응력의 강화를 위해
② 긴 가공물의 고정을 편리하게 하기 위해
③ 지름이 큰 재료의 테이퍼를 깎기 위해
④ 주축의 무게를 줄이기 위해
⑤ 주축 베어링에 작용하는 하중을 줄이기 위해

23 소결광 제조 중 그리나 발트식 소결기의 특징이 아닌 것은?

① 항상 동일한 조업이 가능하다.
② 냄비를 고정하여 장입 밀도의 변화가 없다.
③ 1기가 고장나도 기타 소결냄비로 조업이 가능하다.
④ 대량생산은 부적합하다.
⑤ 배기장치의 누풍량이 적다.

24 소둔(풀림) 공정을 거친 코일 등에 조질압연을 하는 목적으로 옳지 못한 것은?

① 경도 부여   ② 항복점 연신 제거   ③ 형상 교정
④ 표면조도 향상   ⑤ 잔류 오스테나이트의 마텐자이트화

25 질량이 2kgm인 물체를 다른 행성으로 가지고 가서 용수철 저울로 측정하였더니 1.8kg로 표시되었다. 이 행성의 중력가속도는 얼마인가?

① 980m/s^2 ② 9.81m/s^2 ③ 8.81m/s^2

④ 98m/s^2 ⑤ 0.88m/s^2

26 부력에 대한 정의로 옳은 것은?

① 물속에서 물체의 무게와 같다.
② 공기 중에서 물체의 무게와 같다.
③ 물체에 의해 배제된 액체의 무게와 같다.
④ 비중량의 크기와 같다.
⑤ 부력의 크기는 중력의 크기보다 크다.

27 CAD(Computer Aided Design)의 효과로 옳지 <u>못한</u> 것은?

① 설계시간 단축   ② 가공시간 단축   ③ 검증 용이
④ 응력해석 가능   ⑤ 구조해석 가능

28 나사가 1회전할 때 축 방향으로 나아가는 거리는 무엇인가?

① 피치   ② 유효지름   ③ 호칭지름
④ 리드   ⑤ 골지름

29 평벨트의 유효장력에 대한 설명으로 옳은 것은?

① 긴장측 장력과 이완측 장력 합의 평균치이다.
② 긴장측 장력에서 이완측 장력을 뺀 값이다.
③ 긴장측 장력에서 이완측 장력을 더한 값이다.
④ 긴장측 장력의 제곱값이다.
⑤ 긴장측 장력의 제곱과 이완측 장력의 제곱값을 더한 값이다.

30 거리에 관계없이 속도가 일정한 흐름은?

① 정상류   ② 비압축성 흐름   ③ 비정상류
④ 등류   ⑤ 압축성 흐름

31 3톤의 물체를 수직으로 27m 들어올릴 때, 호이스트가 한 일[kg·m]은 얼마인가?

① 81   ② 81×10 ③ 81×10^2

④ 81×10^3 ⑤ 81×10^4

32 30마력으로 1시간 동안 일을 했을 때 발생하는 열량은 얼마인가?

① 3,060kcal   ② 2,280kcal   ③ 2,250kcal

④ 18,960kcal   ⑤ 1,896kcal

33 부피가 $3m^3$인 액체의 무게가 90kg일 때 액체의 밀도는 약 $N \cdot s^2/m^4$인가?

① 0.306   ② 30.6   ③ 3.06

④ 306   ⑤ 0.0306

34 저탄소강의 기어 이 표면의 내마모성을 향상시키기 위해 표면에 붕소를 침투·확산시키는 금속침투법은?

① 크로마이징   ② 세라다이징   ③ 실리코나이징

④ 보로나이징   ⑤ 칼로라이징

35 산화알루미나를 주성분으로 하며 철과 친화력이 작은 절삭공구 재료는?

① 고속도강   ② 합금공구강   ③ 초경합금

④ 세라믹   ⑤ 탄소공구강

36 레이놀즈수에 대한 설명으로 옳은 것은?

① 경금속과 중금속을 나누는 기준 척도이다.
② 관성력에 대한 점성력의 비이다.
③ 레이놀즈수는 차원이 있는 수이다.
④ 층류와 난류를 구분 짓는 척도이다.
⑤ 원관에서 레이놀즈수가 4,100 이상이면 그 흐름은 층류이다.

37 유체의 연속 방정식에 대한 설명으로 옳은 것은?

① 에너지 보존 법칙을 명시한다.
② 압축성 유동일 때 적용이 가능하다.
③ 질량 보존의 법칙을 명시한다.
④ 뉴턴의 가속도 법칙을 의미한다.
⑤ 작용 반작용의 법칙을 의미한다.

38 유체의 정의로 <u>가장</u> 옳은 보기는 무엇인가?

① 어떤 전단력에도 저항하며 연속적으로 변형하는 물질이다.
② 어떤 전단력에도 저항하며 연속적으로 변형하지 않는 물질이다.
③ 어떤 압축응력에도 저항하며 연속적으로 변형하지 않는 물질이다.
④ 아무리 작은 전단력일지라도 저항하지 못하고 변형하지 않는 물질이다.
⑤ 아무리 작은 전단력일지라도 저항하지 못하고 연속적으로 변형하는 물질이다.

39 유압장치에 대한 설명으로 옳지 <u>못한</u> 것은?

① 전기적인 조작이 간단하다.
② 속도와 방향의 제어가 용이하다.
③ 신호 시에 응답이 빠르다. 즉, 고속추동성이 우수하다.
④ 온도의 영향을 쉽게 받으며 작동유의 점도에 의해 효율이 변할 수 있다. 따라서 작동유의 점도지수는 커야 한다.
⑤ 힘과 속도를 자유로이 변화시킬 수 없다.

40 액추에이터에 대한 설명으로 옳지 <u>못한</u> 것은?

① 액추에이터에는 유압실린더와 유압모터가 있다.
② 액추에이터는 어떤 시스템을 움직이거나 제어할 때 사용하는 장치이다.
③ 액추에이터는 태양에너지를 이용하여 기계적 에너지를 만들어내는 장치이다.
④ 액추에이터는 제어 기기에서 출력된 신호를 바탕으로 대상에 물리적인 움직임을 주는 장치이다.
⑤ 액추에이터는 외부로부터 어떤 에너지를 공급받아 동력을 발생시키는 장치이다.

02 2020 상반기 한국전력공사 기출문제

1문제당 6.7점 / 점수 [   ]점 → 정답 및 해설: p.15▮

01 레이놀즈수에 대한 설명으로 옳은 것은?

① 실체유체와 이상유체를 구별하여 주는 척도가 된다.
② 정상류와 비정상류를 구별하여 주는 척도가 된다.
③ 층류와 난류를 구별하여 주는 척도가 된다.
④ 등류와 비등류를 구별하여 주는 척도가 된다.

02 오일러의 좌굴 응력에 대한 설명으로 틀린 것은?

① 단면의 회전반경의 제곱에 비례한다.　　② 길이의 제곱에 반비례한다.
③ 세장비의 제곱에 비례한다.　　④ 탄성계수에 비례한다.

03 베르누이 방정식의 기본 가정으로 옳지 못한 것은?

① 비점성이어야 한다.
② 정상류이어야 한다.
③ 유체 입자는 유선을 따라 움직여야 한다.
④ 압축성이다.

04 클라우지우스 적분값으로 옳은 것은? [단, 비가역 과정일 때]

① $\oint \frac{\delta Q}{T} < 0$　　　　　② $\oint \frac{\delta Q}{T} > 0$

③ $\oint \frac{\delta Q}{T} = 0$　　　　　④ $\oint \frac{\delta Q}{T} \leq 0$

05 이상기체의 폴리트로프 변화에 대한 식은 $PV^n = C$이다. 등온과정의 경우에 n의 값은?

① 0　　　　　② 무한대　　　　　③ k　　　　　④ 1

06 열역학 법칙과 관련된 설명으로 옳지 못한 것은?

① 열역학 제2법칙은 에너지의 방향성을 나타낸다.
② 열역학 제1법칙은 에너지 보존의 법칙과 관련이 있다.
③ 열역학 제2법칙에 따르면 열효율이 100%인 기관은 존재할 수 있다.
④ 열역학 제1법칙에 따르면 제1종 영구기관은 존재할 수 없다.

07 푸아송비가 0.25, 종탄성계수가 200GPa이다. 그렇다면 횡탄성계수는 얼마인가?

① 80GPa   ② 160GPa
③ 250GPa   ④ 500GPa

08 방향제어밸브의 종류로 옳은 것은?

① 릴리프밸브   ② 카운터밸런스밸브
③ 무부하밸브   ④ 역지밸브

09 다음 중 강도성 상태량의 종류로 옳지 못한 것은?

① 압력   ② 온도   ③ 비체적   ④ 체적

10 금속에 대한 설명으로 옳지 못한 것은?

① 수은을 제외하고 대부분 금속은 상온에서 고체이다.
② 이온화시키면 음이온(−)화 된다.
③ 전연성이 매우 우수하며 열과 전기의 양도체이다.
④ 비중이 5 이상인 금속은 중금속에 속한다.

11 완전비탄성충돌(완전소성충돌)에 대한 설명으로 옳지 못한 것은?

① 충돌 후에 반발되는 것이 전혀 없이 한 덩어리가 되어 충돌 후 두 질점의 속도는 같다.
② 충돌 후 한 덩어리가 되기 때문에 반발계수는 0이다.
③ 운동에너지가 보존된다.
④ 전체 운동량이 보존된다.

12 금속의 표면에 작은 강구를 고속으로 분사시켜 압축잔류응력을 발생시켜 피로한도와 피로수명을 증가시키는 표면경화법은?

① 하드페이싱   ② 침탄법   ③ 청화법   ④ 숏피닝

13 응력-변형률 선도와 관련된 설명으로 옳지 못한 것은?

① 재료가 견딜 수 있는 최대응력을 극한강도라고 한다.
② 후크의 법칙은 비례한도 내에서 응력과 변형률이 서로 비례하지 않는다는 것을 나타내는 법칙이다
③ 응력은 외력 작용 시에 변형에 저항하기 위해 발생하는 내력을 단면적으로 나눈 값이다.
④ 푸아송비는 세로 변형률에 대한 가로 변형률의 비이다.

14 어떤 부재에 비틀림 모멘트 T가 작용하고 있을 때 그 부재의 지름을 결정하기 위해 필요한 단면 성질은?

① 단면계수   ② 극단면계수   ③ 굽힘 모멘트   ④ 비중

15 비중을 측정하는 방법으로 옳지 못한 것은?

① 피크노미터를 사용하는 방법
② 피에조미터를 사용하는 방법
③ U자관을 사용하는 방법
④ 아르키메데스의 원리를 사용하는 방법

03

2020 상반기
한국철도공사(코레일) 기출문제

1문제당 4점 / 점수 [　]점 → 정답 및 해설: p.164

01 롤러베어링에서 수명에 대한 설명으로 옳은 것은?

① 베어링에 작용하는 하중의 10/3 제곱에 반비례한다.
② 베어링에 작용하는 하중의 3 제곱에 비례한다.
③ 베어링에 작용하는 하중의 10/3 제곱에 비례한다.
④ 베어링에 작용하는 하중의 3 제곱에 반비례한다.

02 몰리에르 선도에서 세로축, 가로축이 의미하는 것은?

① 세로: 엔탈피, 가로: 압력　　　　　② 세로: 압력, 가로: 엔트로피
③ 세로: 엔탈피, 가로: 엔트로피　　　④ 세로: 압력, 가로: 부피

03 담금질 조직에서 경도가 가장 우수하며 온도에 따른 체적(용적)변화가 가장 큰 조직은?

① 소르바이트　　　② 오스테나이트　　　③ 마텐자이트　　　④ 트루스타이트

04 반지름 10cm의 비눗방울을 반지름 30cm로 팽창시키는 데 필요한 일[J]은 얼마인가? [단, 비눗방울의 표면장력(σ)은 0.4dyne/cm이며 $\pi = 3$으로 계산한다.]

① 0.000192J　　　② 0.000384J　　　③ 0.000768J　　　④ 0.001536J

05 점성계수가 $4 \times 10^{-3}[\mathrm{Pa} \cdot \mathrm{s}]$인 유체가 평판 위를 흐르고 있다. 이때, 유체의 속도 분포가 $u = 500y - (4.5 \times 10^{-6})y^3[\mathrm{m/s}]$일 때, 벽면에서의 전단응력[Pa]은 얼마인가? [단, y는 벽면으로부터 측정한 수직거리이다.]

① 0.2　　　② 2　　　③ 20　　　④ 200

06 보통 주철의 여리고 약한 인성을 개선하기 위해 백주철을 장시간 풀림 처리하여 시멘타이트를 소
실시켜 연성과 인성을 확보하는 주철은?

① 반주철　　　　　② 가단주철　　　　　③ 칠드주철　　　　　④ 합금주철

07 두께 $2cm$, 면적 $4m^2$의 석고판의 뒤쪽 면에서 $1,000W$의 열을 주입하고 있다. 열은 앞쪽 면으로만 전
달된다고 할 때, 석고판의 뒤쪽 면은 약 몇 도[$°C$]인가? [단, 석고판의 열전도율$= 2.5J/m \cdot s \cdot °C$
앞쪽 면의 온도$= 100°C$]

① $98°C$　　　　　② $102°C$　　　　　③ $104°C$　　　　　④ $106°C$

08 단순응력이 작용하고 있는 상태에서 임의의 경사단면에 발생하는 수직응력과 전단응력의 크기가
동일하게 되려면 경사각은 몇 도[$°$]여야 하는가? [단, 인장하중 P만 작용하고 있다.]

① $0°$　　　　　② $30°$　　　　　③ $45°$　　　　　④ $60°$

09 등엔트로피 변화는 어떤 과정에서 일어나는가?

① 정적 과정　　　② 정압 과정　　　③ 단열 과정　　　④ 등온 과정

10 원동기어의 잇수가 30개, 회전수는 $500rpm$이며 속도비는 $1/3$이다. 이 조건에서 두 기어의 축간
거리(C)는 얼마인가? [단, 모듈(m)$= 3$]

① 90　　　　　② 180　　　　　③ 360　　　　　④ 420

11 아래 그림과 같이 측면 필릿 용접이음에서 허용전단응력이 $50MPa$일 때, 하중 W는 얼마인가?

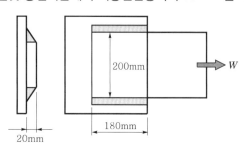

① $180\sqrt{2}\,kN$　　② $360\sqrt{2}\,N$　　③ $180\sqrt{2}\,N$　　④ $360\sqrt{2}\,kN$

2 구리-아연 5~20%의 합금으로 전연성이 우수하고, 동전, 메달, 금 모조품 등에 사용되는 합금은?

① 콘스탄탄   ② 알팩스   ③ 톰백   ④ 켈밋

3 0도의 물 1kg을 100도의 증기로 만들 때 이 과정에서의 총 엔트로피 변화량은 얼마인가?
[단, 0°C의 물에서 100°C의 물로 변할 때의 엔트로피 변화량은 1.36kJ/K]

① 4.4kJ/K   ② 5.4kJ/K   ③ 6.4kJ/K   ④ 7.4kJ/K

4 수평 원관을 통해 흐르는 물이 층류 유동을 하고 있다. 이때, 관 벽의 허용전단응력이 100Pa일 때 압력 손실을 구하면 얼마인가? [단, 관의 길이는 20m이며 관의 반경은 5cm]

① 20kPa   ② 40kPa   ③ 80kPa   ④ 160kPa

5 주철의 성분 중 하나로 탄소의 흑연화를 방해하며 조직을 치밀하게 하고 경도, 강도 및 내열성을 증가시키는 것은 다음 중 무엇인가?

① 인(P)   ② 황(S)   ③ 규소(Si)   ④ 망간(Mn)

6 400W 전열기로 30분 동안 0.5L의 물을 20°C에서 100°C의 온도로 가열했을 때 열손실은 약 얼마인가?

① 720kJ   ② 167kJ   ③ 553kJ   ④ 887kJ

7 길이 L의 직사각형($b \times h$) 단면의 외팔보의 끝단에 하중 P가 작용하고 있다. 이 때, 폭과 높이의 크기를 서로 바꾸면 하중의 크기는 초기 하중의 몇 배가 되는가? [단, 보에 작용하는 굽힘응력(σ_b)은 일정하며 단면의 폭은 10cm, 높이는 5cm이다.]

① 0.5배   ② 2.0배   ③ 2.5배   ④ 4.0배

8 길이 L의 양단고정보의 중심에 집중하중을 작용시켰더니 5cm의 최대 처짐량이 발생했다. 같은 조건에서 단순지지보로 변경했을 때 최대 처짐량은 어떻게 되는가?

① 10cm   ② 15cm   ③ 20cm   ④ 25cm

19 유체의 정의에 대해 가장 옳게 설명한 것은?

① 어떤 전단력에도 저항하며 연속적으로 변형하는 물질이다.
② 어떤 전단력에도 저항하며 연속적으로 변형하지 않는 물질이다.
③ 아무리 작은 전단력일지라도 저항하지 못하고 연속적으로 변형하는 물질이다.
④ 아무리 작은 전단력일지라도 저항하지 못하고 변형하지 않는 물질이다.

20 원심력을 무시할 만큼의 저속의 평벨트 전동에서 유효 장력이 1.5kN이고 긴장측 장력이 이완측 장력의 2배라 하면 이 벨트의 폭은 얼마로 설계해야 하는가? [단, 벨트의 허용인장응력은 $5N/mm^2$, 벨트의 두께는 10mm, 이음 효율은 80%이다.]

① 55mm   ② 65mm   ③ 75mm   ④ 85mm

21 지름이 2cm인 원형봉의 극관성 모멘트는 얼마인가? [단, $\pi = 3$]

① $1.0cm^4$ ② $1.5cm^4$ ③ $2.0cm^4$ ④ $2.5cm^4$

22 다음 중 서로 교차하는 기어는 무엇인가?

① 헬리컬 기어   ② 하이포이드 기어
③ 스크류 기어   ④ 스파이럴 베벨 기어

23 물이 흐르고 있는 상태의 압력이 980kPa일 때 압력에 의한 수두는 몇 [m]인가?

① 50   ② 100   ③ 150   ④ 200

24 아래 보기 중 옳지 못한 것은?

① Fe-C 상태도에서 횡축은 탄소함유량, 종축은 온도를 나타낸다.
② 펄라이트는 알파철과 시멘타이트(Fe_3C)의 층상조직이다.
③ 순철의 A_2변태점을 큐리점이라고 하며 그 온도는 768도이다.
④ 0.77%C로부터 탄소함유량이 증가하면 시멘타이트의 함유량이 감소한다.

25 묻힘 키에 작용하는 두 응력 전단응력(τ_k)과 압축응력(σ_k)의 힘이 관계가 $\dfrac{\tau_k}{\sigma_k} = \dfrac{1}{2}$일 경우, h와 b의 관계로 올바른 것은?

① $h = 0.5b$

② $h = b$

③ $h = 2b$

④ $h = 4b$

04 2020 상반기
인천교통공사 기출문제

1문제당 2.5점 / 점수 [   ]점 → 정답 및 해설: p.17◀

01 파이프의 안지름이 $100cm$, 파이프 속을 흐르는 유체의 속도가 $4m/s$일 때, 파이프 속을 흐르는 유량은 몇 m^3/s인가? [단, $\pi = 3$으로 계산한다]

① $1m^3/s$ ② $2m^3/s$ ③ $3m^3/s$

④ $4m^3/s$ ⑤ $5m^3/s$

02 이상기체 상태 방정식은 이상기체의 경우에 완벽하게 성립하는 압력, 부피, 몰수, 온도에 대한 방정식이다. 다음 중 이상기체 상태 방정식으로 옳은 것은? [단, $n =$ 몰수]

① $PV = nRT$ ② $PT = nRV$ ③ $\dfrac{P}{V} = nRT$

④ $nV = PRT$ ⑤ $nR = PVT$

03 비중이 0.6인 유체가 물에 일부가 잠겨서 떠 있는 상태이다. 이때, 잠긴 부피는 전체 부피의 몇 %인가?

① 30% ② 40% ③ 50%

④ 60% ⑤ 70%

04 횡형 쉘 엔 튜브식 응축기에 대한 설명으로 옳지 못한 것은?

① 프레온 및 암모니아 냉매에 관계없이 소형, 대형에 사용이 가능하다.
② 전열이 양호한 편이고, 입형에 비해 냉각수가 적게 든다.
③ 설치면적이 크다.
④ 냉각관이 부식하기 쉽다.
⑤ 능력에 비해 소형, 경량화가 가능하다.

5 CNC 프로그래밍에서 G00의 주소 의미는 무엇인가?

① 일시정지   ② 직선보간   ③ 원호보간(시계 방향)
④ 위치보간   ⑤ 원호보간(반시계 방향)

6 스프링강의 KS 강재 기호는?

① SEH   ② STS   ③ SPS
④ SWS   ⑤ SKH

7 아래 보기가 설명하는 것은 무엇인가?

증발기에서 냉매 1kg이 흡수하는 열량

① 냉동능력   ② 건도   ③ 냉동효과
④ 체적효율   ⑤ 제빙톤

8 베인펌프에 대한 설명으로 옳지 <u>못한</u> 것은?

① 기어 펌프나 피스톤 펌프에 비해 토출 압력의 맥동이 적다.
② 베인의 마모에 의한 압력 저하가 적다.
③ 작동유의 점도에 제한이 없다.
④ 급속 시동이 가능하다.
⑤ 펌프 출력에 비해 형상 치수가 작다.

9 아래처럼 길이 L의 외팔보 끝단에 집중하중 P가 작용하고 있다. 고정단에서의 반력 R_a는?

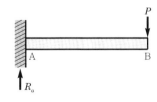

① 0   ② P ③ $\dfrac{P}{2}$
④ $2P$ ⑤ $4P$

10 아래 그림은 유압제어밸브 기호의 하나이다. 어떤 밸브를 의미하는가?

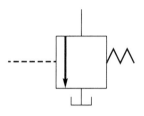

① 릴리프 밸브   ② 감압 밸브   ③ 카운터 밸런스 밸브
④ 무부하 밸브   ⑤ 시퀀스 밸브

11 목형 제작 시 고려 사항으로 옳지 **못한** 것은?

① 수축여유   ② 목형구배   ③ 가공여유
④ 목형의 무게   ⑤ 코어 프린트

12 응력의 크기 순서를 옳게 비교한 것은? [단, σ_w: 사용응력, σ_a: 허용응력, σ_y: 항복응력]

① $\sigma_w > \sigma_a > \sigma_y$ ② $\sigma_y > \sigma_a \geq \sigma_w$ ③ $\sigma_a > \sigma_y \geq \sigma_w$
④ $\sigma_a > \sigma_w \geq \sigma_y$ ⑤ $\sigma_y > \sigma_a > \sigma_w$

13 아래 주어진 조건을 기반으로 구해진 버니어 캘리퍼스의 최소 측정값은?

> 어미자의 눈금이 0.5mm, 아들자의 눈금이 12mm를 25등분 한 버니어 캘리퍼스의 최소 측정값

① 0.01mm   ② 0.02mm   ③ 0.03mm
④ 0.04mm   ⑤ 0.05mm

14 다음 그림과 같은 시스템의 등가 스프링 상수(k_e)를 구하면 얼마인가?

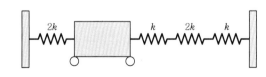

① $1.2k$ ② $1.3k$ ③ $2.4k$ ④ $4.5k$ ⑤ $6.0k$

5 풀림의 목적으로 옳지 못한 것은?

① 경화된 재료의 연화　　② 내부응력 제거　　③ 재질의 경화
④ 인성 증가　　⑤ 조직의 균질화

6 좌굴응력과 관련된 설명으로 옳지 못한 것은?

① 재료의 종탄성계수와 비례한다.
② 단면 2차 모멘트값에 비례한다.
③ 세장비에 반비례한다.
④ 회전반경의 제곱에 비례한다.
⑤ 길이의 제곱에 반비례한다.

7 기어 등을 절삭할 때, 단식 분할법으로 산출할 수 없는 수를 산출할 때 사용하는 방법은 차동분할법이다. 특히 67, 97, 121 등 61 이상의 소수나 특수한 수의 분할에 사용된다. 변환기어의 수는 24(2개), 28, 32, 40, 44, 48, 56, 64, 72, 86, 100 등 12종이 있다. 그렇다면 원주를 61등분할 때, 기어 열 각각의 잇수는 얼마인가?

① a: 32, b: 48　　② a: 48, b: 32　　③ a: 56, b: 64
④ a: 72, b: 86　　⑤ a: 28, b: 32

8 1인치에 4산의 리드스크류를 가진 선반으로 피치 4mm의 나사를 깎고자 할 때, 변환기어의 잇수를 구하면? [단, A: 주축기어의 잇수, B: 리드스크류의 잇수이다.]

① A: 80, B: 137　　② A: 40, B: 127　　③ A: 80, B: 127
④ A: 40, B: 227　　⑤ A: 80, B: 40

9 탄소강의 5대 원소가 아닌 것은?

① 황(S)　　② 인(P)　　③ 탄소(C)
④ 망간(Mn)　　⑤ 구리(Cu)

20 다음 중 금속의 전기전도도가 큰 순서대로 옳게 나열한 것은?

① Au > Cu > Ag　　② Ag > Cu > Au　　③ Cu > Ag > Au
④ Cu > Au > Ag　　⑤ Au > Ag > Cu

21 기본 유체의 정의로 가장 옳은 것은?

① 유체에 작용하는 전단응력 또는 외부의 힘에 대해 저항력이 강해 변형하지 않는 물질
② 압축성이 있는 물질
③ 아무리 작은 전단력이라도 저항하지 못하고 연속적으로 변형하는 물질
④ 고체, 액체, 기체를 모두 포함하여 총칭하는 물질
⑤ 압력을 가하면 체적이 줄어드는 물질

22 유압기기의 기본 원리와 관련된 법칙은?

① 보일의 법칙   ② 샤를의 법칙   ③ 아르키메데스의 원리
④ 파스칼의 원리   ⑤ 아보가드로 법칙

23 직사각형의 수문이 아래 그림처럼 놓여져 있다. 이때 수문에 작용하는 전압력의 크기는 얼마인가
[단, 수문의 폭은 6m이다.]

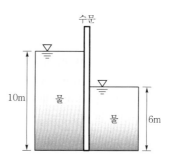

① 3,998kN   ② 2,940kN   ③ 1,058kN
④ 1,882kN   ⑤ 4,595kN

24 1atm과 같은 값이 아닌 것은?

① 14.7Psi   ② $1.0332 \text{kgf}/\text{cm}^2$ ③ 1.01325bar
④ $1.01325 \text{N}/\text{m}^2$ ⑤ 1013.25mb

25 유압 작동유의 구비 조건으로 옳지 못한 것은?

① 온도에 따른 점도 변화가 작아야 한다.
② 확실한 동력 전달을 위해 비압축성이어야 한다.
③ 발화점이 높아야 한다.
④ 소포성, 윤활성, 방청성이 좋아야 한다.
⑤ 인화점이 낮아야 한다.

26 SI 기본 단위의 종류로 옳지 못한 것은?

① 길이－m   ② 온도－K   ③ 전류－A
④ 광도－cd   ⑤ 힘－N

27 아래 설명하는 현상은 무엇인가?

> 액체가 중력과 같은 외부 도움 없이 좁은 관을 오르는 현상을 말하며, 구체적으로 액체의 응집력과 관과 액체 사이의 부착력에 의해 발생한다.

① 부력   ② 양력   ③ 모세관 현상
④ 표면장력   ⑤ 항력

28 저열원의 온도가 27°C이다. 327°C의 고온체에서 등온 과정으로 3,000kJ의 열을 받는다면 이때의 무효에너지는 얼마인가?

① 1,000kJ   ② 1,100kJ   ③ 1,200kJ
④ 1,300kJ   ⑤ 1,500kJ

29 다음 보기 중 옳지 못한 것은?

① 비틀림이 작용할 때 전단응력을 전단변형률로 나누면 횡탄성계수이다.
② 탄성계수가 큰 재료일수록 구조물 재료에 적합하다.
③ 선형탄성 재료로 이루어진 균일단면 봉의 양 끝점이 고정되어 있을 때 봉의 온도가 변하여 발생하는 열응력은 봉의 단면적과 무관하다.
④ 전단하중은 단면에 평행하게 작용하는 하중으로 접선하중이라고도 한다.
⑤ 푸아송비는 세로변형률을 가로변형률로 나눈 값이다.

30 아래 그림에서 유체가 분출되는 분류에서 반지름 $\dfrac{d}{2}$의 값은 얼마인가? [단, 마찰손실과 제반손실이 없으며 표면장력의 영향을 모두 무시한다.]

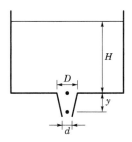

① $\dfrac{D}{2}\left(\dfrac{H}{H-y}\right)^{\frac{1}{4}}$

② $\dfrac{D}{2}\left(\dfrac{H}{H+y}\right)^{\frac{1}{4}}$

③ $D\left(\dfrac{H}{H+y}\right)^{\frac{1}{4}}$

④ $D\left(\dfrac{H}{H-y}\right)^{\frac{1}{4}}$

⑤ $\dfrac{D}{2}\left(\dfrac{H}{H+y}\right)^{4}$

31 2축 응력 상태에서 $\sigma_x = 300\text{MPa}$, $\sigma_y = 500\text{MPa}$이다. 그렇다면 반시계 방향으로 $30°$ 회전한 x'축 상의 수직응력 σ_n과 전단응력 τ는 각각 얼마인가? [단, $\sin60 = 0.866$]

① $\sigma_n = 350\text{MPa}, \quad \tau = 86.6\text{MPa}$

② $\sigma_n = 350\text{MPa}, \quad \tau = 43.3\text{MPa}$

③ $\sigma_n = 450\text{MPa}, \quad \tau = 86.6\text{MPa}$

④ $\sigma_n = 450\text{MPa}, \quad \tau = 43.3\text{MPa}$

⑤ $\sigma_n = 550\text{MPa}, \quad \tau = 86.6\text{MPa}$

32 아래 그림처럼 부재에 하중이 작용할 때, Q의 크기는 얼마인가? [단, $W = 4P$]

① $\dfrac{5P}{3}$

② $\dfrac{3P}{5}$

③ $3P$

④ P

⑤ $\dfrac{P}{3}$

33 뉴턴의 점성법칙과 관련된 인자를 <u>모두</u> 옳게 짝지은 것은?

① 전단응력, 동점성계수, 각변형률

② 전단응력, 점성계수, 동점성계수

③ 동점성계수, 점성계수, 각변형률

④ 절대점도, 점성계수, 각변형률

⑤ 전단응력, 점성계수, 각변형률

34 어떤 시스템(system)으로 열 60kJ이 유입되었고, 외부로 20,000N·m의 일을 하였다. 이때 시스템의 내부에너지 변화량은 얼마인가?

① 20kJ ② 40kJ ③ 60kJ
④ 80kJ ⑤ 100kJ

35 코일스프링에서 코일의 평균지름을 0.5배로 감소시키면 같은 축 하중에 대해 처짐량은 몇 배가 되는가? [단, 코일의 평균지름을 제외하고 모든 조건은 동일하다.]

① $\dfrac{1}{2}$ ② $\dfrac{1}{4}$ ③ $\dfrac{1}{8}$ ④ $\dfrac{1}{16}$ ⑤ 16

36 다음 용접 중에서 융접에 속하지 않는 것은?

① 전자빔 용접 ② 플라즈마 용접 ③ 서브머지드 용접
④ 프로젝션 용접 ⑤ 테르밋 용접

37 반지름이 1cm인 원형봉에 인장하중이 4,000N이 작용한다면 인장응력은 약 얼마인가?
[단, $\pi = 3$으로 계산한다.]

① 13.3MPa ② 23.3MPa ③ 33.3MPa
④ 43.3MPa ⑤ 53.3MPa

38 어떤 열기관의 고열원의 온도가 327°C이고 저열원의 온도가 27°C일 때, 이 열기관이 가질 수 있는 최대 열효율값은 얼마인가?

① 10% ② 20% ③ 30%
④ 40% ⑤ 50%

39 아래 보기에서 설명하는 가공 방법은 무엇인가?

> 회전하는 2개의 롤러 사이에 재료를 넣어 가압함으로써 재료의 두께와 단면적을 감소시키는 가공 방법이다.

① 인발가공 ② 압출가공 ③ 전조가공
④ 압연가공 ⑤ 단조가공

40 피스톤이 설치된 실린더에 압력 0.3MPa, 체적 0.8m^3인 습증기 4kg이 들어있다. 압력이 일정 상태에서 가열하여 습증기의 건도가 0.9가 되었을 때, 수증기에 의한 일은 몇 kJ인가?

[단, 0.3MPa에서 비체적은 포화액이 $0.001\text{m}^3/\text{kg}$, 건포화증기가 $0.6\text{m}^3/\text{kg}$이다.]

① 206kJ   ② 237kJ   ③ 306kJ

④ 408kJ   ⑤ 506kJ

05 2020 상반기 부산교통공사 기출문제

1문제당 2점 / 점수 [   ]점 → 정답 및 해설: p.192

1 삼각형 단면에서 밑변의 길이가 b, 높이가 h일 때 밑변에 대한 단면 2차 모멘트는 얼마인가?

① $\dfrac{bh^3}{36}$
② $\dfrac{bh^3}{12}$
③ $\dfrac{bh^3}{24}$

④ $\dfrac{bh^3}{48}$
⑤ $\dfrac{bh^3}{6}$

2 아래 보기에서 상태함수로 옳은 것만을 <u>모두</u> 고르면 몇 개인가?

> 내부에너지, 엔트로피, 압력, 온도, 일, 엔탈피, 열, 자유에너지

① 2개
② 3개
③ 4개
④ 5개
⑤ 6개

3 아래 설명 중에서 열역학 제2법칙과 관련된 보기로 옳은 것은 <u>모두</u> 몇 개인가?

- 에너지 전환의 방향성을 명시하는 법칙이다.
- 비가역을 명시하는 법칙으로 어떤 반응계의 반응이 자발적인 것과 관련이 있다.
- 열평형의 법칙으로 온도계의 원리와 관련이 있다.
- 에너지 보존의 법칙으로 열과 일은 서로 변환이 가능하며 열과 일의 변환 관계를 나타낸다.

① 0개
② 1개
③ 2개
④ 3개
⑤ 4개

4 구상흑연주철에 첨가하는 원소로 옳은 것은?

① Cr
② Mo
③ Mg
④ Ni
⑤ Co

05 브라인의 구비조건으로 옳지 <u>못한</u> 것은?

① 열용량이 커야 한다.　　　　　　② 점성이 작아야 한다.

③ 비열이 커야 한다.　　　　　　　④ 열전도율이 작아야 한다.

⑤ 부식성이 적고 독성이 없어야 한다.

06 아래 보기에서 열경화성 수지의 종류를 <u>모두</u> 고르면?

> 실리콘수지, 스티롤수지, 에폭시수지, 불소수지, 멜라민수지, 폴리에틸렌수지

① 실리콘수지, 스티롤수지, 에폭시수지　　② 에폭시수지, 불소수지, 폴리에틸렌수지

③ 실리콘수지, 에폭시수지, 멜라민수지　　④ 에폭시수지, 멜라민수지, 불소수지

⑤ 실리콘수지, 불소수지, 에폭시수지

07 웨버수의 물리적인 의미로 옳은 것은?

① $\dfrac{압축력}{관성력}$　　　　② $\dfrac{관성력}{탄성력}$　　　　③ $\dfrac{중력}{점성력}$

④ $\dfrac{관성력}{표면장력}$　　　　⑤ $\dfrac{부력}{점성력}$

08 압입체를 사용하지 않고 낙하체를 일정한 높이에서 낙하시켜 반발 높이와 낙하체의 초기 높이를 이용함으로써 경도를 측정하는 방법은?

① 비커즈 경도 시험법　　② 브리넬 경도 시험법　　③ 쇼어 경도 시험법

④ 로크웰 경도 시험법　　⑤ 누프 경도 시험법

09 길이가 10m인 외팔보의 자유단에 1,000N의 하중이 작용할 때, 최대 처짐량[mm]은 얼마인가? [단, 종탄성계수: 50GPa, 단면의 폭: 4cm, 단면의 높이: 20cm]

① 0.25　　　　　　　② 0.5　　　　　　　③ 25

④ 250　　　　　　　⑤ 500

10 구성인선(빌트업에지, built-up edge)을 방지하는 방법으로 옳지 <u>못한</u> 것은?

① 윤활성이 좋은 절삭유제를 사용한다.
② 공구의 윗면 경사각을 크게 한다.
③ 고속으로 절삭한다.
④ 절삭깊이를 크게 한다.
⑤ 절삭공구의 인선을 예리하게 한다.

11 아래 보기에서 설명하는 불변강의 종류는?

> Fe- Ni 44~48%의 합금으로 열팽창계수가 유리나 백금과 거의 유사하고, 전구의 도입선으로 사용된다.

① 엘린바　　　　　　　② 인바　　　　　　　③ 플래티나이트
④ 코엘린바　　　　　　⑤ 초인바

12 탄소강의 담금질 조직이 <u>아닌</u> 것은?

① 오스테나이트　　　　② 트루스타이트　　　③ 마텐자이트
④ 펄라이트　　　　　　⑤ 소르바이트

13 전위기어의 특징으로 옳지 <u>못한</u> 것은?

① 중심거리를 자유롭게 변화시키고자 할 때 사용한다.
② 언더컷을 방지하고 이의 강도를 개선하고자 할 때 사용한다.
③ 이의 물림률을 증가시키며 최소 잇수를 줄이기 위해 사용된다.
④ 베어링 압력이 감소한다.
⑤ 호환성이 없다.

14 유압작동유의 구비조건으로 옳지 <u>못한</u> 것은?

① 비압축성이어야 한다.
② 증기압이 낮고 비등점이 높아야 한다.
③ 점도지수가 커야 한다. 즉, 온도 변화에 대한 점도의 변화가 작아야 한다.
④ 체적탄성계수가 작아야 한다.
⑤ 비열이 크고 비중은 작아야 한다.

15 아래 조건에 따라 냉동기의 소요 동력[W]을 산출하면 얼마인가?

$$Q_2: 36,000\text{kJ/hr, 성적계수: } 3.5$$

① 10kW   ② 36kW   ③ 2.86kW
④ 3.6kW   ⑤ 7.2kW

16 내연기관의 종류인 가솔린기관, 디젤기관과 관련된 설명으로 옳지 못한 것은?

① 디젤기관은 점화장치, 기화장치 등이 없어 고장이 적다.
② 가솔린기관의 열효율과 압축비는 디젤기관의 열효율과 압축비보다 낮다.
③ 가솔린기관의 노크를 방지하려면 실린더 체적을 작게 한다.
④ 디젤기관은 회전수에 대한 발생토크의 변동이 작지만 연료소비율이 크다.
⑤ 가솔린기관은 기화에서 연료가 혼합 공급되고 디젤기관은 혼합기 형성에서 공기만 따로 흡입하여 압축한 후 연료분사펌프로 연료를 분사한다.

17 기준강도에 대한 설명으로 옳지 못한 것은?

① 상온에서 주철과 같은 취성재료에 정하중이 작용할 때는 극한강도를 기준강도로 한다.
② 고온에서 연성재료에 정하중이 작용할 때는 크리프한도를 기준강도로 한다.
③ 좌굴이 발생하는 장주에서는 좌굴응력을 기준강도로 한다.
④ 반복하중이 작용할 때는 피로한도를 기준강도로 한다.
⑤ 상온에서 연강과 같은 연성재료에 정하중이 작용할 때는 탄성한도를 기준강도로 한다.

18 여러 물리량의 차원을 옳게 연결한 것은? [단, M: 질량의 차원, L: 길이의 차원, T: 시간의 차원이다.]

① 일 $- ML^2 T^{-1}$ ② 동력 $- ML^2 T^{-3}$ ③ 점성계수 $- ML^{-1} T^1$
④ 가속도 $- LT^2$ ⑤ 밀도 $- ML^3$

19 여러 금속에 대한 설명으로 옳지 못한 것은?

① 니켈(Ni)은 비중이 8.9, 용융점이 1,455°C이며 동소변태는 하지 않고 자기변태만 한다.
② 마그네슘(Mg)은 비중이 1.74로 실용금속 중 가장 가볍고 내구성 및 절삭성이 좋다.
③ 몰리브덴(Mo)은 체심입방격자이며 뜨임메짐을 방지한다.
④ 아연(Zn)은 용융점이 419°C로 면심입방격자이다.
⑤ 망간(Mn)은 적열취성을 방지하며 탄소에 첨가하면 강도, 경도, 내열성 등을 증가시킨다.

20 발전소의 기본 구성 장치 중에서 증기를 물로 바꿔주는 장치는 무엇인가?

① 절탄기　　　　　　　　② 복수기　　　　　　　　③ 터빈
④ 보일러　　　　　　　　⑤ 펌프

21 다음 중 기계적 성질로만 짝지어진 것은?

① 비중, 용융점, 비열, 열팽창계수　　　　② 주조성, 단조성, 용접성, 절삭성
③ 내열성, 내식성, 자성, 피로　　　　　　④ 인장강도, 인성, 전성, 피로
⑤ 부피, 온도, 질량, 비중

22 파이프의 안지름이 100cm인 곳에서의 유체의 속도가 2m/s일 때 200cm인 곳에서의 동일한 유체의 속도는 얼마인가?

① 0.5m/s　　　　　　　　② 1.0m/s　　　　　　　　③ 1.5m/s
④ 2.0m/s　　　　　　　　⑤ 2.5m/s

23 강괴의 종류 중에서 기포나 편석은 없지만 표면에 수소가스에 의한 머리카락 모양의 미세한 균열인 헤어크랙이 발생하기 쉽고 상부에 수축공이 발생하는 것은?

① 림드강　　　　　　　　② 캡드강　　　　　　　　③ 킬드강
④ 세미킬드강　　　　　　⑤ 엘린바

24 원통형의 코일스프링에서 코일의 평균지름이 2배가 되면 처짐량은 어떻게 되는가?

① 2배　　　　　　　　　　② 4배　　　　　　　　　　③ 0.5배
④ 0.125배　　　　　　　　⑤ 8배

25 동점성계수(ν)가 $0.1 \times 10^{-5} \mathrm{m}^2/\mathrm{s}$인 유체가 안지름 10cm인 파이프 내에 1m/s로 흐르고 있다. 관의 마찰계수가 $f = 0.022$이며 관의 길이가 200m일 때의 손실수두 몇 m인가? [단, 유체의 비중량은 $9,800\mathrm{N}/\mathrm{m}^3$이다.]

① 2.24　　　　　　　　　② 6.58　　　　　　　　　③ 11.0
④ 22.0　　　　　　　　　⑤ 33.0

26 하나의 고용체가 형성되고 그와 동시에 같이 있던 액상이 반응해서 또 다른 고용체가 생성되는 ?은?

① 공정반응 ② 공석반응 ③ 포정반응
④ 편정반응 ⑤ 금속 간 화합물

27 오목 및 볼록 형상의 롤러 사이에 판을 넣고 롤러를 회전시켜 홈을 만드는 공정으로 긴 돌기를 ?드는 가공은?

① 코이닝 ② 스웨이징 ③ 스피닝
④ 비딩 ⑤ 시밍

28 단조나 주조품의 경우 표면이 울퉁불퉁하여 볼트나 너트를 체결하기 곤란하다. 이때, 볼트나 너?가 닿는 구멍 주위의 부분만을 평탄하게 가공하여 체결이 용이하도록 하는 가공 방법은?

① 카운터보링 ② 카운터싱킹 ③ 스폿페이싱
④ 널링가공 ⑤ 보링가공

29 기준치수에 대한 구멍의 공차역이 $\phi 50^{+0.05}_{-0.01}[\mathrm{mm}]$이고, 축의 공차역이 $\phi 50^{+0.03}_{-0.03}[\mathrm{mm}]$일 때, ?대 죔새는 얼마인가?

① 0.03mm ② 0.04mm ③ 0.06mm
④ 0.08mm ⑤ 0.10mm

30 두 축이 서로 평행하고 중심선의 위치가 서로 약간 어긋났을 경우, 각속도의 변화 없이 동력을 ?달시키려고 할 때 사용되는 커플링은?

① 머프커플링 ② 유니버셜커플링 ③ 올덤커플링
④ 플랙시블커플링 ⑤ 클램프커플링

31 아래 그림은 블록 브레이크이다. 드럼은 그림처럼 시계 방향으로 회전하고 있다. F는 브레이크 레버에 가하는 힘이다. 이때, 아래 주어진 조건을 기반으로 브레이크의 제동력을 구하면?

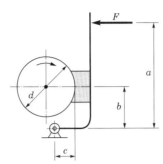

$F = 1,000$N	$a = 1,500$mm	$b = 280$mm
$c = 100$mm	d(드럼의 지름)$ = 400$mm	μ(마찰계수)$ = 0.2$

① 1,000N ② 2,000N ③ 3,000N
④ 4,000N ⑤ 5,000N

32 아래 그림처럼 1줄 겹치기 리벳이음에서 허용전단응력이 $4\text{kgf}/\text{mm}^2$이고 리벳의 지름이 5mm일 때, 750kgf의 하중 P를 지지하기 위한 리벳의 최소 개수는 몇 개인가? [단, $\pi = 3$]

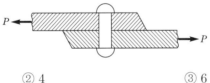

① 2 ② 4 ③ 6
④ 8 ⑤ 10

33 열기관에 $5,000$kcal의 열을 공급하였더니 외부에 $2,500$kJ의 일을 하였다. 이 열기관의 열효율은 약 몇 %인가?

① 12% ② 25% ③ 50%
④ 55% ⑤ 72%

34 양쪽 측면 필릿 용접에서 용접 사이즈가 10mm이고 허용전단응력이 200MPa일 때 최대하중 P는 얼마인가? [단, $\cos45° = 0.7$로 계산한다.]

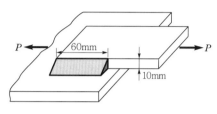

① 111kN   ② 125kN   ③ 142kN

④ 168kN   ⑤ 172kN

35 안지름이 40mm이고 바깥지름이 60mm인 원판클러치의 동력이 4kW이다. 이때, 축 방향으로 미는 힘[N]은 대략 얼마인가? [단, 회전수 N은 $4,000\text{rpm}$, 마찰계수는 0.2이며 마찰면의 중심 지름은 안지름과 바깥지름의 평균지름으로 한다.]

① 955N   ② 477N   ③ 1,910N

④ 3,820N   ⑤ 7,640N

36 $2,400\text{rpm}$으로 회전하고 2.94kN의 반지름 방향 하중이 작용하는 축을 베어링이 지지하고 있다. 이때, 베어링의 마찰손실동력[PS]은? [단, 축의 지름이 100mm, 저널 길이가 50mm, 마찰계수가 0.2, $\pi = 3$으로 한다.]

① 7.06   ② 9.6   ③ 12

④ 4.8   ⑤ 24

37 공동현상(케비테이션)에 대한 설명으로 옳지 못한 것은?

① 공동현상을 방지하려면 양흡입펌프를 사용한다.
② 공동현상을 방지하려면 배관을 완만하고 짧게 한다.
③ 공동현상이 발생하면 소음 및 진동이 발생하고 펌프의 효율이 감소한다.
④ 공동현상을 방지하려면 펌프의 설치높이를 낮춰 흡입양정을 짧게 한다.
⑤ 공동현상은 펌프의 회전수가 작을 때 발생한다.

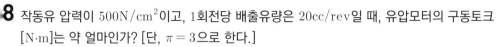

8 작동유 압력이 $500\text{N}/\text{cm}^2$이고, 1회전당 배출유량은 $20\text{cc}/\text{rev}$일 때, 유압모터의 구동토크 $[\text{N·m}]$는 약 얼마인가? [단, $\pi = 3$으로 한다.]

① 17N·m   ② 25N·m   ③ 33N·m

④ 55N·m   ⑤ 67N·m

9 다음 중 유체를 한 방향으로만 흐르게 하고, 역류를 방지하는 밸브는?

① 슬루스 밸브   ② 글로브 밸브   ③ 플로트 밸브

④ 체크 밸브   ⑤ 릴리프 밸브

0 여러 기계적 결합요소에 대한 설명 중 옳은 것을 <u>모두</u> 고르면?

> ㄱ. 관통볼트란 결합하려는 상대 쪽에 탭으로 암나사를 내고, 이것을 머리 달린 볼트를 나사에 박아 부품을 결합하는 볼트이다.
> ㄴ. 키의 재질은 축보다 약간 강한 재료로 만든다.
> ㄷ. 코터는 축 방향에 인장 또는 압축하중이 작용할 때 두 축을 연결하는 것으로 두 축을 분해할 필요가 있는 곳에 사용하는 결합용 기계요소이다.
> ㄹ. 탭볼트란 관통된 구멍에 볼트를 집어넣어 반대쪽에서 너트로 죄어 2개의 기계부품을 죄는 볼트이다.
> ㅁ. 핀은 키의 대용으로 쓰이며 핸들을 축에 고정할 때나 부품을 설치, 분해 조립하는 경우에 사용하는 반영구적인 기계결합요소이다.

① ㄱ, ㄴ, ㄹ   ② ㄱ, ㄷ, ㄹ   ③ ㄴ, ㄷ, ㄹ

④ ㄱ, ㄴ, ㄷ   ⑤ ㄴ, ㄷ, ㅁ

1 외팔보형 겹판스프링의 처짐 공식으로 옳은 것은?

① $\delta = \dfrac{6PL^2}{nbh^3E}$ ② $\delta = \dfrac{6PL^3}{nbh^2E}$

③ $\delta = \dfrac{6PL^3}{nbh^3E}$ ④ $\delta = \dfrac{6PL^2}{nbh^2E}$

⑤ $\delta = \dfrac{6PL^3}{nbh^4E}$

42 여러 가공 방법에 대한 설명 중 옳은 것을 모두 고르면?

> ㄱ. 슈퍼피니싱: 가공물 표면에 미세하고 비교적 연한 숫돌을 높은 압력으로 접촉시켜 진동을 주어 가공하
> 는 고정밀 가공 방법이다.
> ㄴ. 전해연마: 전기도금과는 반대로 공작물을 양극으로 하여 적당한 용액 중에 넣어 통전함으로써 양극의
> 용출작용에 의해 가공하는 방법이다.
> ㄷ. 래핑: 연한 금속이나 비금속재료의 랩(lab)과 일감 사이에 절삭 분말 입자인 랩제(abrasives)를 넣고
> 상대 운동을 시켜 공작물을 미소한 양으로 깎아 매끈한 다듬질 면을 얻는 정밀가공 방법으로, 종류로
> 는 습식래핑과 건식래핑이 있고 건식래핑을 먼저 하고 습식래핑을 실시한다.
> ㄹ. 화학연마: 강한 산, 알칼리 등과 같은 용액에 가공하고자 하는 금속을 담그고 열에너지를 주어 화학반
> 응을 촉진시켜 매끈하고 광택이 나는 평활한 면을 얻는 가공 방법이다.

① ㄱ, ㄴ   ② ㄱ, ㄷ   ③ ㄴ, ㄷ   ④ ㄴ, ㄹ   ⑤ ㄷ, ㄹ

43 다음 중 용접 방법에 대한 설명으로 옳은 것을 모두 고르면?

> ㄱ. 전자빔용접: 고진공 분위기 속에서 양극으로부터 방출된 전자를 고전압으로 가속시켜 피용접물에 충
> 돌시켜 그 충돌로 인한 발열 에너지로 용접을 실시하는 방법이다.
> ㄴ. 고주파용접: 플라스틱과 같은 절연체를 고주파 전장 내에 넣으면 분자가 강하게 진동되어 발열하는 성
> 질을 이용한 용접 방법이다.
> ㄷ. 테르밋용접: 알루미늄 분말과 산화철 분말을 3:1 비율로 혼합시켜 발생되는 화학 반응열을 이용한 용
> 접 방법이다.
> ㄹ. TIG용접: 텅스텐 봉을 전극으로 하고 아르곤이나 헬륨 등의 불활성 가스를 사용하여 알루미늄, 마그
> 네슘, 스테인리스강의 용접에 널리 사용되는 용접 방법이다.

① ㄱ, ㄴ   ② ㄱ, ㄷ   ③ ㄴ, ㄷ   ④ ㄴ, ㄹ   ⑤ ㄷ, ㄹ

44 여러 측정기에 대한 설명 중 옳은 것을 모두 고르면?

> ㄱ. 오토콜리메이터: 금긋기용 공구로 평면도 검사나 금긋기를 할 때 또는 중심선을 그을 때 사용한다.
> ㄴ. 블록게이지: 여러 개를 조합하여 원하는 치수를 얻을 수 있는 측정기로 양 단면의 간격을 일정한 길이
> 의 기준으로 삼은 높은 정밀도로 잘 가공된 단도기이다.
> ㄷ. 다이얼게이지: 측정자의 직선 또는 원호운동을 기계적으로 확대하여 그 움직임을 지침의 회전변위로
> 변환하여 눈금으로 읽을 수 있는 길이측정기로 진원도, 평면도, 평행도, 축의 흔들림, 원통도 등을 측
> 정할 수 있다.
> ㄹ. 서피스게이지: 시준기와 망원경을 조합한 광학적 측정기로 미소각을 측정할 수 있다. 또한, 직각도, 평
> 면도, 평행도, 진직도 등을 측정할 수 있다.

① ㄱ, ㄴ   ② ㄱ, ㄷ   ③ ㄴ, ㄷ   ④ ㄴ, ㄹ   ⑤ ㄷ, ㄹ

5 주형 내에서 이미 응고된 금속과 용융금속이 만나 응고속도 차이로 먼저 응고된 금속면과 새로 주입된 용융금속의 경계면에서 발생하는 결함, 즉 서로 완전히 융합되지 않고 응고된 결함을 뜻하는 것은?

① 수축공   ② 미스런   ③ 콜드셧
④ 핀   ⑤ 기공

6 푸아송비가 0.2일 때, 세로탄성계수 E와 가로탄성계수 G의 비(E/G)는 얼마인가?

① 0.42   ② 2.4   ③ 3.6
④ 4.8   ⑤ 6.0

7 당기기만 해도 파단에 이르기까지 수백 % 이상 늘어나며 금속이 마치 유리질처럼 늘어나는 성질을 가진 재료는 무엇인가?

① 초전도합금   ② 초소성합금   ③ 형상기억합금
④ 파인세라믹스   ⑤ FRP

8 나사의 허용 접촉면압력 20MPa, 피치 2mm이고, 볼트의 바깥지름과 골지름은 각각 10mm, 6mm이다. 이때, 나사의 축 방향에 걸리는 전하중이 10kN일 때, 너트의 높이는 약 얼마인가?
[단, $\pi = 3$으로 계산한다.]

① 20.83mm   ② 30.43mm   ③ 44.33mm
④ 50.83mm   ⑤ 60.43mm

9 물을 노즐로부터 분출시켜 위치에너지를 모두 운동에너지로 바꾸는 수차의 종류이며, 물을 수차 날개에 충돌시켜 회전력을 얻는 충격수차로 주로 고낙차(200~1,800m)와 저유량에 적합한 수차는 무엇인가?

① 펠톤 수차   ② 튜블러 수차   ③ 프란시스 수차
④ 카플란 수차   ⑤ 프로펠러 수차

50 아래 그림과 같은 부재에 지름 10cm인 구멍이 뚫려 있다. 그리고 부재의 위 아래로 100N의 인\
하중이 작용하고 있다. 이때, 부재에 작용하는 최대 집중응력[kN/m²]은 약 얼마인가?\
[단, 응력집중계수(α)는 4이다.]

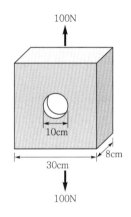

① 0.25　　　　　　② 2.5　　　　　　③ 25\
④ 50　　　　　　　⑤ 75

06 2020 상반기
하남도시공사 기출문제

1문제당 2.5점 / 점수 [   ]점 → 정답 및 해설: p.213

1 다음 중 킬드강, 림드강, 세미킬드강에 대한 설명으로 옳지 못한 것은?

① 킬드강은 산소를 충분히 제거한 강으로 페로실리콘(Fe-Si), 알루미늄(Al)과 같은 탈산제로 탈산한 강을 말한다.

② 림드강은 산소를 가볍게 제거한 강으로 탄소함유량이 낮고 연강 제조 때에 페로망간(Fe-Mn)으로 탈산하여 고체화시킨 강을 말한다.

③ 림드강은 킬드강에 비해 강괴의 표면이 곱고 분괴의 생산 비율이 좋지만 값이 비싸다.

④ 세미킬드강은 산소를 중간 정도로 제거한 강으로 탈산의 정도가 림드강과 킬드강의 중간에 있는 강이며 탄소와 규소의 함량이 적고 망간(Mn)은 약 0.8%가 포함된다.

2 전탄소, 전규소의 재료를 사용해서 흑연을 미세화하기 때문에 전기로에서 용탕을 과열하는 고급 주철의 제조법은?

① 코오살리법   ② 피보와르스키법

③ 에멜법   ④ 란쯔법

3 주철의 특징으로 옳지 못한 것은?

① 주철은 주조성이 우수하여 복잡한 형상의 주물을 제조하기에 적합하다.

② 주철 내의 흑연이 절삭유의 역할을 하므로 절삭성이 우수하다.

③ 주철은 압축강도가 큰 특징을 가지고 있으며 마찰저항이 우수하며 가공이 용이하다.

④ 용접, 단조가공, 담금질, 뜨임 등의 열처리 작업을 하기 어렵다.

4 다음 중 롤러 체인에서 롤러를 없애고 롤러와 부시를 일체로 하여 구조를 간단하게 한 체인은?

① 사일런트 체인   ② 롤러 체인

③ 부시 체인   ④ 핀틀 체인

05 V-벨트 전동 효율의 범위는 얼마인가?

① 60~65%　　　② 70~75%　　　③ 80~85%　　　④ 90~95%

06 리벳 이음에서 리벳의 지름이 20mm, 리벳의 피치가 50mm라면 강판의 효율[%]은?

① 40%　　　② 50%　　　③ 60%　　　④ 70%

07 세라믹의 특징으로 옳지 못한 것은?

① 금속과 친화력이 적어 구성인선이 발생하지 않는다.
② 원료가 풍부하기 때문에 대량 생산이 가능하다.
③ 냉각제를 사용하면 쉽게 파손되므로 냉각제는 사용하지 않는다.
④ 세라믹은 1,200°C까지 경도의 변화가 없으며 충격에 강하다.

08 형상기억합금과 관련된 설명 중 옳지 못한 것은?

① 형상기억합금은 어떤 모양을 기억할 수 있는 합금으로 고온에서 일정 시간 유지함으로써 원하는 형상을 기억시키면 상온에서 외력에 의해 변형되어도 기억시킨 온도로 가열만 하면 변형 전 형상으로 되돌아오는 합금이다.
② Ni-Ti 합금의 대표적인 상품은 니티놀이며 주성분은 니켈(Ni)과 티타늄(Ti)이다.
③ 형상기억효과를 나타내는 합금이 일으키는 변태는 마텐자이트 변태이며 마텐자이트 변태는 온도와 응력에 의존되어 생성된다.
④ Cu계 합금은 결정립의 미세화가 용이하며 Ni-Ti계 합금보다 내피로성이 우수하다.

09 공구강의 구비 조건으로 옳지 못한 것은?

① 고온경도가 높을 것　　　② 열처리성이 좋을 것
③ 구입이 용이하고 가격이 저렴할 것　　　④ 강도에 대한 변화가 클 것

10 알루미늄의 특징으로 옳지 못한 것은?

① 비중이 2.7이며 용융점은 660°C이다.
② 열과 전기의 양도체이다.
③ 알루미늄은 면심입방격자(FCC)이며 전연성과 내식성이 좋다.
④ 순도가 높을수록 강하다.

1 인장하중 4kN을 가했더니 정사각형 단면에 발생한 응력의 크기가 10MPa이었다. 그렇다면 정사각형 단면의 한 변의 길이는 얼마인가?

① 10mm   ② 20mm   ③ 30mm   ④ 40mm

2 인장시험을 통해 시료가 파단 된 후에 시료가 얼마나 늘어났는지 판단하려고 한다. 주어진 조건은 다음과 같다. 조건을 보고 연신율[%]을 구하면 얼마인가?

> 시험을 하기 전 표점거리: 50mm, 파단 후 표점거리: 55mm

① 5%   ② 10%   ③ 15%   ④ 20%

3 18,000kgf의 하중을 받는 엔드 저널의 지름과 길이는? [단, 허용 굽힘 응력 $\sigma_b = 204 \mathrm{kgf/mm^2}$, 허용 베어링 압력 $P_a = 10 \mathrm{kgf/mm^2}$]

① $d = 15\mathrm{mm}, \ell = 30\mathrm{mm}$ ② $d = 15\mathrm{mm}, \ell = 60\mathrm{mm}$
③ $d = 30\mathrm{mm}, \ell = 60\mathrm{mm}$ ④ $d = 30\mathrm{mm}, \ell = 45\mathrm{mm}$

4 침탄법과 질화법에 대한 설명으로 옳지 <u>못한</u> 것은?

① 경화층은 질화법이 침탄법에 비해 깊다.
② 가열온도는 질화법이 침탄법보다 낮다.
③ 침탄법은 침탄 후 열처리가 필요하다.
④ 경도는 질화법이 침탄법보다 높다.

5 아래 그림이 설명하는 용접은 무엇인가?

① 필릿용접   ② 플러그용접
③ 점용접   ④ 슬롯용접

16 전단응력이 $4\,\mathrm{kgf/mm^2}$, 원형봉의 지름이 $80\,\mathrm{mm}$일 때, 극단면계수(Z_p)를 사용하여 토크(T)를 계산하라.

① $64,000\pi\,[\mathrm{kgf \cdot mm}]$ ② $128,000\pi\,[\mathrm{kgf \cdot mm}]$

③ $256,000\pi\,[\mathrm{kgf \cdot mm}]$ ④ $512,000\pi\,[\mathrm{kgf \cdot mm}]$

17 다음 중 기어의 축 방향으로 측정한 이의 길이를 무엇이라 하는가?

① 이 두께(tooth thickness)   ② 뒤틈(backlash)

③ 이 너비(tooth width)   ④ 이끝 틈새(clearance)

18 14K 금반지의 금 함유량은 얼마인가?

① 38%   ② 44%   ③ 58%   ④ 78%

19 여러 베어링 종류에 대한 설명으로 옳지 못한 것은?

① 앵귤러 콘택트 볼 베어링은 축 중심선에 직각 방향과 축 방향의 힘을 동시에 받을 때 사용한다.

② 깊은 홈 볼 베어링은 가장 널리 사용되는 것으로 내륜과 외륜을 분리할 수 없다.

③ 니들 롤러 베어링은 축 방향과 축 직각 방향에 대한 힘을 받을 수 있다.

④ 마그네토 볼 베어링은 외륜궤도면이 한쪽에 플랜지가 없고, 분리형이므로 분리와 조립이 편리하다.

20 볼 베어링에서 베어링에 작용하는 하중이 2배가 되면 수명시간(L_h)은 몇 배가 되는가?

① 0.5배   ② 0.125배   ③ 2배   ④ 4배

21 다음 중 리머볼트를 사용하는 이음은?

① 플랜지 이음   ② 플레어 이음   ③ 플레어리스 이음   ④ 나사 이음

22 합금의 특징으로 옳지 못한 것은?

① 여러 가지 금속의 원소를 혼합하기 때문에 열처리 성질이 우수하다.

② 결정립의 성장을 방지하여 일정한 성질을 가질 수 있다.

③ 인장강도, 경도, 내식성, 내열성, 내산성, 전기저항 등이 증가한다.

④ 전연성, 연신율, 단면수축률이 작고 용융점이 높다.

23 전위기어에 대한 설명으로 옳지 <u>못한</u> 것은?

① 전위기어는 절삭공구의 이 끝을 간섭점보다 낮게, 래크 공구의 피치선을 기준위치보다 낮게 해서 절삭시킨 기어이다.

② 중심거리를 자유롭게 조절하기 위해 전위기어를 사용한다.

③ 언더컷을 방지하고 최소 잇수를 적게 하기 위한 목적으로 전위기어를 사용한다.

④ 전위기어는 계산이 쉽고 간단해진다.

24 Fe－Ni 36%－Cr 12%로 구성된 불변강으로 탄성률의 변화가 작고, 기계태엽, 정밀저울 등의 스프링, 고급시계, 기타 정밀기기의 재료에 적합한 것은?

① 플래티나이트   ② 초인바   ③ 엘린바   ④ 인바

25 금속과 관련된 설명 중 옳지 <u>못한</u> 것은?

① 격자상수는 단위세포의 각 모서리의 길이로 금속의 결정구조를 표시한다.

② 금속은 다각형의 결정체로 결정립의 내부 구조는 원자로 이루어져 있다. 이때 이 원자의 배열을 공간격자라고 하며 하나의 구획을 단위세포라고 한다.

③ 금속의 원소들은 금속 결합으로 서로 연결되어 있으며 금속 내의 전자들은 서로 속박되지 않은 자유전자를 가지고 있기 때문에 열전도도와 전기전도도가 우수하다.

④ 면심입방격자의 종류로는 Ag, Au, Al, Ca, Ni, Cu, Zn, Pt, Pb이 있다.

26 열간가공에 대한 설명으로 옳지 <u>못한</u> 것은?

① 작은 힘으로 큰 변형을 줄 수 있다.

② 가공물의 표면이 산화될 우려가 있어서 우수한 치수정밀도는 기대하기 어렵다.

③ 가공도가 커서 거친 가공에 적합하다.

④ 냉간가공보다 균일성이 좋다.

27 굽힘응력(σ_b)이 일정한 값을 갖는다. 이때, 굽힘모멘트(M)를 2배로 늘리려면 직경은 몇 배가 되어야 하는가? [단, 재료는 단면이 원형인 원형봉이다.]

① $\sqrt[3]{2}$ 배   ② $\sqrt{2}$ 배   ③ $2\sqrt{2}$ 배   ④ 2배

28 여러 비파괴검사와 관련된 설명으로 옳지 못한 것은?

① 자분탐상법(MT, Magnetic Test)은 철강 재료의 균열 및 결함을 검사하는 방법으로 자력선과 산화철 분말을 사용한다. 구체적으로 철강 재료 등 강자성체를 자기장에 놓았을 때 시험편 표면이나 표면 근처에 균열이나 비금속 개재물과 같은 결함이 있으면 결함 부분에는 자속이 통하기 어려워 공간으로 누설되어 누설 자속이 생긴다. 이 누설 자속을 자분(자성 분말)이나 검사 코일을 사용하여 결함의 존재를 검출하는 방법이다.

② 침투탐상법(PT, Penetrant Test)은 재료의 표면을 깨끗하게 닦은 후에 검사하려는 대상물의 표면에 침투력이 강한 형광성 침투액을 도포 또는 분무하거나 표면 전체를 침투액 속에 침척시켜 표면의 흠집 속에 침투액이 스며들게 한 다음 이를 백색 분말의 현상액을 뿌려서 침투액을 표면으로부터 빨아내서 결함을 검출하는 방법이다. 보통 철, 비철금속, 비자성재료 등에 널리 사용된다. 침투액이 형광물질이면 형광침투탐상법이라고 한다.

③ 초음파탐상법(UT, Ultrasonic Test)은 초음파를 재료에 투사하면 결함이 존재하는 개소에서 초음파가 반사되는데 이 반사파를 전압으로 바꾸어 증폭시켜 스크린에 나타내면 파형이 검출되어 결함을 파악할 수 있다. 구체적으로 매우 높은 주파수의 초음파를 사용하여 검사 대상물의 형상과 물리적 특성을 검사하는 방법이다. 통상 $4 \sim 5 \text{MHz}$ 정도의 초음파가 경계면, 결함표면 등에서 반사하여 되돌아오는 성질을 이용하여 반사파의 시간과 크기를 스크린으로 관찰함으로써 결함의 유무, 크기, 종류를 파악할 수 있다.

④ 방사선투과법(RT, Radiography Test)은 방사선을 필름에 감광시켜 결함을 파악하는 방법이다. 이와 관련하여 방사선의 종류에는 코발트-60(Co-60)이라는 방사성동위원소가 있다. 감마선(γ-선)은 코발트-60에서 방출되는 전자파 에너지로서 태양광선(가시광선), 전자레인지의 마이크로웨이브와 같은 종류의 방사선이다. 감마선은 투과력이 약하지만 장치 및 조작이 간단하여 널리 사용된다.

29 탄소강에 함유된 성분 중에서 다음과 같은 영향을 미치는 원소는?

- 망간(Mn)과 결합하여 절삭성을 좋게 한다.
- 인장강도, 연신율, 충격치를 저하시킨다.
- 탄소강에 함유되면 강도 및 경도를 증가시킨다.
- 탄소강에 함유되면 용접성을 저하시킨다.
- 적열취성의 원인이 되는 원소이다.

① 인(P) ② 규소(Si)
③ 황(S) ④ 탄소(C)

30 고주파 경화법에 대한 설명으로 옳지 <u>못한</u> 것은?

① 직접 가열하기 때문에 열효율이 높다.
② 부분 담금질이 가능하므로 필요한 깊이만큼 균일하게 경화시킬 수 있다.
③ 마텐자이트 생성으로 체적이 변하여 내부응력이 발생한다.
④ 열처리 불량이 많고 변형 보정을 필요로 한다.

31 경도, 인성, 가공경화와 관련된 설명 중 옳지 <u>못한</u> 것은?

① 변형경화는 재결정 이하의 온도에서 가공하면 할수록 경화되는 현상이다.
② 가공경화가 발생하면 강도, 경도, 인성은 증가하지만 연신율, 단면수축률은 감소한다.
③ 인성은 충격에 대한 저항 성질로 재료가 파단될 때까지 단위체적당 흡수할 수 있는 에너지이다.
④ 가공경화의 예로는 철사를 반복하여 굽히면 굽혀지는 부분이 결국 부러지는 현상이 있다.

32 원뿔형의 축으로 연삭기, 밀링 머신, 드릴링 머신 등의 주축에 사용되는 축은?

① 직선 축　　　　　② 크랭크 축　　　　　③ 테이퍼 축　　　　　④ 플렉시블 축

33 금속침투법(시멘테이션)은 재료를 가열하여 표면에 철과 친화력이 좋은 금속을 표면에 침투시켜 확산에 의해 합금 피복층을 얻는 방법이다. 그렇다면 아래 설명된 것은 어떤 금속침투법인가?

> 철강 표면에 알루미늄(Al)을 확산 침투시키는 방법으로 알루미늄, 알루미나 분말 및 염화암모늄을 첨가한 것을 확산제로 사용하며, 800~1,000℃ 정도로 처리한다. 또한 고온산화에 견디기 위해서 사용된다.

① 보로나이징　　　　② 크로마이징　　　　③ 세라다이징　　　　④ 칼로라이징

34 다음 중 펌프축을 원동기에 터빈축을 부하에 결합하여 동력을 전달하는 클러치는?

① 맞물림 클러치　　② 일방향 클러치　　③ 유체 클러치　　　④ 마찰 클러치

35 리벳 이음에 대한 설명 중 옳지 <u>않은</u> 것은?

① 강판 또는 형강을 영구적으로 접합하는 데 사용하는 체결 기계요소이다.
② 결합시킬 수 있는 강판의 두께에 제한이 있다.
③ 구조물 등에서 현장 조립할 때는 용접이음에 비해 불리하다.
④ 경합금과 같이 용접이 곤란한 재료에 신뢰성이 있다.

36 다음 중 액정 폴리머에 대한 설명으로 옳지 <u>못한</u> 것은?

① 강도와 탄성계수가 우수하다.
② 용융 시 유동성이 우수하여 성형품의 정밀도가 높다.
③ 성형수축률 및 선팽창률이 크다.
④ 난연소성이며 치수안정성, 내약품성, 내가수분해성이 우수하다.

37 다음 중 주철의 성장 방지 방법으로 옳지 <u>못한</u> 것은?

① 흑연을 미세화시켜 조직을 치밀하게 한다.
② 탄화안정화원소(Cr, V, Mo, Mn)를 첨가하여 펄라이트 중의 Fe_3C 분해를 막는다.
③ 편상흑연을 구상화시킨다.
④ C, Si 함량을 증가시킨다.

38 마찰차에 대한 설명으로 옳지 <u>못한</u> 것은?

① 회전 속도가 너무 커서 기어를 사용할 수 없을 때 사용한다.
② 무단변속이 가능하며 과부하 시 약간의 미끄럼으로 손상을 방지할 수 있다.
③ 축과 베어링 사이의 마찰이 커서 축과 베어링의 마멸이 크다.
④ 정숙하고 전동 효율이 매우 높다.

39 아래 그림이 나타내는 것은 무슨 나사인가?

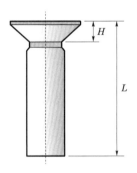

① 둥근머리나사 　　　　　　　　② 와셔붙이나사
③ 접시머리나사 　　　　　　　　④ 트러스머리나사

40 아래 그림처럼 인장력 P가 작용할 때, 지름 20mm인 리벳 단면에 일어나는 전단응력은 1,500 kgf/mm² 이다. 이때, 인장력 P는 얼마인가?

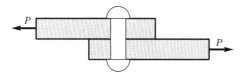

① 300,000kgf

② 471,000kgf

③ 600,000kgf

④ 871,000kgf

Truth of Machin

실전 모의고사

1회 실전 모의고사

(재료역학, 열역학, 유체역학, 동역학, 열전달 기반)

1문제당 2점 / 점수 [　]점 → 정답 및 해설: p.22

01 x 방향과 y 방향으로 각각 인장응력이 작용하고 있다. 이와 관련된 모어원에 대한 설명으로 옳지 못한 것은? [단, $\sigma_x > \sigma_y$ 이며 각각 양수이다.]　　　　　[2020 서울교통공사 기출 변형]

① 최대주응력의 크기는 σ_x와 σ_y의 평균값에 모어원의 반지름(R)을 더한 값이다.

② 최대전단응력의 크기는 최대주응력의 크기에서 원점에서 모어원의 중심까지의 거리를 뺀 값이다.

③ 경사각 30°에서의 전단응력의 크기는 모어원의 반지름(R)의 크기보다 크다.

④ 경사각 30°에서의 수직응력의 크기는 σ_x와 σ_y의 평균값보다 크다.

02 원형 파이프에서 빠져나오는 물의 유량이 $2,000\mathrm{m}^3/\mathrm{s}$ 이다. 이때, 1시간 동안 물이 빠져나온다면 빠져나온 물의 무게[N]는 얼마인가? [단, 중력가속도는 $10\mathrm{m/s}^2$이다.]

[2020 서울교통공사 기출 변형]

① 20×10^9　　　② 7.2×10^9　　　③ 72×10^9　　　④ 72×10^{10}

03 그림과 같이 원통형 실린더 내부의 기체가 단면적 $60\mathrm{cm}^2$, 질량이 $12\mathrm{kg}$인 움직임이 가능한 피스톤과 균형을 이루고 있으며 실린더 외부는 1기압이다. 실린더 내부에 80J의 열에너지가 유입될때, 피스톤이 위로 5cm 움직였다면 이때 기체의 내부에너지 변화량[J]은 얼마인가? [단, 피스톤의 움직임 이외의 에너지 손실은 무시하며, 1기압은 $100,000\mathrm{Pa}$, 중력가속도는 $10\mathrm{m/s}^2$이다.

[출제 예상 문제]

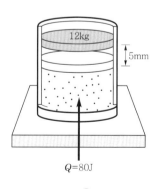

① 40J　　　② 44J　　　③ 50J　　　④ 54J

4 아래 보기에서 파스칼의 법칙과 관련된 것은 <u>모두</u> 몇 개인가? [출제 예상 문제]

> 유압기기, 파쇄기, 축구공 감아차기, 무회전 슛, 굴삭기

① 1개　　　　② 2개　　　　③ 3개　　　　④ 4개

5 물 위에 떠 있던 배 밑바닥에 20cm^2의 넓이만큼의 구멍이 생겼다. 이 구멍은 수면으로부터 80cm 아래에 있다고 할 때, 1초당 배 안으로 유입되는 물의 양은 대략 얼마인가? [단, 중력가속도는 $10\text{m}/\text{s}^2$이며 배는 가라앉지 않는다.] [출제 예상 문제]

① 0.002m^3　　② 0.004m^3　　③ 0.006m^3　　④ 0.008m^3

6 아래 그림은 단열 용기에 담긴 $90°\text{C}$인 물과 $0°\text{C}$인 얼음을 나타낸 것이다. 물과 얼음의 질량은 같다. 얼음을 물에 넣은 후, 얼음이 모두 녹아 열평형 상태가 되었을 때, 물의 온도($°\text{C}$)는 얼마인가? [단, 얼음의 녹는점은 $0°\text{C}$, 얼음의 융해열은 $A[\text{J}/\text{kg}]$, 물의 비열은 $C[\text{J}/\text{kg}\cdot°\text{C}]$이다.] [출제 예상 문제]

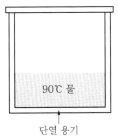
90℃ 물 / 단열 용기

0℃ 얼음

① $45+\dfrac{A}{2C}$　　② $45-\dfrac{A}{2C}$　　③ $45-\dfrac{A}{4C}$　　④ 45

7 다음 중 벡터 물리량이 <u>아닌</u> 것은? [다수 공기업 기출]

① 힘　　　　② 충격량　　　　③ 전위　　　　④ 전계

8 열효율이 40%인 어떤 열기관이 열을 공급받아 매 순환마다 9,000J의 폐열을 방출한다. 이 열기관의 일률이 3kW라면 각 순환에 걸리는 시간[초, s]은? [다수 공기업 기출]

① 0.5초　　　　② 1초　　　　③ 2초　　　　④ 3초

09 아래 좌측, 우측 그림은 경사면의 높이 h인 지점에 가만히 놓인 동일한 원통이 각각 구르지 않~~~
미끄러지는 것과 미끄러지지 않고 구르는 것을 나타낸 것이다. 경사면을 벗어나는 순간, 좌측과 ~~~
측에서 원통의 운동에너지는 각각 A와 B이다. 그렇다면 $\dfrac{A}{B}$ 는 얼마인가? [단, 원통의 밀도는 ~~~
일하다.]

[출제 예상 문~~~]

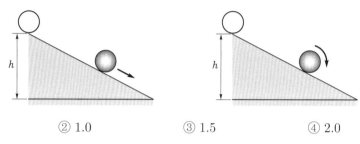

① 0.5   ② 1.0   ③ 1.5   ④ 2.0

10 수평면과 $30°$의 경사를 가진 빗면에 놓인 질량이 m인 물체에 빗면에 평행한 방향으로 힘 F를 ~~~
했더니 정지해 있는 것을 나타낸 그림이다. 빗면의 경사각이 $60°$로 증가할 때 물체가 정지해 있~~~
위해 빗면에 평행한 방향으로 가해 주어야 하는 힘은 얼마인가? [단, 빗면과 물체 사이의 마찰~~~
무시한다.]

[다수 공기업 기~~~]

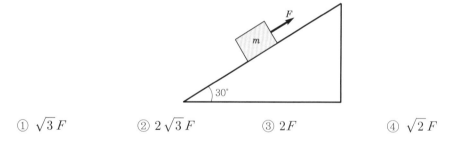

① $\sqrt{3}\,F$ ② $2\sqrt{3}\,F$ ③ $2F$ ④ $\sqrt{2}\,F$

11 반지름이 10cm이고 밀도가 균일한 구를 물에 넣었더니 중심이 수면에 위치한 채 정지해 있다. ~~~
구의 질량[kg]에 가장 가까운 것은? [단, 물의 밀도는 $1\text{g}/\text{cm}^3$이고 물의 부력과 중력을 제외한 ~~~
른 효과는 무시한다.]

[다수 공기업 기~~~]

① 1kg   ② 2kg   ③ 3kg   ④ 4kg

2 수조의 작은 구멍에서 물이 새고 있다. 구멍의 단면적은 1cm^2이고 물이 새어 나오는 동안 구멍의 중심에서 수면까지의 높이는 5m로 일정하게 유지된다. 물이 베르누이 법칙을 만족한다고 할 때, 새어 나온 물의 양이 200kg가 될 때까지 걸리는 시간은? [단, 중력가속도는 10m/s^2이며, 물의 밀도는 $1,000\text{kg/m}^3$이다.] [다수 공기업 기출]

① 1분 40초 　　　　② 3분 20초 　　　　③ 5분 　　　　④ 6분 40초

3 힘에 대한 설명으로 옳지 <u>않은</u> 것은? 　　　　　　　　[출제 예상 문제]

① 힘은 물체 사이에서 항상 쌍으로 작용한다.
② 힘은 반드시 물체가 접촉한 상태에서만 작용한다.
③ 힘은 물체의 모양이나 운동 상태를 변화시키는 원인이다.
④ 힘을 표시할 때에는 크기, 방향, 작용점을 모두 나타내야 한다.

4 다음은 우리가 일상생활에서 경험하는 열의 이동과 관련된 여러 가지 현상들이다. 열의 전달 방법이 같은 것들로 짝지어진 것은? 　　　　　　[다수 공기업 기출]

ㄱ. 추운 겨울날 마당의 철봉과 나무는 온도가 같지만 손으로 만지면 철봉이 더 차게 느껴진다.
ㄴ. 감자에 쇠젓가락을 꽂으면 속까지 잘 익는다.
ㄷ. 난로는 바닥에, 냉풍기는 위에 설치하는 것이 좋다.
ㄹ. 아무리 먼 곳이라도 열은 전달된다.

① ㄱ, ㄴ 　　　　② ㄱ, ㄷ 　　　　③ ㄴ, ㄷ 　　　　④ ㄴ, ㄹ

5 외부로부터 고립된 2개의 계가 열적 접촉한 상태이다. 온도 500K인 계에서 250J의 열이 온도 250K인 계로 이동하였을 때, 두 계의 총 엔트로피 변화는 얼마인가? [단, 열이 이동하는 과정에서 두 계의 온도 변화는 없다.] [다수 공기업 기출]

① 0.5J/K 감소 　　　② 0.5J/K 증가 　　　③ 1.0J/K 감소 　　　④ 1.0J/K 증가

16 속력 V로 달리는 수평 도로를 자동차의 브레이크를 급히 밟았더니 거리 d만큼 미끄러지다가 지하였다. 이 자동차가 $2V$의 속력으로 같은 도로를 달릴 때, 급브레이크를 밟으면 d의 몇 배 거리를 미끄러지다가 정지하겠는가? [단, 공기의 저항은 무시한다.]　[다수 공기업 기

① 0.25　　　　② 0.5　　　　③ 2　　　　④ 4

17 평균응력이 240MPa이고 응력비(R)가 0.2이다. 이때, 최대응력(σ_{max})과 최소응력(σ_{min})은 각 얼마인가?　[한국가스공사 등 다수 공기업 기

① 80, 400　　　　② 400, 80　　　　③ 300, 180　　　　④ 180, 300

18 고속으로 회전하는 회전체는 그 회전축을 일정하게 유지하려는 성질이 있는데 이 성질은?　[출제 예상 문

① 마그누스 힘　　　　　　　　② 카르만 소용돌이
③ 자이로 효과　　　　　　　　④ 라이덴프로스트 효과

19 랭킨사이클의 구성은 펌프, 보일러, 터빈, 응축기로 구성된다. 각 구성 요소가 수행하는 열역학 변화 과정으로 옳지 <u>못한</u> 것은?　[다수 공기업 기

① 펌프: 단열압축　　　　　　② 보일러: 정압가열
③ 터빈: 단열팽창　　　　　　④ 응축기: 정적방열

20 온도 300K, 압력 1bar로 각각 동일하게 유지된 채 계의 상태가 변하고 있다. 이때, 계의 엔탈피 엔트로피는 각각 8kJ, 30J/K씩 감소한다. 이 상태 변화에 대한 깁스 자유에너지 변화를 계산 고, 이 과정이 자발적인지, 비자발적인지 판단한 것으로 옳은 것은?　[출제 예상 문

① 1kJ, 비자발적　　　　　　② 1kJ, 자발적
③ −17kJ, 비자발적　　　　　④ −17kJ, 자발적

21 엔트로피와 관련된 설명으로 옳지 <u>못한</u> 것은?　[다수 공기업 기

① 열기관이 가역사이클이면 엔트로피는 일정하다.
② 엔트로피는 자연현상의 비가역성을 나타내는 척도이다.
③ 엔트로피를 구할 때 적분 경로는 반드시 가역변화이어야 한다.
④ 열기관이 비가역사이클이면 엔트로피는 감소한다.

2 비압축성 뉴턴 유체에 적용되는 나비에-스토크스식에 포함되지 <u>않는</u> 것은?　　　[출제 예상 문제]

① 시간에 따른 운동량 변화
② 유체에 가해지는 중력
③ 시간에 따른 전단응력 변화
④ 위치에 따른 압력 변화

3 평형방정식에 관계되는 지지점과 반력에 대한 설명으로 옳은 것은?　　　[다수 공기업 기출]

① 고정지지점은 수직 및 수평반력과 회전모멘트 등의 3개의 반력이 발생한다.
② 롤러지지점은 수직 및 수평 방향으로 구속되어 2개의 반력이 발생한다.
③ 힌지지지점은 1개의 반력이 발생한다.
④ 롤러지지점은 수평반력만 발생한다.

4 수직으로 놓인 지름 1m의 원통형 탱크에 높이 1.8m까지 물이 채워져 있다. 탱크 바닥에 내경 5cm의 관을 연결하여 1.2m/s의 일정한 관 내 평균 유속으로 물을 배출한다면, 탱크의 물이 모두 배출되는 데 걸리는 시간은?　　　[다수 공기업 기출]

① 10분　　　　　② 20분　　　　　③ 30분　　　　　④ 40분

5 전도에 대한 설명으로 옳지 <u>못한</u> 것은?　　　[다수 공기업 기출]

① 고체에서의 전도 현상은 격자 내부 분자의 진동과 자유 전자의 에너지 전달에 의해 발생한다.
② 기체, 액체에서의 전도 현상은 분자들이 공간에서 움직이면서 그에 따른 충돌과 확산에 의해 발생한다.
③ 고체, 액체, 기체에서 모두 발생할 수 있다.
④ 입자 간의 상호작용에 의해서 보다 에너지가 적은 입자에서 에너지가 많은 입자로 에너지가 전달되는 현상이다.

6 질량이 m이고 비열이 c인 물체 A를 높이 h에서 떨어뜨려 바닥에 있는 질량과 온도가 동일한 또다른 물체 B와 합쳐졌다. 외부의 열교환이 없는 상태에서 열평형이 이루어졌다면 충돌 전후의 온도 변화는? [단, 중력가속도는 g이며 공기와의 저항에 의한 온도 변화는 무시한다.]

[다수 공기업 기출]

① $\dfrac{gh}{c}$　　　　② $\dfrac{gh}{2c}$　　　　③ $\dfrac{gh}{3c}$　　　　④ $\dfrac{gh}{4c}$

27 유체의 흐름의 압축성 또는 비압축성 판별에 가장 적합한 수는 무엇인가? [다수 공기업 기출]

① 마하수 ② 오일러수 ③ 레이놀즈수 ④ 프란틀수

28 대류 열전달에 대한 설명으로 옳은 것은? [한국가스공사 출제 예상 문제]

① 대부분의 액체에서 프란틀(Prandtl)수는 1보다 크다.
② 자연대류에서 누셀(Nusselt)수는 레이놀즈(Reynolds)수와 프란틀수의 함수로 표현된다.
③ 강제대류에서 누셀수는 그라쇼프(Grashof)수와 프란틀수의 함수로 표현된다.
④ 누셀수가 크다는 것은 전도에 의한 열전달이 크다는 것을 의미한다.

29 다음 중 열전달에서 사용되는 운동량 확산도와 열 확산도의 비를 나타내는 무차원수는?

[다수 공기업 기출]

① 프란틀(Prandtl)수, Pr ② 누셀(Nusselt)수, Nu
③ 레이놀즈(Reynolds)수, Re ④ 그라쇼프(Grashof)수, Gr

30 길고 곧은 관을 통과하는 난류 흐름에서 유체에 가해지는 열전달계를 차원해석했다. 이때, 얻어[진?]
무차원수인 레이놀즈수(Re), 누셀수(Nu), 프란틀수(Pr), 스탠턴수(St)와의 상관관계가 옳은 [것?]
은? [한국서부발전 등 다수 공기업 기출]

① $Nu = Re \times Pr \times St$ ② $Re = St \times Pr \times Nu$
③ $St = Re \times Pr \times Nu$ ④ $Pr = Re \times St \times Nu$

31 한 변의 길이가 10cm이고 밀도가 $640kg/m^3$인 정육면체 물체가 물에 떠 있다. 물체의 맨 위 표[면?]
을 수면과 같게 하려면 그 표면 위에 놓여야 할 금속의 질량은? [다수 공기업 기출]

① 240g ② 320g ③ 360g ④ 480g

32 성연이가 지상에서 3,000m 상공에 떠 있는 비행기에서 점프를 한다. 공기 저항을 무시한다[면?]
2,000m 상공에서 성연이의 낙하속도는 약 얼마인가? [단, 중력가속도(g)는 10m/s²]

[다수 공기업 기출]

① 200m/s ② 300m/s ③ 250m/s ④ 140m/s

3 야구공이 공기 중에서 시계 방향으로 회전하며 오른쪽으로 날아가고 있다. 분명 공은 한쪽 방향으로 굴절되면서 운동할 것이다. A, B는 공의 위와 아래의 한 점이다. 이에 대한 설명으로 옳은 것은 모두 몇 개인가? [한국가스공사 기출 변형]

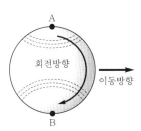

> ㄱ. 공기의 속력은 B보다 A에서 더 빠르다.
> ㄴ. 공은 위쪽으로 휘어서 진행한다.
> ㄷ. 공기에 의한 압력은 B보다 A에서 더 크다.

① 0개　　　　② 1개　　　　③ 2개　　　　④ 3개

34 우리가 살고 있는 지구에서 2초의 주기를 갖는 단진자가 있다. 이 단진자를 중력가속도가 지구의 1/4인 행성에 가져갔을 때 이 단진자의 주기는? [다수 공기업 기출]

① 2.4초　　　　② 3초　　　　③ 4초　　　　④ 1초

35 운동마찰계수가 0.2인 어떤 바닥면 위에서 물체가 수평 방향으로 20m/s의 속력으로 운동하기 시작하여 일정 거리를 진행한 후 정지했다. 이 물체의 이동 거리는 몇 m인가? [단, 중력가속도는 10 m/s^{2}이고 모든 저항은 무시한다.] [다수 공기업 기출]

① 25m　　　　② 50m　　　　③ 75m　　　　④ 100m

36 다음 중 유량계의 종류로 옳게 짝지어지지 않은 것은? [출제 예상 문제]

① 차압식 유량계 : 오리피스, 유동노즐, 벤츄리미터
② 유속식 유량계 : 피토관, 열선식 유량계
③ 용적식 유량계 : 루츠식, 로터리 피스톤
④ 면적식 유량계 : 플로트형, 피스톤형, 가스미터, 와류식

37 수평으로 된 테이블에서 질량이 $4kg$인 물체 A가 질량 $8kg$인 물체 B와 실로 연결되어 지름 40c□로 등속 원운동을 하고 있다. 물체 A의 접선 방향 선속도[m/s]와 구심 가속도[m/s²]의 크기는 □각 얼마인가? [단, 중력가속도는 $10m/s^2$이고, 이외 모든 것은 무시한다.]　　　[출제 예상 문

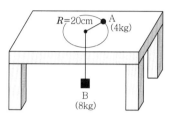

① 2, 10　　　　　② 2, 20　　　　　③ 4, 10　　　　　④ 4, 20

38 질량이 $10kg$인 물체가 정지 상태에서 등가속도 직선 운동하여 속도가 $5m/s$가 되었다. 이 과정□서 물체가 받은 역적의 크기는 몇 N·s인가?　　　[다수 공기업 기□

① 25　　　　　② 50　　　　　③ 75　　　　　④ 100

39 어떤 이상기체를 등온 압축하여 부피를 반으로 줄이는 데 $200J$의 일이 필요했다. 그렇다면 부피□ 1/8로 줄이려면 얼마의 일[J]이 필요하겠는가?　　　[출제 예상 문

① 25J　　　　　② 600J　　　　　③ 800J　　　　　④ 1,600J

40 어느 과열증기의 온도가 $325℃$일 때 과열도를 구하면 몇 $℃$인가? [단, 이 증기의 포화온도□ 495K이다.]　　　[출제 예상 문□

① 93　　　　　② 103　　　　　③ 113　　　　　④ 170

41 안지름이 $50cm$인 원관에 물이 $2m/s$의 속도로 흐르고 있다. 역학적 상사를 위해 관성력과 점성□만을 고려하여 1/5로 축소된 모형에서 같은 물로 실험할 경우 모형에서의 유량은 약 몇 L/s인가□ [단, 물의 동점성계수는 $1 \times 10^{-6} m^2/s$이며 $\pi = 3$으로 계산한다.]　　　[한국수력원자력 기□

① 35L/s　　　　② 75L/s　　　　③ 118L/s　　　　④ 256L/s

42 아래 그림처럼 피스톤-실린더 장치 내에 초기에 150kPa의 기체 0.06m^3가 들어있다. 이 상태에서 스프링상수가 120kN/m인 선형 스프링이 피스톤에 닿아 있지만, 가하지는 않는다. 이제 기체에 열이 전달되어 내부 체적이 2배가 될 때까지 피스톤은 상승하고 스프링은 압축된다. 이때, 기체가 한 전체 일은 얼마인가? [단, 팽창 과정은 준평형 과정이며 마찰이 없고 스프링은 선형스프링이다. 또한, 피스톤의 단면적은 0.3m^2이다.] [한국수력원자력 기출]

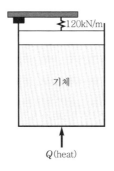

① 2.4kJ　　　　② 9.0kJ　　　　③ 11.4kJ　　　　④ 13.8kJ

43 수평면 위에 정지하고 있는 0.2kg의 공을 향해 수평 방향으로 0.01kg의 초소형 미사일이 발사되었다. 공이 8m 미끄러진 후 정지할 때 공과 수평면 사이의 마찰 계수가 0.4라면, 충돌 전 초소형 미사일의 속력은? [단, 중력가속도는 10m/s^2이며 미사일은 공에 박힌다.] [다수 공기업 기출]

① 108m/s　　　　② 168m/s　　　　③ 224m/s　　　　④ 284m/s

44 무차원수에 대한 설명으로 옳지 <u>않은</u> 것은? [한국가스공사 등 기출]

① Schmidt수는 운동학점도에 대한 분자확산도의 비율로 나타낸다.
② Prandtl수는 열확산도에 대한 운동량 확산도의 비율로 나타낸다.
③ Grashof수는 점성력에 대한 부력의 비율로 나타낸다.
④ Stanton수는 유체의 열용량에 대한 유체에 전달된 열의 비율로 나타낸다.

45 복사열전달에 대한 설명으로 옳지 <u>않은</u> 것은? [한국가스공사 등 기출]

① 방사율(emissivity)은 같은 온도에서 흑체가 방사한 에너지에 대한 실제 표면에서 방사된 에너지의 비율로 정의된다.
② 열복사의 파장범위는 $1,000\mu\text{m}$보다 큰 파장 영역에 존재한다.
③ 흑체는 표면에 입사되는 모든 복사를 흡수하며, 가장 많은 복사에너지를 방출한다.
④ 두 물체 간의 복사열전달량은 온도 차이뿐만 아니라 각 물체의 절대온도에도 의존한다.

46 다음 중 대류에 의한 열전달에 해당하는 법칙은? [다수 공기업 기출]

① Stefan-Boltzmann 법칙 ② Fourier의 법칙
③ Pascal의 법칙 ④ Newton의 냉각법칙

47 수력도약의 시각적 관찰과 수학적 해석방법으로부터 충격파를 다루는 데 사용하는 Froude수에
포함되지 **않는** 것은? [다수 공기업 기출]

① 속도 ② 중력가속도 ③ 길이 ④ 압력

48 밀도가 600kg/m^3인 직육면체 모양의 물체가 밀도 $1{,}000\text{kg/m}^3$인 물에 떠 있다. 물에 잠겨 있는
물체의 깊이 h가 3cm일 때, 물체의 높이 H는 몇 cm인가? [다수 공기업 기출]

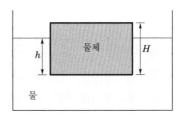

① 4.0 ② 4.5 ③ 5.0 ④ 5.5

49 아래 그림과 같이 주어진 평면응력상태에서 최소주응력 $\sigma_2 = 0\text{MPa}$인 경우, 최대주응력 σ_1의
크기[MPa]는 얼마인가? [다수 공기업 기출]

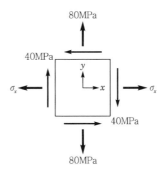

① 80MPa ② 100MPa ③ 120MPa ④ 140MPa

50 무게가 $3,000\text{kg}$인 물체의 부피가 10m^3이다. 이 물체의 밀도는? [단, 중력가속도는 10m/s^2로 계산한다.]

[한국중부발전, 한국환경공단 등 기출]

① 300kg/m^3 ② $3,000\text{kg/m}^3$

③ $30,000\text{kg/m}^3$ ④ $300,000\text{kg/m}^3$

2회 실전 모의고사
(암기과목 포함)

1문제당 3.3점 / 점수 [　]점

→ 정답 및 해설: p.254

01 다음 중 절삭가공의 특징으로 옳지 <u>못한</u> 것은?　[서울시설공단, 한국동서발전 등 기출]

① 치수정확도가 우수하며 주조나 소성가공으로는 불가능한 외형 또는 내면을 정확하게 가공할 수 있다.
② 소재의 낭비가 많이 발생하므로 비경제적이다.
③ 주조나 소성가공에 비해 더 많은 에너지와 많은 가공시간이 소요된다.
④ 생산 개수가 많은 대량 생산에 적합하다.

02 다음 중 나사 절삭 시 두 번째 이후의 절삭시기를 알려주는 것은?　[출제 예상 문제]

① 하프너트　　　　② 센터게이지　　　　③ 체이싱 다이얼　　　　④ 스플릿너트

03 아래 보기에서 급랭 조직으로 옳은 것은 <u>모두</u> 몇 개인가?　[서울교통공사 기출 변형]

> 시멘타이트, 소르바이트, 트루스타이트, 마텐자이트, 오스테나이트

① 1개　　　　② 2개　　　　③ 3개　　　　④ 4개

04 여러 금속에 대한 설명으로 옳지 <u>못한</u> 것은?　[한국산업단지공단 기출]

① 니켈은 황산 및 염산에 부식되지만, 유기화합물 등 알칼리에는 잘 견딘다.
② 순수 알루미늄은 강도가 크고 여러 금속들을 첨가하여 합금으로 주로 사용한다.
③ 규소는 탄성한계, 강도, 경도를 증가시키며 연신율, 충격치를 감소시킨다.
④ 마그네슘의 비중은 1.74로 가벼워 경량화 부품 등에 사용되며 조밀육방격자이다.

05 유체를 수송하는 파이프의 단면적이 급격히 확대 및 축소될 때 흐름의 충돌이 생겨 소용돌이가 일어나 압력손실이 발생한다. 이와 같은 마찰을 무엇이라고 하는가?　[출제 예상 문제]

① 표면마찰　　　　② 흐름마찰　　　　③ 충돌마찰　　　　④ 형상마찰

6 압출 과정에서 속도가 너무 크거나 온도 및 마찰이 클 때 제품 표면의 온도가 급격하게 상승하여 표면에 균열이 발생하는 결함은?　　　　　　　　　　　　　　　　　　[출제 예상 문제]

① 대나무균열　　　　② 심결함　　　　③ 파이프결함　　　　④ 세브론결함

7 항복점이 뚜렷하지 않은 재료에서 내력을 정하는 방법으로 옳은 것은?　　　[다수 공기업 기출]

① 비례한도로 정한다.
② 0.02%의 영구 strain이 발생할 때의 응력으로 정한다.
③ 0.05%의 영구 strain이 발생할 때의 응력으로 정한다.
④ 0.2%의 영구 strain이 발생할 때의 응력으로 정한다.

8 다음 중 경도시험법에 대한 설명으로 옳지 못한 것은?　　　　　　　　　[다수 공기업 기출]

① 로크웰 경도시험법: 다이아몬드 원추나 강구 압입자를 이용해서 경도를 평가한다.
② 비커스 경도시험법: 피라미드 형상의 다이아몬드 압입자를 이용해서 경도를 평가한다.
③ 브리넬 경도시험법: 강이나 초경합금으로 만든 구형 압입자를 이용해서 경도를 평가한다.
④ 마이어 경도시험법: 한쪽 대각선이 긴 피라미드 형상의 다이아몬드 압입자를 이용해서 경도를 평가한다.

9 충격파에 대한 설명으로 옳지 못한 것은?　　　　　　　　　　　　[한국중부발전 기출]

① 충격파의 앞쪽과 뒤쪽의 압력차가 충격파의 강도를 나타낸다.
② 충격파를 지나온 공기입자의 압력과 밀도는 증가되고 속도는 감소된다.
③ 초음속 흐름에서 충격파로 인하여 발생하는 항력을 마찰항력이라고 한다.
④ 충격파의 종류에는 수직충격파, 경사충격파, 팽창파가 있다.

0 아래 보기가 설명하는 것은 무엇인가?　　　　　　　　　　　　　[다수 공기업 기출]

> 물체 주위의 순환 흐름에 의해 생기는 양력, 즉 흐름에 놓인 물체에 순환이 있으면 물체는 흐름의 직각 방향으로 양력이 생긴다.

① 아르키메데스의 원리　　　　　　② 파스칼의 법칙
③ 쿠타-쥬코브스키의 정리　　　　　④ 스테판-볼츠만의 정리

11 다음 중 베르누이 방정식과 관련된 설명으로 옳지 <u>못한</u> 것은? [한국가스공사 기출 변형]

① 에너지 보존의 법칙을 기반으로 하는 방정식이다.

② 베르누이 방정식의 기본 가정으로는 유체 입자가 같은 유선상을 따라 움직이며 정상류, 비점성, 비압축성이어야 한다.

③ 베르누이 방정식을 통해 관의 면적에 따른 속도와 압력의 관계를 알 수 있다.

④ $Pv + \dfrac{1}{2}mv^2 + mgh = C$로 표현되는 방정식이다. [여기서, P: 압력, V: 부피, m: 질량, v: 속도, g: 중력가속도, h: 높이, C: 상수]

12 아래 보기가 설명하는 것은 어떤 가공인가? [지방 공기업 기출]

> 뚫려 있는 구멍에 그 안지름보다 큰 지름의 펀치를 이용하여 구멍의 가장자리를 판면과 직각으로 구멍 둘레에 테를 만드는 가공

① 비딩(beading)   ② 로터리스웨이징(rotary swaging)
③ 버링(burling)   ④ 버니싱(burnishing)

13 다음 중 엔트로피가 증가하는 상황으로 옳지 <u>못한</u> 것은? [다수 공기업 기출]

① 자연계에 비가역적 상태가 많을 때

② 손흥민이 맨시티와의 경기에서 골을 넣고 세레모니로 슬라이딩을 했을 때

③ 변화가 불안정된 상태 쪽으로 일어나는 경우

④ 여자친구를 만나러 가기 위해 방에서 향수를 뿌렸더니 향수 냄새가 방 내부에 확산되었을 때

14 여러 무차원수에 대한 설명으로 옳지 <u>못한</u> 것은? [다수 공기업 기출]

① 강제대류에 의한 물질전달계에서 셔우드수는 레이놀즈와 슈미트수에 의존한다.

② 강제대류에 의한 열전달계에서 누셀수는 레이놀즈수와 프란틀수에 의존한다.

③ 비오트수가 1보다 작을 때 물체 내의 온도가 일정하다고 가정할 수 있다.

④ 그라쇼프수는 자연대류에서 층류와 난류를 결정하는 역할을 한다.

15 열전도도에 대한 설명으로 옳은 것은? [인천국제공항공사 기출 변형]

① 열전도도의 크기는 기체>액체>고체 순서이다.

② 고체상의 순수 금속은 전기전도도가 증가할수록 열전도도는 높아진다.

③ 액체의 열전도도는 온도 상승에 따라 증가한다.

④ 기체의 열전도도는 온도 상승에 따라 감소한다.

6 마모된 암나사를 재생하거나 강도가 불충분한 재료의 나사 체결력을 강화시키는 데 사용되는 기계요소는? [한국가스공사 기출]

① 분할핀 ② 로크너트 ③ 플라스틱 플러그 ④ 헬리셔트

7 다음 중 물질전달계수와 관계가 없는 무차원수는? [다수 공기업 기출]

① Reynolds수 ② Schmidt수 ③ Lewis수 ④ Sherwood수

8 직접전동장치와 간접전동장치에 대한 설명으로 옳은 것은 모두 몇 개인가? [다수 공기업 기출]

- 마찰차, 기어, 캠은 간접전동장치이며, 벨트, 체인, 로프는 직접전동장치이다.
- 로프전동장치는 두 축 사이의 거리가 매우 짧고 평벨트보다 작은 동력을 전달할 때 적합하다.
- 기어는 회전 운동에서 정확한 속도비를 전달하지 못한다.

① 0개 ② 1개 ③ 2개 ④ 3개

9 마찰이 없는 수평면에서 물체 A가 6m/s의 속도로 다가와 정지해있는 물체 B와 완전탄성충돌을 하였다. 충돌 후 물체 B의 속도는 3m/s이고, 충돌 전후 A의 운동이 한 직선상에서 이루어졌다. A와 B의 질량을 각각 m_A, m_B라고 할 때, $\dfrac{m_A}{m_B}$는 얼마인가? [다수 공기업 기출]

① $\dfrac{1}{5}$ ② $\dfrac{1}{4}$ ③ $\dfrac{1}{3}$ ④ $\dfrac{1}{2}$

20 다음 중 층류와 난류에 대한 설명으로 옳은 것은 모두 몇 개인가? [필수 중요 문제]

- 층류의 경계층은 얇고 난류의 경계층은 두꺼우며 층류는 항상 난류 앞에 있다.
- 난류는 층류에 비해서 마찰력이 크다.
- 층류에서는 근접하는 두 개의 층 사이에 혼합이 없고, 난류에서는 혼합이 있다.
- 점성저층 속에서의 흐름의 특성은 층류와 유사하다.
- 박리(이탈점)는 난류에서보다 층류에서 더 잘 일어나며 박리는 항상 천이점보다 뒤에 있다.

① 2개 ② 3개 ③ 4개 ④ 5개

21 다음 그림과 같이 바닥면이 고정되고 전단탄성계수가 G인 고무받침의 윗면에 전단력 V가 작용할 때 고무받침 윗면의 수평변위 d는? [단, 전단력은 고무받침 단면에 균일하게 전달되고 전단변형의 크기는 매우 작다고 가정한다.] [출제 예상 문제]

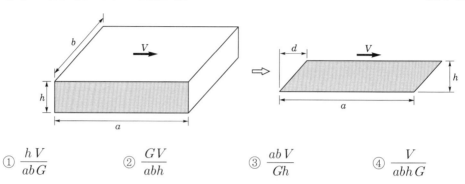

① $\dfrac{hV}{abG}$ ② $\dfrac{GV}{abh}$ ③ $\dfrac{abV}{Gh}$ ④ $\dfrac{V}{abhG}$

22 다음 그림과 같이 단면적 $10\,\mathrm{m}^2$인 부재에 축 방향 인장하중 P가 작용하고 있다. 이 부재의 경사단면 ab에 $25\,\mathrm{Pa}$의 법선응력을 발생시키는 인장하중 $P[\mathrm{N}]$의 크기와 인장하중 P에 의해 부재에 발생하는 최대전단응력 $\tau_{\max}[\mathrm{Pa}]$을 각각 구하면 얼마인가? [다수 공기업 기출]

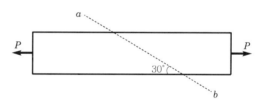

① $1,000\mathrm{N},\ 25\sqrt{3}\,\mathrm{Pa}$ ② $\dfrac{1,000}{3}\mathrm{N},\ 45\mathrm{Pa}$

③ $\dfrac{1,000}{3}\mathrm{N},\ 60\mathrm{Pa}$ ④ $1000\mathrm{N},\ 50\mathrm{Pa}$

23 열역학 제2법칙과 관련이 **없는** 것은? [한국남부발전 기출 변형]

① 모든 자발적인 과정에서 계와 주위의 엔트로피 변화의 합은 항상 0보다 크다.
② $\triangle S_{우주(전체)} = \triangle S_{계} + \triangle S_{주위} > 0$을 명시하는 법칙이다.
③ 자발적인 과정은 비가역적이므로 우주 전체 엔트로피는 모든 자발적 과정에서 증가한다.
④ $\lim\limits_{t \to 0} \triangle S = 0$과 관련이 있는 법칙이다.

4 다음 그림과 같은 구조용 강의 응력 – 변형률 선도에 대한 설명으로 옳지 <u>않은</u> 것은?

[다수 공기업 기출]

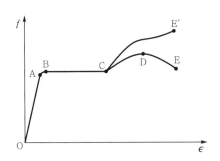

① 직선 OA의 기울기는 탄성계수이며, A점의 응력을 비례한도(Proportional limit)라고 한다.
② 곡선 OABCE'를 진응력 – 변형률 곡선(True Stress-Strain Curve)이라 하고 곡선 OABCDE
　를 공학적 응력 – 변형률 곡선(Engineering Stress-Strain Curve)이라 한다.
③ 구조용 강의 레질리언스(Resilience)는 재료가 소성구간에서 에너지를 흡수할 수 있는 능력을
　나타내는 물리량이며 곡선 OABCDE 아래의 면적으로 표현된다.
④ D점은 극한응력으로 구조용 강의 인장강도를 나타낸다.

5 다음 그림과 같이 단면적을 제외한 조건이 모두 동일한 두 개의 봉에 각각 동일한 하중 P가 작용한
다. 봉의 거동을 해석하기 위한 두 봉의 물리량 중에서 값이 동일한 것은? [출제 예상 문제]

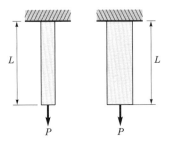

① 신장량　　　　　② 변형률　　　　　③ 응력　　　　　④ 단면력

6 과열증기를 이용하여 열교환기에 공급되는 액체의 온도를 $50°C$에서 $100°C$로 올리고자 한다. 과
열증기가 액체에 공급하는 열량은 $500cal/kg$이고, 액체는 $1,000kg/hr$로 공급되고 있다. 이때, 단
위시간당 요구되는 과열증기의 양은 몇 kg인가? [단, 액체의 비열은 $0.5cal/kg \cdot °C$로 가정한다.]

[다수 공기업 기출]

① $50kg$　　　　　② $60kg$　　　　　③ $80kg$　　　　　④ $100kg$

27 유체에 작용하는 힘에 대한 설명 중 옳은 것은?   [다수 공기업 기출]

① 유체의 압축성은 주어진 압력변화에 대한 팽창·수축 등 변형의 크기와 관계된다.
② 응집력이란 서로 다른 종류의 분자 사이에서 작용하는 인력이다.
③ 부착력이 응집력보다 클 경우 모세관 안의 유체표면이 하강한다.
④ 자유수면 부근에 막을 형성하는 데 필요한 단위 면적당 당기는 힘을 표면장력이라 한다.

28 아래처럼 하중 P를 받는 켄틸레버보(외팔보)에서 B점의 수직변위(처짐량)를 나타내는 일반식으로 옳은 것은? [단, 휨강성 EI는 일정하며, 구조물의 자중은 무시한다.]   [출제 예상 문제]

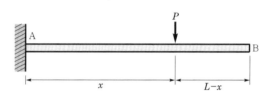

① $\dfrac{Px^2(3L-x)}{5EI}$ ② $\dfrac{Px^2(3L-x)}{2EI}$ ③ $\dfrac{Px^2(5L-x)}{6EI}$ ④ $\dfrac{Px^2(3L-x)}{6EI}$

29 디젤기관과 오토기관에 대한 설명으로 옳지 <u>않은</u> 것은?   [다수 공기업 기출]

① 디젤기관에서 공기는 연료의 자연발화 온도 이상까지 압축되고, 연소는 연료가 이 고온의 공기 속으로 분사되어 접촉함으로써 시작된다.
② 실제 디젤기관에서는 오토기관의 압축비보다 높은 압축비를 사용한다.
③ 압축비가 같다면 디젤기관이 오토기관보다 열효율이 높다.
④ 디젤기관은 압축착화 왕복기관이고 오토기관은 불꽃점화 왕복기관이다.

30 아래 보기에 나열된 여러 주철의 인장강도를 <u>크기 순</u>으로 옳게 서술한 것은?

[서울교통공사 기출 변형]

> 펄라이트 가단주철, 고급 주철, 구상흑연주철, 백심가단주철, 합금 주철, 미하나이트 주철

① 구상흑연주철 > 펄라이트 가단주철 > 백심가단주철 > 미하나이트 주철 > 고급 주철 > 합금 주철
② 구상흑연주철 > 펄라이트 가단주철 > 백심가단주철 > 고급주철 > 합금 주철 > 미하나이트 주철
③ 구상흑연주철 > 펄라이트 가단주철 > 백심가단주철 > 미하나이트 주철 > 합금 주철 > 고급 주철
④ 구상흑연주철 > 펄라이트 가단주철 > 미하나이트 주철 > 백심가단주철 > 합금 주철 > 고급 주철

Memo

Truth of Machin

부 록

꼭 알아야 할 필수 내용

1 기계 위험점 6가지

① 절단점
  회전하는 운동부 자체, 운동하는 기계 부분 자체의 위험점(날, 커터)

② 물림점
  회전하는 2개의 회전체에 물려 들어가는 위험점(롤러기기)

③ 협착점
  왕복 운동 부분과 고정 부분 사이에 형성되는 위험점(프레스, 창문)

④ 끼임점
  고정 부분과 회전하는 부분 사이에 형성되는 위험점(연삭기)

⑤ 접선 물림점
  회전하는 부분의 접선 방향으로 물려 들어가는 위험점(밸트ー풀리)

⑥ 회전 말림점
  회전하는 물체에 머리카락이나 작업봉 등이 말려 들어가는 위험점

2 기호

- 밸브 기호

⋈ (흰색)	일반밸브	⋈ (세로선)	게이트밸브
⋈ (회색)	체크밸브	◁	체크밸브
⋈ (원)	볼밸브	⋈ (검은원)	글로브밸브
⋈ (스프링)	안전밸브	△	앵글밸브
⊗	팽창밸브	⋈ (원)	일반 콕

- 배관 이음 기호

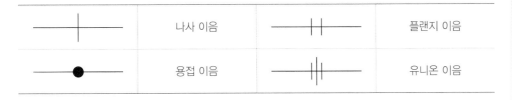

─┼─	나사 이음	─╫─	플랜지 이음
─●─	용접 이음	─╫╫─	유니온 이음

신축 이음

관 속 유체의 온도 변화에 따라 배관이 열팽창 또는 수축하는데, 이를 흡수하기 위해 신축 이음을 설치한다. 따라서 직선 길이가 긴 배관에서는 배관의 도중에 일정 길이마다 신축 이음쇠를 설치한다.

❖ 신축 이음의 종류

① 슬리브형(미끄러짐형): 단식과 복식이 있고 물, 증기, 가스, 기름, 공기 등의 배관에 사용한다. 이음쇠 본체와 슬리브 파이프로 구성되어 있으며, 관의 팽창 및 수축은 본체 속을 미끄러지는 이음쇠 파이프에 의해 흡수된다. 특징으로는 신축량이 크고, 신축으로 인한 응력이 발생하지 않는다. 직선 이음으로 설치 공간이 작다. 배관에 곡선 부분이 있으면 신축 이음재에 비틀림이 생겨 파손의 원인이 된다. 장시간 사용 시 패킹재의 마모로 누수의 원인이 된다.

② 벨로우즈형(팩레스 이음): 벨로우즈의 변형으로 신축을 흡수한다. 설치 공간이 작고 자체 응력 및 누설이 없다는 특징이 있다. 보통 벨로우즈의 재질은 부식이 되지 않는 황동이나 스테인리스강을 사용한다. 고온 배관에는 부적당하다.

③ 루프형(신축 곡관형): 고온, 고압의 옥외 배관에 사용하는 신축 곡관으로 강관 또는 동관을 루프 모양으로 구부려 배관의 신축을 흡수한다. 즉, 관 자체의 가요성을 이용한 것이다. 설치 공간이 크고, 고온 고압의 옥외 배관에 많이 사용한다. 자체 응력이 발생하지만, 누설이 없다. 곡률 반경은 관경의 6배이다.

④ 스위블형: 증기, 온수 난방에 주로 사용하는 스위블형은 2개 이상의 엘보를 사용하여 이음부 나사의 회전을 이용해 신축을 흡수한다. 쉽게 설치할 수 있고, 굴곡부에 압력이 강하게 생긴다. 신축성이 큰 배관에는 누설 염려가 있다.

⑤ 볼조인트형: 증기, 물, 기름 등의 배관에서 사용되는 볼조인트형은 볼조인트 신축 이음쇠와 오프셋 배관을 이용해서 관의 신축을 흡수한다. 2차원 평면상의 변위와 3차원 입체적인 변위까지 흡수하고, 어떤 형태의 변위에도 배관이 안전하고 설치 공간이 작다.

⑥ 플랙시블 튜브형: 가요관이라고 하며, 배관에서 진동 및 신축을 흡수한다. 구체적으로 플렉시블 튜브는 인청동 및 스테인리스강의 가늘고 긴 벨로즈의 바깥을 탄성력이 풍부한 철망, 구리망 등으로 피복하여 보강한 것으로, 배관 중 편심이 심하거나 진동을 흡수할 목적으로 사용된다.

❖ 신축 허용 길이가 큰 순서

> 루프형 > 슬리브형 > 벨로우즈형 > 스위블형

4 관 이음쇠 종류

① 관을 도중에서 분기할 때

Y배관, 티, 크로스티

② 배관 방향을 전환할 때

엘보, 밴드

③ 같은 지름의 관을 직선 연결할 때

소켓, 니플, 플랜지, 유니온

④ 이경관을 연결할 때

이경티, 이경엘보, 부싱, 레듀셔

※ 이경관: 지름이 서로 다른 관과 관을 접속하는 데 사용하는 관 이음쇠

⑤ 관의 끝을 막을 때

플러그, 캡

⑥ 이종 금속관을 연결할 때

CM어댑터, SUS소켓, PB소켓, 링 조인트 소켓

5 수격 현상(워터 헤머링)

배관 속 유체의 흐름을 급히 차단시켰을 때 유체의 운동에너지가 압력에너지로 전환되면서 배관 내에 탄성파가 왕복하게 된다. 이에 따라 배관이 파손될 수 있다.

❖ 원인
- 펌프가 갑자기 정지될 때

- 급히 밸브를 개폐할 때

- 정상 운전 시 유체의 압력에 변동이 생길 때

❖ 방지
- 관로의 직경을 크게 한다.

- 관로 내의 유속을 낮게 한다(유속은 1.5~2m/s로 보통 유지).

- 관로에서 일부 고압수를 방출한다.

- 조압 수조를 관선에 설치하여 적정 압력을 유지한다.
  (부압 발생 장소에 공기를 자동적으로 흡입시켜 이상 부압을 경감한다.)

- 펌프에 플라이 휠을 설치하여 펌프의 속도가 급격하게 변화하는 것을 막는다.
  (관성을 증가시켜 회전수와 관 내 유속의 변화를 느리게 한다.)

- 펌프 송출구 가까이에 밸브를 설치한다.
  (펌프 송출구에 수격을 방지하는 체크밸브를 달아 역류를 막는다.)

- 에어챔버를 설치하여 축적하고 있는 압력에너지를 방출한다.

- 펌프의 속도가 급격히 변하는 것을 방지한다(회전체의 관성 모멘트를 크게 한다.).

6 공동 현상(캐비테이션)

펌프의 흡입측 배관 내의 물의 정압이 기존의 증기압보다 낮아져서 기포가 발생되는 현상으로, 펌프와 흡수면 사이의 수직 거리가 너무 길 때 관 속을 유동하고 있는 물속의 어느 부분이 고온일수록 포화 증기압에 비례하여 상승할 때 발생한다.

• 소음과 진동 발생, 관 부식, 임펠러 손상, 펌프의 성능 저하를 유발한다.

• 양정 곡선과 효율 곡선의 저하, 깃의 침식, 펌프 효율 저하, 심한 충격을 발생시킨다.

❖ 방지

• 실양정이 크게 변동해도 토출량이 과대하게 증가하지 않도록 주의한다.

• 스톱밸브를 지양하고, 슬루스밸브를 사용하며, 펌프의 흡입 수두를 작게 한다.

• 유속을 3.5m/s 이하로 유지시키고, 펌프의 설치 위치를 낮춘다.

• 마찰 저항이 작은 흡인관을 사용하여 흡입관 손실을 줄인다.

• 펌프의 임펠러 속도(회전수)를 작게 한다(흡입 비교 회전도를 낮춘다.).

• 펌프의 설치 위치를 수원보다 낮게 한다.

• 양흡입 펌프를 사용한다(펌프의 흡입측을 가압한다.).

• 관 내 물의 정압을 그때의 증기압보다 높게 한다.

• 흡입관의 구경을 크게 하며, 배관을 완만하고 짧게 한다.

• 펌프를 2개 이상 설치한다.

• 유압 회로에서 기름의 정도는 800ct를 넘지 않아야 한다.

• 압축 펌프를 사용하고, 회전차를 수중에 완전히 잠기게 한다.

맥동 현상(서징 현상)

펌프, 송풍기 등이 운전 중 한숨을 쉬는 것과 같은 상태가 되어 펌프인 경우 입구와 출구의 진공계, 압력계의 지침이 흔들리고 동시에 송출 유량이 변화하는 현상이다. 즉, 송출 압력과 송출 유량 사이에 주기적인 변동이 발생하는 현상이다.

❖ 원인
- 펌프의 양정 곡선이 산고 곡선이고, 곡선의 산고 상승부에서 운전했을 때

- 배관 중에 수조가 있을 때 또는 기체 상태의 부분이 있을 때

- 유량 조절 밸브가 탱크 뒤쪽에 있을 때

- 배관 중에 물탱크나 공기탱크가 있을 때

❖ 방지
- 바이패스 관로를 설치하여 운전점이 항상 우향 하강 특성이 되도록 한다.

- 우향 하강 특성을 가진 펌프를 사용한다.

- 유량 조절 밸브를 기체 상태가 존재하는 부분의 상류에 설치한다.

- 송출측에 바이패스를 설치하여 펌프로 송출한 물의 일부를 흡입측으로 되돌려 소요량만큼 전방으로 송출한다.

축 추력

단흡입 회전차에 있어 전면 측벽과 후면 측벽에 작용하는 정압에 차이가 생기기 때문에 축 방향으로 힘이 작용하게 된다. 이것을 축 추력이라고 한다.

❖ 축 추력 방지법

• 양흡입형의 회전차를 사용한다.

• 평형공을 설치한다

• 후면 측벽에 방사상의 리브를 설치한다.

• 스러스트베어링을 설치하여 축추력을 방지한다.

• 다단 펌프에서는 단수만큼의 회전차를 반대 방향으로 배열하여 자기 평형시킨다.

• 평형 원판을 사용한다.

⑨ 증기압

어떤 물질이 일정한 온도에서 열평형 상태가 되는 증기의 압력

• 증기압이 클수록 증발하는 속도가 빠르다.

• 분자의 운동이 커지면 증기압이 증가한다.

• 증기 분자의 질량이 작을수록 큰 증기압을 나타내는 경향이 있다.

• 기압계에 수은을 이용하는 것이 적합한 이유는 증기압이 낮기 때문이다.

• 쉽게 증발하는 휘발성 액체는 증기압이 높다.

• 증기압은 밀폐된 용기 내의 액체 표면을 탈출하는 증기의 양이 액체 속으로 재침투하는 증기의 양과 같을 때의 압력이다.

• 유동하는 액체 내부에서 압력이 증기압보다 낮아지면 액체가 기화하는 공동 현상이 발생한다.

• 액체의 온도가 상승하면 증기압이 증가한다.

• 증발과 응축이 평형상태일 때의 압력을 포화증기압이라고 한다.

⑩ 냉동 능력, 미국 냉동톤, 제빙톤, 냉각톤, 보일러 마력

① 냉동 능력

단위 시간에 증발기에서 흡수하는 열량을 냉동 능력[kcal/hr]

- 냉동 효과: 증발기에서 냉매 1kg이 흡수하는 열량
- 1냉동톤(냉동 능력의 단위): 0도의 물 1톤을 24시간 이내에 0도의 얼음으로 바꾸는 데 제거 해야 할 열량 및 그 능력

② 1USRT

32°F의 물 1톤(2,000lb)을 24시간 동안에 32°F의 얼음으로 만드는 데 제거해야 할 열량 및 그 능력

- 1미국 냉동톤(USRT): 3,024kcal/hr

③ 제빙톤

25°C의 물 1톤을 24시간 동안에 −9°C의 얼음으로 만드는 데 제거해야 할 열량 또는 그 능력 (열손실은 20%로 가산한다)

- 1제빙톤: 1.65RT

④ 냉각톤

냉동기의 냉동 능력 1USRT당 응축기에서 제거해야 할 열량으로, 이때 압축기에서 가하는 엔탈피를 860kcal/hr라고 가정한다.

- 1 CRT: 3,884kcal/hr

⑤ 1보일러 마력

100°C의 물 15.65kg을 1시간 이내에 100°C의 증기로 만드는 데 필요한 열량

- 100°C의 물에서 100°C의 증기까지 만드는 데 필요한 증발 잠열: 539kcal/kg
- 1보일러 마력: $539 \times 15.65 = 8435.35$kcal/hr

❖ 용빙조: 얼음을 약간 녹여 탈빙하는 과정

❖ 얼음의 융해열: 0°C 물 → 0°C 얼음 또는 0°C 얼음 → 0°C 물 (79.68kcal/kg)

열전달 방법

두 물체의 온도가 평형이 될 때까지 고온에서 저온으로 열이 이동하는 현상이 열전달이다.

전도

물체가 접촉되어 있을 때 온도가 높은 물체의 분자 운동이 충돌이라는 과정을 통해 분자 운동이 느린 분자를 빠르게 운동시킨다. 즉, 열이 물체 속을 이동하는 일이다. 결국 고체 속 분자들의 충돌로 열을 전달시킨다(열전도도 순서는 고체, 액체, 기체의 순으로 작게 된다.).
- 고체 물체 내에서 발생하는 유일한 열전달이며, 고체, 액체, 기체에서 모두 발생할 수 있다.
- 철봉 한쪽을 가열하면 반대쪽까지 데워지는 것을 전도라고 한다.
- 매개체인 고체 물질, 즉 매질이 있어야 열이 이동할 수 있다.
- $Q=KA\left(\dfrac{dT}{dx}\right)$ (단, x: 벽 두께, K: 열전도계수, dT: 온도차)

대류

물질이 열을 가지고 이동하여 열을 전달하는 것이다.
- 라면을 끓일 때 냄비의 물을 가열하는 것, 방 안의 공기가 뜨거워지는 것
- 액체 또는 기체 상태의 물질이 열을 받으면 운동이 빨라지고 부피가 팽창하여 밀도가 작아진다. 상대적으로 가벼워지면서 상승하고, 반대로 위에 있던 물질은 상대적으로 밀도가 커 내려오는 현상을 말한다. 즉, 대류의 원인은 밀도차이다.
- $Q=hA(T_w-T_f)$ (단, h: 열대류 계수, A: 면적, T_w: 벽 온도, T_f: 유체의 온도)

복사

전자기파에 의해 열이 매질을 통하지 않고 고온 물체에서 저온 물체로 직접 열이 전달되는 현상이다. 그리고 온도차가 클수록 이동하는 열이 크다.
- 액체나 기체라는 매질 없이 바로 열만 이동하는 현상
- 태양열이 대표적 예이며, 태양열은 공기라는 매질 없이 지구에 도달한다. 즉, 우주 공간은 공기가 존재하지 않지만 지구의 표면까지 도달한다.

❖ 보온병의 원리
- 열을 차단하여 보온병의 물질 온도를 유지시킨다. 즉, 단열이다(열 차단).
- 열을 차단하여 단열한다는 것은 전도, 대류, 복사를 모두 막는 것이다.
① 보온병 속 유리로 된 이중벽이 진공 상태를 유지하므로 대류로 인한 열 출입이 없다.
② 유리병의 고정 지지대는 단열 물질로 만들어져 있다.
③ 보온병 내부는 은도금을 하여 복사에 의한 열을 최대한 줄인다.
④ 보온병의 겉부분은 금속이나 플라스틱 재질로 열전도율을 최소화시킨다.
⑤ 보온병의 마개는 단열 재료로 플라스틱 재질을 사용한다.

무차원 수

레이놀즈 수	관성력 / 점성력	누셀 수	대류계수 / 전도계수
프루드 수	관성력 / 중력	비오트 수	대류열전달 / 열전도
마하 수	속도 / 음속, 관성력 / 탄성력	슈미트 수	운동량계수 / 물질전달계수
코시 수	관성력 / 탄성력	스토크 수	중력 / 점성력
오일러 수	압축력 / 관성력	푸리에 수	열전도 / 열저장
압력계 수	정압 / 동압	루이스 수	열확산계수 / 질량확산계수
스트라홀 수	진동 / 평균속도	스테판 수	현열 / 잠열
웨버 수	관성력 / 표면장력	그라쇼프스	부력 / 점성력
프란틀 수	소산 / 전도 운동량전달계수 / 열전달계수	본드 수	중력 / 표면장력

- 레이놀즈 수
  층류와 난류를 구분해 주는 척도(파이프, 잠수함, 관 유동 등의 역학적 상사에 적용)

- 프루드 수
  자유 표면을 갖는 유동의 역학적 상사 시험에서 중요한 무차원 수
  (수력 도약, 개수로, 배, 댐, 강에서의 모형 실험 등의 역학적 상사에 적용)

- 마하 수
  풍동 실험의 압축성 유동에서 중요한 무차원 수

- 웨버 수
  물방울의 형성, 기체-액체 또는 비중이 서로 다른 액체-액체의 경계면, 표면 장력, 위어, 오리피스에서 중요한 무차원 수

- 레이놀즈 수와 마하 수
  펌프나 송풍기 등 유체 기계의 역학적 상사에 적용하는 무차원 수

- 그라쇼프 수
  온도 차에 의한 부력이 속도 및 온도 분포에 미치는 영향을 나타내거나 자연 대류에 의한 전열 현상에 있어서 매우 중요한 무차원 수

- 레일리 수
  자연 대류에서 강도를 판별해 주거나 유체층 속에서 열대류가 일어나는지의 여부를 결정해 주는 매우 중요한 무차원 수

하중의 종류, 피로 한도, KS 규격별 기호

❖ 하중의 종류

① 사하중(정하중): 크기와 방향이 일정한 하중
② 동하중(활하중)
- 연행 하중: 일련의 하중(등분포 하중), 기차 레일이 받는 하중
- 반복 하중(편진 하중): 반복적으로 작용하는 하중
- 교번 하중(양진 하중): 하중의 크기와 방향이 계속 바뀌는 하중(가장 위험한 하중)
- 이동 하중: 작용점이 계속 바뀌는 하중(움직이는 자동차)
- 충격 하중: 비교적 짧은 시간에 갑자기 작용하는 하중
- 변동 하중: 주기와 진폭이 바뀌는 하중

❖ 피로 한도에 영향을 주는 요인

① 노치 효과: 재료에 노치를 만들면 피로나 충격과 같은 외력이 작용할 때 집중응력이 발생하여 파괴되기 쉬운 성질을 갖게 된다.
② 치수 효과: 취성 부재의 휨 강도, 인장 강도, 압축 강도, 전단 강도 등이 부재 치수가 증가함에 따라 저하되는 현상이다.
③ 표면 효과: 부재의 표면이 거칠면 피로 한도가 저하되는 현상이다.
④ 압입 효과: 노치의 작용과 내부 응력이 원인이며, 강압 끼워맞춤 등에 의해 피로 한도가 저하되는 현상이다.

❖ KS 규격별 기호

KS A	KS B	KS C	KS D
일반	기계	전기	금속
KS F	KS H	KS W	
토건	식료품	항공	

충돌

❖ **반발 계수에 대한 기본 정의**

• 반발 계수: 변형의 회복 정도를 나타내는 척도이며, 0과 1 사이의 값이다.

• 반발 계수$(e) = \dfrac{충돌\ 후\ 상대\ 속도}{충돌\ 전\ 상대\ 속도} = -\dfrac{V_1' - V_2'}{V_1 - V_2} = \dfrac{V_2' - V_1'}{V_1 - V_2}$

$$\left(\begin{array}{l} V_1 : 충돌\ 전\ 물체\ 1의\ 속도,\ V_2 : 충돌\ 전\ 물체\ 2의\ 속도 \\ V_1' : 충돌\ 후\ 물체\ 1의\ 속도,\ V_2' : 충돌\ 후\ 물체\ 2의\ 속도 \end{array} \right)$$

❖ **충돌의 종류**

• **완전 탄성 충돌**$(e=1)$
  충돌 전후 전체 에너지가 보존된다. 즉, 충돌 전후의 운동량과 운동에너지가 보존된다.
  (충돌 전후 질점의 속도가 같다.)

• **완전 비탄성 충돌**(완전 소성 충돌, $e=0$)
  충돌 후 반발되는 것이 전혀 없이 한 덩어리가 되어 충돌 후 두 질점의 속도는 같다. 즉, 충돌
  후 상대 속도가 0이므로 반발 계수가 0이 된다. 또한, 전체 운동량은 보존되지만, 운동에너지는
  보존되지 않는다.

• **불완전 탄성 충돌**(비탄성 충돌, $0 < e < 1$)
  운동량은 보존되지만, 운동에너지는 보존되지 않는다.

열역학 법칙

❖ 열역학 제0법칙 [열평형 법칙]

물체 A가 B와 서로 열평형 상태에 있다. 그리고 B와 C의 물체도 각각 서로 열평형 상태에 있다. 따라서 결국 A, B, C 모두 열평형 상태에 있다고 볼 수 있다.

❖ 열역학 제1법칙 [에너지 보존 법칙]

고립된 계의 에너지는 일정하다는 것이다. 에너지는 다른 것으로 전환될 수 있지만 생성되거나 파괴될 수는 없다. 열역학적 의미로는 내부 에너지의 변화가 공급된 열에 일을 빼준 값과 동일하다는 말과 같다. 열역학 제1법칙은 제1종 영구 기관이 불가능함을 보여준다.

❖ 열역학 제2법칙 [에너지 변환의 방향성 제시]

어떤 닫힌계의 엔트로피가 열적 평형 상태에 있지 않다면 엔트로피는 계속 증가해야 한다는 법칙이다. 닫힌계는 점차 열적 평형 상태에 도달하도록 변화한다. 즉, 엔트로피를 최대화하기 위해 계속 변화한다. 열역학 제2법칙은 제2종 영구 기관이 불가능함을 보여준다.

❖ 열역학 제3법칙

어떤 방법으로도 어떤 계를 절대 온도 0K로 만들 수 없다. 즉, 카르노 사이클 효율에서 저열원의 온도가 0K라면 카르노 사이클 기관의 열효율은 100%가 된다. 하지만 절대 온도 0K는 존재할 수 없으므로 열효율 100%는 불가능하다. 즉, 절대 온도가 0K에 가까워지면, 계의 엔트로피도 0에 가까워진다.

❖ 열역학 제4법칙

온사게르의 상반 법칙이라고 한다. 즉, 작용이 있으면 반작용이 있다는 것으로, 빛과 그림자에 대한 이야기를 말한다.

> 이 문제집을 풀면서 **열역학 법칙**에 관해 나온 모든 표현들을
> **꼭 이해**하고 **암기**하길 바랍니다.

16 기타

❖ SI 기본 단위

차원	길이	무게	시간	전류	온도	물질량	광도
단위	meter	kilogram	second	Ampere	Kelvin	mol	candella
표시	m	kg	s	A	K	mol	cd

❖ 단위의 지수

지수	10^{-24}	10^{-21}	10^{-18}	10^{-15}	10^{-12}	10^{-9}	10^{-6}	10^{-3}	10^{-2}	10^{-1}	10^{0}
접두사	yocto	zepto	atto	fento	pico	nano	micro	mili	centi	deci	
기호	y	z	a	f	p	n	μ	m	c	d	
지수	10^{1}	10^{2}	10^{3}	10^{6}	10^{9}	10^{12}	10^{15}	10^{18}	10^{21}	10^{24}	
접두사	deca	hecto	kilo	mega	giga	tera	peta	exa	zetta	yotta	
기호	da	h	k	M	G	T	P	E	Z	Y	

❖ 온도계의 예

현상	상태 변화	온도계 종류
복사 현상	열복사량	파이로미터(복사 온도계)
물질 상태 변화	물리적 및 화학적 상태	액정 온도계
형상 변화	길이 팽창, 체적 팽창	바이메탈, 이상기체, 유리막대 온도계
전기적 성질 변화	전기 저항 및 기전력	열전대, 서미스터, 저항 온도계

❖ 시스템의 종류

	경계를 통과하는 질량	경계를 통과하는 에너지 / 열과 일
밀폐계(폐쇄계)	×	○
고립계(절연계)	×	×
개방계	○	○

02 Q&A 질의응답

냉매의 임계온도가 높아야 하는 이유가 무엇인가요?

냉매는 증발기에서 피냉각물체의 열을 빼앗아 자신이 증발되고 피냉각물체는 열을 빼앗기겨 온도가 감소해 냉동됩니다. 이것이 증발기에서 일어나는 냉동 과정입니다. 즉, 냉매는 피냉각물체로부터 빼앗는 열이 더 많으면 많을수록 냉동 효율이 좋은 것이기 때문에 냉매의 증발잠열은 커야 됩니다.

여기서 생각해봅시다.

임계온도는 임계점의 온도입니다. 만약에 냉매의 임계온도가 낮다면, 적당한 열을 가해 온도를 높여도 쉽게 임계점에 도달하게 될 것입니다. 즉, 임계점에 도달할수록 증발잠열은 0에 가까워질 것이고, 임계점을 넘어가면 증발구간 없이 바로 과열냉매증기로 상변화하게 될 것입니다. 다시 말해, 임계온도가 낮으면 적당한 열로도 임계점에 쉽게 도달하기 때문에 증발잠열이 작아지고 이 말은 증발구간 없이 바로 과열냉매증기로 될 가능성이 크다는 이야기입니다. 증발잠열이 작아지고 증발구간이 없다면, 냉매는 증발기에서 피냉각물체의 열을 빼앗을 수 있을까요? 없습니다. 즉, 냉매가 증발기에서 제 역할을 하지 못한다는 것이고 이는 냉동기의 효율을 저하시키게 될 것입니다.

Q 냉매의 구비조건에서 증발압력이 대기압보다 높은 이유가 무엇인가요? 냉매는 왜 대기압 이상에서 증발해야 하나요?

A 산에 올라가면 올라갈수록, 즉 높은 곳으로 올라갈수록 압력은 감소하게 됩니다. 보통 사람이 대기압하에 있다고 했을 때, 사람이 받는 압력은 사람 어깨 면적에 작용하는 공기 기둥의 무게라고 보시면 됩니다. 보통 공기가 대략 지면으로부터 10km 높이까지 분포해있다고 가정하면, 높이가 10km인 공기 기둥의 무게가 우리의 어깨 면적에 작용하고 있는 것입니다. 이것이 바로 우리가 받는 대기압이며 대기압하에 있다고 보는 것입니다. 이때, 우리가 높은 곳에 올라갈수록 10km였던 공기 기둥의 높이는 점점 감소하게 될 것입니다. 예를 들어, 1km의 산에 올라가면 우리 어깨 면적에 작용하는 공기 기둥의 높이는 9km가 되는 것입니다. 따라서 높이 올라갈수록, 공기 기둥의 높이가 작아져 공기 기둥의 무게가 감소하게 되고 이에 따라 압력이 감소하게 되는 것입니다.

그리고 포화압력과 포화온도는 비례 관계입니다. 물론, 선형적인 비례 관계는 아닙니다. 즉, 압력이 감소하게 되면, 포화온도가 낮아져 증발이 빨리 일어나게 됩니다. 그래서 산에서 밥을 지으면 물이 금방 끓어 밥이 설익게 되는 것이며, 뚜껑 위에 돌을 올려두어 압력을 높이면 이와 같은 현상을 방지할 수 있습니다.

자 그럼 냉매의 구비조건에서 증발압력이 대기압보다 높아야 하는 이유는 무엇일까요?

냉매는 냉동기 사이클을 돌면서 증발과 압축을 반복하게 되므로 상변화가 용이해야 합니다. 증발기에서 실질적인 냉동이 이루어집니다. 즉, 냉매액은 증발기에서 피냉각물체의 열을 빼앗아 자신은 증발하고 피냉각물체의 온도를 떨어뜨립니다. 여기서 만약, 증발압력이 대기압보다 낮다면, 포화온도가 낮아져 증발이 빨리 일어나게 되고 냉매액이 증발기에 들어가기 전에 외부의 미열로 인해 배관 내에서 냉매액 일부가 증발하게 될 가능성이 있습니다. 즉, 액체 상태로 증발기에 들어가야 할 냉매가 일부 증발되어 증발기에 들어가므로 피냉각물체로부터 열을 빼앗는 능력이 저하되게 됩니다. 따라서 증발기에서 냉동이 제대로 이루어지지 않습니다.

따라서 냉매의 구비조건에서 증발압력이 대기압보다 높아야 합니다.

강에 탄소함유량이 증가하면 왜 단단해질까요?

합금은 강도, 경도가 증가하지만 용융점, 전기전도도, 열전도도가 저하됩니다. 합금은 순금속에 특수 합금원소를 첨가하여 만든 것입니다. 즉, 탄소함유량이 증가했을 때, 용융점, 전기전도도, 열전도도가 저하되는 이유와 비슷하다고 보시면 됩니다.

그렇다면 왜 탄소함유량이 증가하면 경도, 강도가 커져 단단해질까요? 가장 큰 이유는 고용경화가 일어나기 때문입니다. 예를 들어, 18K 금반지와 24K 금반지 중에서 누가 더 단단할까요? 18K 금반지가 더 단단합니다. 이것과 관련된 현상이 바로 고용경화입니다. 고용경화는 순금속에 합금 원소를 첨가하여 고용체로 만들었을 때 현저하게 강도와 경도가 증가하는 현상입니다.

즉, 탄소함유량이 증가하면 경도, 강도가 커져 단단해지는 이유는 합금에서 고용경화가 발생하는 이유와 비슷합니다.

탄소함유량이 증가하면 왜 용융점이 저하되는 걸까요?

일반적으로 탄소함유량이 증가하면, 금속 내부에 불순물(≒탄소)이 많아진다고 생각하면 이해하기 쉽습니다. 순금속은 일반적으로 원자의 배열이 질서정연하지만, 탄소가 증가할수록 질서정연한 원자의 배열에 불순물(≒탄소)이 침입하여 불규칙한 배열이 됩니다. 따라서 열을 가했을 때 기존 질서정연한 원자의 배열보다 불규칙한 원자의 배열을 끊기 쉽습니다. 즉, 배열을 끊기 쉽다는 이야기는 녹이기 쉽다는 이야기이므로 탄소함유량이 증가하면 용융점이 저하되는 것입니다.

Q 순철의 유동성이 작은 이유는 무엇인가요?

A 순철의 용융점은 1,538℃으로, 열을 가해 녹이기 어렵습니다. 주철의 경우는 탄소함유량이 2.11~6.68%이므로 순철에 비해 용융점이 낮아 열을 가해 녹이기 쉽고, 이에 따라 주형틀에 녹여 흘려보내기 용이합니다. 그렇기 때문에 주철이 주물재료로 많이 사용되고, 반대로 순철은 용융점이 높아 녹이기 어려워 주형틀에 흘려보내기 곤란하고, 유동성이 작습니다.

또한 탄소함유량이 많아지면, 기존 순금속에 불순물(≒탄소)이 많아진다고 생각하시면 이해하기 편합니다. 순철은 탄소함유량이 0.02% 이하이기 때문에 불순물(≒탄소)이 적어 전기와 열이 통하는 데 큰 저항을 받지 않아 전기와 열이 잘 통하게 됩니다. 따라서 순철은 전기재료로 많이 사용됩니다.

Q 순철은 왜 열처리가 불량한가요?

A 열처리는 사용 목적에 따라 가열과 냉각을 반복해서 기계적 성질을 개선시키는 것입니다.

열처리의 목적은 그 종류에 따라 경화, 강인성 부여, 연화 등이 있지만, 궁극적인 목적은 재질을 경화시키는 것입니다. 순철은 탄소함유량이 0.02%이므로 열처리를 아무리 해도 재질의 경화 효과가 미미하기 때문에 열처리가 불량하며, 탄소함유량이 적어 물렁물렁한 성질(전연성)이 우수합니다.

피복제가 정확히 무엇인가요?

용접봉은 심선과 피복제(Flux)로 구성되어 있습니다. 그리고 피복제의 종류는 가스 별생식, 반가스 발생식, 슬래그 생성식이 있습니다.

우선, 용접입열이 가해지면 피복제가 녹으면서 가스 연기가 발생하게 됩니다. 그리고 그 연기가 용접하고 있는 부분을 덮어 대기 중으로부터의 산소와 질소로부터 차단해 주는 역할을 합니다. 따라서 산화물 또는 질화물이 발생하는 것을 방지해 줍니다. 또한, 대기 중으로부터 차단하여 용접 부분을 보호하고, 연기가 용접입열이 빠져나가는 것을 막아 주어 용착 금속의 냉각 속도를 지연시켜 급랭을 방지해 줍니다.

그리고 피복제가 녹아서 생긴 액체 상태의 물질을 용제라고 합니다. 이 용제도 용접부를 덮어 대기 중으로부터 보호하기 때문에 불순물이 용접부에 함유되는 것을 막아 용접 결함이 발생하는 것을 막아 주게 됩니다.

불활성 가스 아크 용접은 아르곤과 헬륨을 용접하는 부분 주위에 공급하여 대기로부터 보호합니다. 즉, 아르곤과 헬륨이 피복제의 역할을 하기 때문에 용제가 필요 없는 것입니다.

※ **용가제:** 용접봉과 같은 의미로 보면 됩니다.
※ **피복제의 역할:** 탈산 정련 작용, 전기 절연 작용, 합금 원소 첨가, 슬래그 제거, 아크 안정, 용착 효율을 높인다, 산화·질화 방지, 용착 금속의 냉각 속도 지연 등

Q

주철의 특징들을 어떻게 이해하면 될까요?

A

• 주철의 탄소함유량 2.11~6.68%부터 시작하겠습니다.

• 탄소함유량이 2.11~6.68% 이상이므로 용융점이 낮습니다. 우선 순철일수록 원자의 배열이 질서정연하기 때문에 녹이기 어렵습니다. 따라서 상대적으로 탄소 함유량이 많은 주철은 용융점이 낮아 녹이기 쉬워 유동성이 좋고, 이에 따라 주형 틀에 넣고 복잡한 형상으로 주조 가능합니다. 그렇기 때문에 주철이 주물 재료로 많이 사용되는 것입니다. 또한, 주철은 담금질, 뜨임, 단조가 불가능합니다. (암기: ㄷㄷㄷ ×)

• 탄소함유량이 많으므로 강, 경도가 큰 대신 취성이 발생합니다. 즉, 인성이 작고 충격값이 작습니다. 따라서 단조 가공 시 헤머로 타격하게 되면 취성에 의해 깨질 위험이 있습니다. 또한, 취성이 있어 가공이 어렵습니다. 가공은 외력을 가해 특정한 모양을 만드는 공정이므로 주철은 외력에 의해 깨지기 쉽기 때문입니다.

• 주철 내의 흑연이 절삭유의 역할을 하므로 주철은 절삭유를 사용하지 않으며, 절삭성이 우수합니다.

• 압축 강도가 우수하여 공작기계의 베드, 브레이크 드럼 등에 사용됩니다.

• 마찰 저항이 우수하며, 마찰차의 재료로 사용됩니다.

• 위에 언급했지만, 탄소함유량이 많으면 취성이 발생하므로 헤머로 두들겨서 가공하는 단조는 외력을 가하는 것이기 때문에 깨질 위험이 있어 단조가 불가능합니다. 그렇다면 단조를 가능하게 하려면 어떻게 해야 할까요? 취성을 줄이면 됩니다. 즉 인성을 증가시키거나 재질을 연화시키는 풀림 처리를 하면 됩니다. 따라서 가단 주철을 만들면 됩니다. 가단 주철이란 보통 주철의 여리고 약한 인성을 개선하기 위해 백주철을 장시간 풀림처리하여 시멘타이트를 소실시켜 연성과 인성을 확보한 주철을 말합니다.

※ 단조를 가능하게 하려면 "가단[단조를 가능하게] 주철을 만들어서 사용하면 됩니다."

마찰차의 원동차 재질이 종동차 재질보다 연한 재질인 이유가 무엇인가요?

마찰차는 직접 전동 장치, 직접적으로 동력을 전달하는 장치입니다.
즉, 원동차는 모터(전동기)로부터 동력을 받아 그 동력을 종동차에 전달합니다.

마찰차의 원동차를 연한 재질로 설계를 해야 모터로부터 과부하의 동력을 받았을 때 연한 재질로써 과부하에 의한 충격을 흡수할 수 있습니다. 만약 경한 재질이라면, 흡수보다는 마찰차가 파손되는 손상을 입거나 베어링에 큰 무리를 주게 됩니다.

결국, 원동차를 연한 재질로 만들어 마찰계수를 높이고 위와 같은 과부하에 의한 충격 등을 흡수하게 됩니다.

또한, 연한 재질뿐만 아니라 마찰차는 이가 없는 원통 형상의 원판을 회전시켜 동력을 전달하는 것이기 때문에 미끄럼이 발생합니다. 이 미끄럼에 의해 과부하에 의한 다른 부분의 손상을 방지할 수도 있다는 점을 챙기면 되겠습니다.

마찰차에서 축과 베어링 사이의 마찰이 커서 동력 손실과 베어링 마멸이 큰 이유는 무엇인가요?

원동차에 연결된 모터가 원동차에 공급하는 에너지를 100이라고 가정하겠습니다. 마찰차는 이가 없이 마찰로 인해 동력을 전달하는 직접 전동 장치이므로 미끄럼이 발생하게 됩니다. 따라서 동력을 전달하는 과정 중에 미끄럼으로 인한 에너지 손실이 발생할텐데 그 손실된 에너지를 50이라고 가정하겠습니다. 이 손실된 에너지 50이 축과 베어링 사이에 전달되어 축과 베어링 사이의 마찰이 커지게 되고 이에 따라 베어링에 무리를 주게 됩니다.

※ 이가 없는 모든 전동 장치들은 통상적으로 대부분 미끄럼이 발생합니다.
※ 이가 있는 전동 장치(기어 등)는 이와 이가 맞물리기 때문에 미끄럼 없이 일정한 속 비를 얻을 수 있습니다.

로딩(눈메움) 현상에 대해 궁금합니다.

로딩이란 기공이나 입자 사이에 연삭 가공에 의해 발생된 칩이 끼는 현상입니다. 따라서 연삭 숫돌의 표면이 무뎌지므로 연삭 능률이 저하되게 됩니다. 이를 개선하려면 드레서 공구로 드레싱을 하여 숫돌의 자생 과정을 시켜 새로운 예리한 숫돌 입자가 표면에 나올 수 있도록 유도하면 됩니다. 그렇다면, 로딩 현상의 원인을 알아보도록 하겠습니다.

김치찌개를 드시고 있다고 가정하겠습니다. 너무 맛있게 먹었기 때문에 이빨 틈새에 고춧가루가 끼겠습니다. '이빨 사이의 틈새=입자들의 틈새'라고 보시면 됩니다.

이빨 틈새가 크다면 고춧가루가 끼지 않고 쉽게 통과하여 지나갈 것입니다. 하지만 이빨 사이의 틈새가 좁은 사람이라면, 고춧가루가 한 번 끼면 잘 빼지지도 않아 이쑤시개로 빼야 할 것입니다. 이것이 로딩입니다. 따라서 로딩은 조직이 미세하거나 치밀할 때 발생하게 됩니다. 또한, 원주 속도가 느릴 경우에는 입자 사이에 낀 칩이 잘 빠지지 않습니다. 원주 속도가 빨라야 입자 사이에 낀 칩이 원심력에 의해 밖으로 빠져나가 분리가 잘 되겠죠?

그리고 조직이 미세 또는 치밀하다는 것은 경도가 높다는 것과 동일합니다. 즉, 연삭 숫돌의 경도가 높을 때입니다. 실제 시험에서 공작물(일감)의 경도가 높을 때라고 보기에 나온 적이 있습니다. 틀린 보기입니다. 숫돌의 경도>공작물의 경도일 때 로딩이 발생하게 되니 꼭 알아두세요.

또한, 연삭 깊이가 너무 크다. 생각해 보겠습니다. 연삭 숫돌로 연삭하는 깊이가 크다면 일감 깊숙이 파고 들어가 연삭하므로 숫돌 입자와 일감이 접촉되는 부분이 커집니다. 따라서 접촉 면적이 커진만큼 숫돌 입자가 칩에 노출되는 환경이 훨씬 커집니다. 다시 말해 입자 사이에 칩이 낄 확률이 더 커진다는 의미와 같습니다.

글레이징(눈 무딤) 현상에 대해 궁금합니다.

글레이징이란 입자가 탈락하지 않고 마멸에 의해 납작해지는 현상을 말합니다. 입자가 탈락해야 자생 과정을 통해 예리한 새로운 입자가 표면으로 나올텐데, 글레이징이 발생하면 입자가 탈락하지 않아 자생 과정이 발생하지 않으므로 숫돌 입자가 무뎌져 연삭 가공을 진행하는 데 있어 효율이 저하됩니다.

그렇다면 글레이징의 원인은 어떻게 될까요? 총 3가지가 있습니다.

① 원주 속도가 빠를 때
② 결합도가 클 때
③ 숫돌과 일감의 재질이 다를 때(불균일할 때)

원주 속도가 빠르면 숫돌의 결합도가 상승하게 됩니다.
원주 속도가 빠르면 숫돌의 회전 속도가 빠르다는 것, 결국 빠르면 빠를수록 숫돌을 구성하고 있는 입자들은 원심력에 의해 밖으로 튕겨져 나가려고 할 것입니다. 이러한 과정이 발생하면서 입자와 입자들이 서로 밀착하게 되고, 이에 따라 조직이 치밀해지게 됩니다.
따라서 원주 속도가 빠르다 → 입자들이 치밀 → 결합도 증가

결합도는 자생 과정과 가장 관련이 있습니다. 자생 과정이란 입자가 무뎌지면 자연스럽게 입자가 탈락하고 벗겨지면서 새로운 입자가 표면에 등장하는 것입니다. 결합도가 크다면 연삭 숫돌이 단단하여 자생 과정이 잘 발생하지 않습니다. 즉, 입자가 탈락하지 않고 계속적으로 마멸에 의해 납작해져서 글레이징 현상이 발생하게 되는 것입니다.

Q 열간 가공에 대한 특징이 궁금합니다.

A 열간 가공은 재결정 온도 이상에서 가공하는 것이기 때문에 재결정을 시키고 가공하는 것을 말합니다. 재결정을 시켰다는 것은 새로운 결정핵이 생성되었다는 것을 말합니다. 새로운 결정핵은 크기도 작고 매우 무른 상태이기 때문에 강도가 약합니다. 따라서 연성이 우수한 상태이므로 가공도가 커지게 되며 가공 시간이 빨라지므로 열간 가공은 대량 생산에 적합합니다.

또한, 새로운 결정핵(작은 미세한 결정)이 발생했다는 것 자체를 조직의 미세화 효과가 있다고 말합니다. 따라서 냉간 가공은 조직 미세화라는 표현이 맞고, 열간 가공은 조직 미세화 효과라는 표현이 맞습니다. 그리고 재결정 온도 이상으로 장시간 유지하면 새로운 신결정이 성장하므로 결정립이 커지게 됩니다. 이것을 조대화라고 보며, 성장하면서 배열을 맞추므로 재질의 균일화라고 표현합니다.

Q 열간 가공이 냉간 가공보다 마찰계수가 큰 이유가 무엇인가요?

A 책에 동전을 올려두고 서서히 경사를 증가시킨다고 가정합니다. 어느 순간 동전이 미끄러질텐데, 이때의 각도가 바로 마찰각입니다. 열간 가공은 높은 온도에서 가공하므로 일감 표면이 산화가 발생하여 표면이 거칩니다. 따라서 동전이 미끄러지는 순간의 경사각이 더 클 것입니다. 즉, 마찰각이 크기 때문에 아래 식에 의거하여 마찰계수도 커지게 됩니다.

$\mu = \tan \rho$ (단, μ: 마찰계수, ρ: 마찰각)

영구 주형의 가스 배출이 불량한 이유는 무엇인가요?

금속형 주형을 사용하기 때문에 표면이 차갑습니다. 따라서 급냉이 되므로 용탕에서 발생된 가스가 주형에서 배출되기 전에 급냉으로 인해 응축되어 가스 응축액이 생깁니다. 따라서 가스 배출이 불량하며, 이 가스 응축액이 용탕 내부로 흡입되어 결함을 발생시킬 수 있으며, 내부가 거칠게 되는 것입니다.

압축 잔류 응력이 피로 한도와 피로 수명을 증가시키는 이유가 무엇인가요?

잔류 응력이란 외력을 가한 후 제거해도 재료 표면에 남아 있게 되는 응력을 말합니다. 잔류 응력의 종류에는 인장 잔류 응력과 압축 잔류 응력 2가지가 있습니다.

인장 잔류 응력은 재료 표면에 남아 표면의 조직을 서로 바깥으로 당기기 때문에 표면에 크랙을 유발할 수 있습니다.

반면에 압축 잔류 응력은 표면의 조직을 서로 밀착시키기 때문에 조직을 강하게 만듭니다. 따라서 압축 잔류 응력이 피로 한도와 피로 수명을 증가시킵니다.

Q 숏피닝에서 압축 잔류 응력이 발생하는 이유는 무엇인가요?

A 숏피닝은 작은 강구를 고속으로 금속 표면에 분사합니다. 이때 표면에 충돌하게 되면 충돌 부위에 변형이 생기고, 그 강도가 일정 에너지를 넘게 되면 변형이 회복되지 않는 소성 변형이 일어나게 됩니다. 이 변형층과 충돌 영향을 받지 않는 금속 내부와 힘의 균형을 맞추기 위해 표면에는 압축 잔류 응력이 생성되게 됩니다.

Q 냉각쇠의 역할, 냉각쇠를 주물 두께가 두꺼운 곳에 설치하는 이유, 주형 하부에 설치하는 이유는 각각 무엇인가요?

A 냉각쇠는 주물 두께에 따른 응고 속도 차이를 줄이기 위해 사용합니다. 어떤 주물을 주형에 넣어 냉각시키는 데 있어 주물 두께가 다른 부분이 있다면, 두께가 얇은 쪽이 먼저 응고되면서 수축하게 됩니다. 따라서 그 부분은 쇳물의 부족으로 인해 수축공이 발생하게 됩니다. 따라서 주물 두께가 두꺼운 부분에 냉각쇠를 설치하여 두꺼운 부분의 응고 속도를 증가시킵니다. 결국, 주물 두께 차이에 따른 응고 속도를 줄일 수 있으므로 수축공을 방지할 수 있습니다.

또한, 냉각쇠는 종류로는 핀, 막대, 와이어가 있으며, 주형보다 열흡수성이 좋은 재료를 사용합니다. 그리고 고온부와 저온부가 동시에 응고되도록 또는 두꺼운 부분과 얇은 부분이 동시에 응고되도록 하는 목적으로 설치하는 것임을 다시 설명드리겠습니다.

그리고 마지막으로 가장 중요한 것으로 냉각쇠(chiller)는 가스 배출을 고려하여 주형의 상부보다는 하부에 부착해야 합니다. 만약, 상부에 부착한다면 가스는 주형 위로 배출되려고 하다가 상부에 부착된 냉각쇠에 의해 빠르게 냉각되면서 응축하여 가스액이 되고, 그 가스액이 주물 내부로 떨어져 결함을 발생시킬 수 있습니다.

리벳 이음은 경합금과 같이 용접이 곤란한 접합에 유리하다고 알고 있습니다. 그렇다면 경합금이 용접이 곤란한 이유가 무엇인가요?

경합금은 일반적으로 철과 비교했을 때 열팽창 계수가 매우 큽니다. 그렇기 때문에 용접을 하게 된다면, 뜨거운 용접 입열에 의해 열팽창이 매우 크게 발생할 것입니다. 즉, 경합금을 용접하면 열팽창 계수가 매우 크기 때문에 열적 변형이 발생할 가능성이 큽니다. 따라서 경합금과 같은 재료는 용접보다는 리벳 이음을 활용해야 신뢰도가 높습니다.

그리고 한 가지 더 말씀드리면 알루미늄을 예로 생각해보겠습니다. 용접할 때 가열하면 금방 순식간에 녹아버릴 수 있습니다. 따라서 용접 온도를 적정하게 잘 맞춰야 하는데 이것 또한 매우 어려운 일이므로 경합금과 같은 재료는 용접이 곤란합니다.

물론, 경합금이 용접이 곤란한 것이지 불가능한 것은 아닙니다. 노하우를 가진 숙련공이 같은 용접 속도로 서로 반대 대칭되어 신속하게 용접하면 팽창에 의한 변형이 서로 반대에서 상쇄되므로 용접을 할 수 있습니다.

Q

터빈의 단열 효율이 증가하면 건도가 감소하는 이유가 무엇인가요?

A

우선, 터빈의 단열 효율이 증가한다는 것은 터빈의 팽창일이 증가하는 것을 의미합니다.

T－S선도에서 터빈 구간의 일이 증가한다는 것은 2~3번 구간의 길이가 늘어난다는 것을 의미합니다. 길이가 늘어남에 따라 T－S선도 상의 면적은 증가하게 될 것입니다.

T－S선도에서 면적은 열량을 의미합니다. 보일러에 공급하는 열량은 일정하기 때문에 면적도 그 전과 동일해야 합니다.

2~3번 구간의 길이가 늘어나 면적이 늘어난 만큼, 열량이 동일해야 하므로 2~3번 구간은 좌측으로 이동하게 될 것입니다. 이에 따라 3번 터빈 출구점은 습증기 구간에 들어가 건도가 감소하게 되며, 습분이 발생하여 터빈 깃이 손상됩니다.

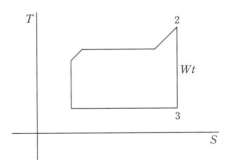

공기의 비열비가 온도가 증가할수록 감소하는 이유는 무엇인가요?

우선, 비열비＝정압 비열/정적 비열입니다.

※ **정적 비열**: 정적하에서 완전 가스 1kg을 1℃ 올리는 데 필요한 열량

온도가 증가할수록 기체의 분자 운동이 활발해져 기체의 부피가 늘어나게 됩니다.

부피가 작은 상태보다 부피가 큰 상태일 때, 열을 가해 온도를 올리기가 더 어려울 것입니다. 따라서 동일한 부피하에서 1℃ 올리는 데 더 많은 열량이 필요하게 됩니다. 즉, 온도가 증가할수록 부피가 늘어나고 늘어난 만큼 온도를 올리기 어렵기 때문에 더 많은 열량이 필요하다는 것입니다. 이 말은 정적 비열이 증가한다는 의미입니다.

따라서 비열비는 정압 비열/정적 비열이므로 온도가 증가할수록 감소합니다.

정압 비열에 상관없이 상대적으로 정적 비열의 증가분에 의한 영향이 더 크다고 보시면 되겠습니다.

Q

냉매의 구비 조건을 이해하고 싶습니다.

A

❖ 냉매의 구비 조건
① 증발 압력이 대기압보다 크고, 상온에서도 비교적 저압에서 액화될 것
② 임계 온도가 높고, 응고온도가 낮을 것, 비체적이 작을 것
★③ 증발 잠열이 크고, 액체의 비열이 작을 것(자주 문의되는 조건)
④ 불활성으로 안전하며, 고온에서 분해되지 않고, 금속이나 패킹 등 냉동기의 구성 부품을 부식, 변질, 열화시키지 않을 것
⑤ 점성이 작고, 열전도율이 좋으며, 동작 계수가 클 것
⑥ 폭발성, 인화성이 없고, 악취나 자극성이 없어 인체에 유해하지 않을 것
⑦ 표면 장력이 작고, 값이 싸며, 구하기 쉬울 것

③ 증발 잠열이 크고, 액체의 비열이 작을 것
우선 냉매란 냉동 시스템 배관을 돌아다니면서 증발, 응축의 상변화를 통해 열을 흡수하거나 피냉각체로부터 열을 빼앗아 냉동시키는 역할을 합니다. 구체적으로 증발기에서 실질적 냉동의 목적이 이루어집니다.

냉매는 피냉각체로부터 열을 빼앗아 냉매 자신은 증발이 되면서 피냉각체의 온도를 떨어뜨립니다. 즉, 증발 잠열이 커야 피냉각체(공기 등)로부터 열을 많이 흡수하여 냉동의 효과가 더욱 증대되게 됩니다. 그리고 액체 비열이 작아야 응축기에서 빨리 열을 방출하여 냉매 가스가 냉매액으로 응축됩니다. 각 구간의 목적을 잘 파악하면 됩니다.

※ **비열**: 어떤 물질 1kg을 1℃ 올리는 데 필요한 열량
※ **증발 잠열**: 온도의 변화 없이 상변화(증발)하는 데 필요한 열량

펌프 효율과 터빈 효율을 구할 때, 이론과 실제가 반대인 이유가 무엇인가요

펌프 효율 $\eta_p = \dfrac{\text{이론적인 펌프일}(W_p)}{\text{실질적인 펌프일}(W_{p'})}$

터빈 효율 $\eta_t = \dfrac{\text{실질적인 터빈일}(W_{t'})}{\text{이론적인 터빈일}(W_t)}$

우선, 효율은 100% 이하이기 때문에 분모가 더 큽니다.

① 펌프는 외부로부터 전력을 받아 운전됩니다.

이론적으로 펌프에 필요한 일이 100이라고 가정하겠습니다. 이론적으로는 100이 필요하지만, 실제 현장에서는 슬러지 등의 찌꺼기 등으로 인해 배관이 막히거나 또는 임펠러가 제대로 된 회전을 할 수 없을 때도 있습니다. 따라서 유체를 송출하기 위해서는 더 많은 전력이 소요될 것입니다. 즉, 이론적으로는 100이 필요하지만 실제 상황에서는 여러 악조건이 있기 때문에 100보다 더 많은 일이 소요되게 됩니다. 결국, 펌프의 효율은 위와 같이 실질적인 펌프일이 분모로 가게 되어 효율이 100% 이하로 도출되게 됩니다.

② 터빈은 과열 증기가 터빈 블레이드를 때려 팽창일을 생산합니다.

이론적으로는 100이라는 팽창일이 얻어지겠지만, 실제 상황에서는 배관의 손상으로 인해 증기가 누설될 수 있어 터빈 출력에 영향을 줄 수 있습니다. 이러한 이유 등으로 인해 실제 터빈일은 100보다 작습니다. 결국, 터빈의 효율은 위와 같이 이론적 터빈일이 분모로 가게 되어 효율이 100% 이하로 도출되게 됩니다.

Q 체인 전동은 초기 장력을 줄 필요가 없다고 하는데, 그 이유가 무엇인가요?

A

우선 벨트 전동과 관련된 초기 장력에 대해 알아보도록 하겠습니다.

벨트 전동에서 동력 전달에 필요한 충분한 마찰을 얻기 위해 정지하고 있을 때 미리 벨트에 장력을 주고 이 상태에서 풀리를 끼웁니다. 이때 준 장력이 초기 장력입니다.

벨트 전동을 하기 전에 미리 장력을 줘야 탱탱한 벨트가 되고, 이에 따라 벨트와 림 사이에 충분한 마찰력을 얻어 그 마찰로 동력을 전달할 수 있습니다.

참고 초기 장력 $= \dfrac{T_t(긴장측\ 장력) + T_s(이완측\ 장력)}{2}$

※ **유효 장력**: 동력 전달에 꼭 필요한 회전력
참고 유효 장력 $= T_t(긴장측\ 장력) - T_s(이완측\ 장력)$

하지만 체인 전동은 초기 장력을 줄 필요가 없어 정지 시에 장력이 작용하지 않고 베어링에도 하중이 작용하지 않습니다. 그 이유는 벨트는 벨트와 림 사이에 발생하는 마찰력으로 동력을 전달하기 때문에 정지 시에 미리 벨트가 탱탱하도록 만들어 마찰을 발생시키기 위해 초기 장력을 가하지만 체인 전동은 스프로킷 휠과 링크가 서로 맞물려서 동력을 전달하기 때문에 초기 장력을 줄 필요가 없습니다. 따라서 동력 전달 방법의 방식이 다르기 때문입니다. 또한, 체인 전동은 스프로킷 휠과 링크가 서로 맞물려 동력을 전달하므로 미끄럼이 없고, 일정한 속비도 얻을 수 있습니다.

실루민이 시효 경화성이 없는 이유가 무엇인가요?

❖ 실루민
• Al-Si계 합금
• 공정 반응이 나타나고, 절삭성이 불량하며, 시효 경화성이 없다.

❖ 실루민이 시효 경화성이 없는 이유

일반적으로 구리(Cu)는 금속 내부의 원자 확산이 잘 되는 금속입니다. 즉, 장시간 방치해도 구리가 석출되어 경화가 됩니다. 따라서 구리가 없는 Al-Si계 합금인 실루민은 시효 경화성이 없습니다.

Tip 구리가 포함된 합금은 대부분 시효 경화성이 있다고 보면 됩니다.

※ 시효 경화성이 있는 것: 황동, 강, 두랄루민, 라우탈, 알드레이, Y합금 등

Q 직류 아크 용접에서 자기 불림 현상이 발생하는 이유가 무엇인가요?

A 자기 불림(Arc blow)은 아크 쏠림 현상을 말합니다. 보통 직류 아크 용접에서 발생하는 현상입니다.

그 이유는 전류가 흐르는 도체 주변에는 용접 전류 때문에 아크 주위에 자계가 발생합니다. 이 자계가 용접봉에 비대칭 되어 아크가 특정한 한 방향으로 쏠리는 불안정한 현상이 자기 불림 현상입니다.

결국 자계가 용접 일감의 모양이나 아크의 위치에 관련하여 비대칭이 되어 아크가 특정한 한 방향으로 쏠려 불안정하게 됩니다.

간단하게 요약하자면, 자기 불림은 직류 아크 용접에서 많이 발생되며, 교류는 +, − 위 아래로 파장이 있어 아크가 한 방향으로 쏠리지 않습니다.

따라서 자기 불림 현상을 방지하려면 대표적으로 교류를 사용하면 됩니다.

02 Q&A 정의용답

지금까지 오픈 채팅방과 블로그를 통해 가장 많이 받았던 질문들로 구성하였습니다.

암기가 아닌 **이해**와 **원리**를 통해 공부하면 더욱더 재미있고

직무면접에서도 큰 도움이 될 것입니다!

03 3역학 공식 모음집

1 재료역학 공식

① 전단 응력, 수직 응력

$\tau = \dfrac{P_s}{A}$, $\sigma = \dfrac{P}{A}$ (P_s: 전단 하중, P: 수직 하중)

② 전단 변형률

$\gamma = \dfrac{\lambda_s}{l}$ (λ_s: 전단 변형량)

③ 수직 변형률

$\varepsilon = \dfrac{\Delta l}{l}$, $\varepsilon' = \dfrac{\Delta D}{D}$ (Δl: 세로 변형량, ΔD: 가로 변형량)

④ 푸아송의 비

$\mu = \dfrac{\varepsilon'}{\varepsilon} = \dfrac{\Delta l \cdot D}{l \cdot \Delta D} = \dfrac{1}{m}$ (m: 푸아송 수)

⑤ 후크의 법칙

$\sigma = E \times \varepsilon$, $\tau = G \times \gamma$ (E: 종탄성 계수, G: 횡탄성 계수)

⑥ 길이 변형량

$\lambda_s = \dfrac{P_s l}{AG}$, $\Delta l = \dfrac{Pl}{AE}$ (λ_s: 전단 하중에 의한 변형량, Δl: 수직 하중에 의한 변형량)

⑦ 단면적 변형률

$\varepsilon_A = 2\mu\varepsilon$

⑧ 체적 변형률

$$\varepsilon_v = \varepsilon(1 - 2\mu)$$

⑨ 탄성 계수의 관계

$$mE = 2G(m+1) = 3K(m-2)$$

⑩ 두 힘의 합성

$$F = \sqrt{F_1^2 + F_2^2 + 2F_1 F_2 \cos\theta}$$

⑪ 세 힘의 합성(라미의 정리)

$$\frac{F_1}{\sin\theta_1} = \frac{F_2}{\sin\theta_2} = \frac{F_3}{\sin\theta_3}$$

⑫ 응력 집중

$$\sigma_{\max} = \alpha \times \sigma_n \ (\alpha: \text{응력 집중 계수}, \ \sigma_n: \text{공칭 응력})$$

⑬ 응력의 관계

$$\sigma_\omega \le \sigma_\sigma = \frac{\sigma_u}{S} \ (\sigma_\omega: \text{사용 응력}, \ \sigma_\sigma: \text{허용 응력}, \ \sigma_u: \text{극한 응력})$$

⑭ 병렬 조합 단면의 응력

$$\sigma_1 = \frac{PE_1}{A_1 E_1 + A_2 E_2}, \ \sigma_2 = \frac{PE_2}{A_1 E_1 + A_2 E_2}$$

⑮ 자중을 고려한 늘음량

$$\delta_\omega = \frac{\gamma l^2}{2E} = \frac{\omega l}{2AE} \ (\gamma: \text{비중량}, \ \omega: \text{자중})$$

⑯ 충격에 의한 응력과 늘음량

$$\sigma = \sigma_0 \left\{ 1 + \sqrt{1 + \frac{2h}{\lambda_0}} \right\}, \ \lambda = \lambda_0 \left\{ 1 + \sqrt{1 + \frac{2h}{\lambda_0}} \right\} \ (\sigma_0: \text{정적 응력}, \ \lambda_0: \text{정적 늘음량})$$

⑰ 탄성 에너지

$$u = \frac{\sigma^2}{2E}, \; U = \frac{1}{2} P\lambda = \frac{\sigma^2 Al}{2E}$$

⑱ 열응력

$$\sigma = E\varepsilon_{th} = E \times \alpha \times \varDelta T \; (\varepsilon_{th} : \text{열변형률}, \; \alpha : \text{선팽창 계수})$$

⑲ 얇은 회전체의 응력

$$\sigma_y = \frac{\gamma v^2}{g} \; (\gamma : \text{비중량}, \; v : \text{원주 속도})$$

⑳ 내압을 받는 얇은 원통의 응력

$$\sigma_y = \frac{PD}{2t}, \; \sigma_x = \frac{PD}{4t} \; (P : \text{내압력}, \; D : \text{내경}, \; t : \text{두께})$$

㉑ 단순 응력 상태의 경사면 전단 응력

$$\tau = \frac{1}{2}\sigma_x \sin 2\theta$$

㉒ 단순 응력 상태의 경사면 전단 응력

$$\sigma_n = \sigma_x \cos^2 \theta$$

㉓ 2축 응력 상태의 경사면 전단 응력

$$\tau = \frac{1}{2}(\sigma_x - \sigma_y)\sin 2\theta$$

㉔ 2축 응력 상태의 경사면 수직응력

$$\sigma_n{'} = \frac{1}{2}(\sigma_x + \sigma_y) + \frac{1}{2}(\sigma_x - \sigma_y)\cos 2\theta$$

㉕ 평면 응력 상태의 최대, 최소 주응력

$$\sigma_{1,2} = \frac{1}{2}(\sigma_x + \sigma_y) \pm \frac{1}{2}\sqrt{(\sigma_x - \sigma_y)^2 + 4\tau^2}$$

㉖ 토크와 전단 응력의 관계

$$T = \tau \times Z_p = \tau \times \frac{\pi d^3}{16}$$

㉗ 토크와 동력과의 관계

$$T = 716.2 \times \frac{H}{N} \ [\text{kg} \cdot \text{m}] \ \text{단}, \ H[\text{PS}]$$

$$T = 974 \times \frac{H'}{N} \ [\text{kg} \cdot \text{m}] \ \text{단}, \ H'[\text{kW}]$$

㉘ 비틀림각

$$\theta = \frac{TL}{GI_p} \ [\text{rad}] \ (G: \text{횡탄성 계수})$$

㉙ 굽힘에 의한 응력

$$M = \sigma Z, \ \sigma = E\frac{y}{\rho}, \ \frac{1}{\rho} = \frac{M}{EI} = \frac{\sigma}{Ee} \ (\rho: \text{주름 반경}, \ e: \text{중립축에서 끝단까지 거리})$$

㉚ 굽힘 탄성 에너지

$$U = \int \frac{M_x^2 dx}{2EI}$$

㉛ 분포 하중, 전단력, 굽힘 모멘트의 관계

$$\omega = \frac{dF}{dx} = \frac{d^2 M}{dx^2}$$

㉜ 처짐 곡선의 미분 방정식

$$EIy'' = -M_x$$

㉝ 면적 모멘트법

$$\theta = \frac{A_m}{E}, \ \delta = \frac{A_m}{E}\overline{x}$$

(θ: 굽힘각, δ: 처짐량, A_m: BMD의 면적, $\overline{x}$: BMD의 도심까지의 거리)

㉞ 스프링 지수, 스프링 상수

$C = \dfrac{D}{d}$, $K = \dfrac{P}{\delta}$ (D: 평균 지름, d: 소선의 직각 지름, P: 하중, δ: 처짐량)

㉟ 등가 스프링 상수

$\dfrac{1}{K_{eq}} = \dfrac{1}{K_1} + \dfrac{1}{K_2}$ ➡ 직렬 연결

$K_{eq} = K_1 + K_2$ ➡ 병렬 연결

㊱ 스프링의 처짐량

$\delta = \dfrac{8PD^3 n}{Gd^4}$ (G: 횡탄성 계수, n: 감김 수)

㊲ 3각 판스프링의 응력과 늘음량

$\sigma = \dfrac{6Pl}{nbh^2}$, $\delta_{\max} = \dfrac{6Pl^3}{nbh^3 E}$ (n: 판의 개수, b: 판목, E: 종탄성 계수)

㊳ 겹판 스프링의 응력과 늘음량

$\eta = \dfrac{3Pl}{2nbh^2}$, $\delta_{\max} = \dfrac{3P'l^3}{8nbh^3 E}$

㊴ 핵반경

원형 단면 $a = \dfrac{d}{8}$, 사각형 단면 $a = \dfrac{b}{6}$, $\dfrac{h}{6}$

㊵ 편심 하중을 받는 단주의 최대 응력

$\sigma_{\max} = \dfrac{P}{A} + \dfrac{M}{Z}$

㊶ 오일러(Euler)의 좌굴 하중 공식

$P_B = \dfrac{n\pi^2 EI}{l^2}$ (n: 단말 계수)

㊷ 세장비

$$\lambda = \frac{l}{K} \ (l: 기둥의 길이) \qquad K = \sqrt{\frac{I}{A}} \ (K: 최소 회전 반경)$$

㊸ 좌굴 응력

$$\sigma_B = \frac{P_B}{A} = \frac{n\pi^2 E}{\lambda^2}$$

평면의 성질 공식 정리

	공식	표현	도형의 종류		
			사각형	중심축	중공축
단면 1차 모멘트	$\bar{y} = \dfrac{A_1 y_1 + A_2 y_2}{A_1 + A_2}$ $\bar{x} = \dfrac{A_1 x_1 + A_2 x_2}{A_1 + A_2}$	$Q_y = \displaystyle\int x\,dA$ $Q_x = \displaystyle\int y\,dA$	$\bar{y} = \dfrac{h}{2}$ $\bar{x} = \dfrac{b}{2}$	$\bar{y} = \bar{x} = \dfrac{d}{2}$	내외경 비 $x = \dfrac{d_1}{d_2}$ $(d_1:$ 내경, $d_2:$ 외경$)$
단면 2차 모멘트	$K_x = \sqrt{\dfrac{I_x}{A}}$ $K_y = \sqrt{\dfrac{I_y}{A}}$	$I_x = \displaystyle\int y^2\,dA$ $I_y = \displaystyle\int x^2\,dA$	$I_x = \dfrac{bh^3}{12}$ $I_y = \dfrac{bh^3}{12}$	$I_x = I_y$ $= \dfrac{\pi d^4}{64}$	$I_x = I_y$ $= \dfrac{\pi d_2^{\,4}}{64}(1 - x^4)$
극단면 2차 모멘트	$I_p = I_x + I_y$	$I_p = \displaystyle\int r^2\,dA$	$I_p = \dfrac{bh}{12}(b^2 + h^2)$	$I_p = \dfrac{\pi d^4}{32}$	$I_p = \dfrac{\pi d_2^{\,4}}{32}(1 - x^4)$
단면 계수	$Z = \dfrac{M}{\sigma_b}$	$Z = \dfrac{I_x}{e_x}$	$Z_x = \dfrac{bh^2}{6}$ $Z_y = \dfrac{bh^2}{6}$	$Z_x = Z_y$ $= \dfrac{\pi d^3}{32}$	$Z_x = Z_y$ $= \dfrac{\pi d_2^{\,3}}{32}(1 - x^4)$
극단면 계수	$Z_p = \dfrac{T}{\tau_a}$	$Z_p = \dfrac{I_p}{e_p}$	$-$	$Z_p = \dfrac{\pi d^4}{16}$	$Z_p = \dfrac{\pi d_2^{\,3}}{16}(1 - x^4)$

❖ 보의 정리

보의 종류	반력	최대 굽힘 모멘트 M_{max}	최대 굽힘각 θ_{max}	최대 처짐량 δ_{max}
	—	M_0	$\dfrac{M_0 l}{EI}$	$\dfrac{M_0 l^2}{2EI}$
	$R_b = P$	Pl	$\dfrac{Pl^2}{2EI}$	$\dfrac{Pl^3}{3EI}$
	$R_b = \omega l$	$\dfrac{\omega l^2}{2}$	$\dfrac{\omega l^3}{6EI}$	$\dfrac{\omega l^4}{8EI}$
	$R_a = R_b = \dfrac{M_0}{l}$	M_0	$\theta_A = \dfrac{M_0 l}{3EI}$ $\theta_B = \dfrac{M_0 l}{6EI}$	$x = \dfrac{l}{\sqrt{3}}$ 일 때 $\dfrac{M_0 l^2}{9\sqrt{3}EI}$
	$R_a = R_b = \dfrac{P}{2}$	$\dfrac{Pl}{4}$	$\dfrac{Pl^2}{16EI}$	$\dfrac{Pl^3}{48EI}$
	$R_a = \dfrac{Pb}{l}$ $R_b = \dfrac{Pa}{l}$	$\dfrac{Pab}{l}$	$\theta_A = \dfrac{Pab(l+b)}{6lEI}$ $\theta_B = \dfrac{Pab(l+a)}{6lEI}$	$\delta_c = \dfrac{Pa^2 b^2}{3lEI}$
	$R_a = R_b = \dfrac{\omega l}{2}$	$\dfrac{\omega l^2}{8}$	$\dfrac{\omega l^3}{24EI}$	$\dfrac{5\omega l^4}{384EI}$
	$R_a = \dfrac{\omega l}{6}$ $R_b = \dfrac{\omega l}{3}$	$\dfrac{\omega l^2}{9\sqrt{3}}$	—	—

보의 종류	반력	최대 굽힘 모멘트 M_{max}	최대 굽힘각 θ_{max}	최대 처짐량 δ_{max}
	$R_a=\dfrac{5P}{16}$ $R_b=\dfrac{11P}{16}$	$M_B=M_{max}$ $=\dfrac{3}{16}Pl$	—	—
	$R_a=\dfrac{3\omega l}{8}$ $R_b=\dfrac{5\omega l}{8}$	$\dfrac{9\omega l^2}{128}$, $x=\dfrac{5l}{8}$일 때	—	—
	$R_a=\dfrac{Pb^2}{l^3}(3a+b)$	$M_A=\dfrac{Pb^2a}{l^2}$ $M_B=\dfrac{Pa^2b}{l^2}$	$a=b=\dfrac{l}{2}$일 때 $\dfrac{Pl^2}{64EI}$	$a=b=\dfrac{l}{2}$일 때 $\dfrac{Pl^3}{192EI}$
	$R_a=R_b=\dfrac{\omega l}{2}$	$M_a=M_b=\dfrac{\omega l^2}{12}$ 중간 단의 모멘트 $=\dfrac{\omega l^2}{24}$	$\dfrac{\omega l^3}{125EI}$	$\dfrac{\omega l^4}{384EI}$
	$R_a=R_b=\dfrac{3\omega l}{16}$ $R_c=\dfrac{5\omega l}{8}$	$M_c=\dfrac{\omega l^2}{32}$	—	—

2 열역학 공식

① 열역학 0법칙, 열용량

$Q=Gc\varDelta T$ (G: 중량 또는 질량, c: 비열, $\varDelta T$: 온도차)

② 온도 환산

$C=\dfrac{5}{9}(F-32)$

$T(\mathrm{K})=T(\mathrm{℃})+273.15$

$T(\mathrm{R})=T(\mathrm{F})+460$

③ 열량의 단위

$1\,\mathrm{kcal}=3.968\,\mathrm{BTU}=2.205\,\mathrm{CHU}=4.1867\,\mathrm{kJ}$

④ 비열의 단위

$\left[\dfrac{1\,\mathrm{kcal}}{\mathrm{kg}\cdot\mathrm{℃}}\right]=\left[\dfrac{1\,\mathrm{BTU}}{\mathrm{lb}\cdot\mathrm{℉}}\right]=\left[\dfrac{1\,\mathrm{CHU}}{\mathrm{lb}\cdot\mathrm{℃}}\right]$

⑤ 평균 비열, 평균 온도

$C_m=\dfrac{1}{T_2-T_1}\int CdT,\ T_m=\dfrac{m_1C_1T_1+m_2C_2T_2}{m_1C_1+m_2C_2}$

⑥ 일과 열의 관계

$Q=AW$ (A: 일의 열 상당량$=1\,\mathrm{kcal}/427\,\mathrm{kgf}\cdot\mathrm{m}$)

$W=JQ$ (J: 열의 일 상당량$=1/A$)

⑦ 동력과 열량과의 관계

$1\,\mathrm{Psh}=632.3\,\mathrm{kcal},\ 1\,\mathrm{kWh}=860\,\mathrm{kcal}$

⑧ 열역학 1법칙의 표현

$\delta q=du+Pdv=C_pdT+\delta W=dh+vdP=C_pdT+\delta Wt$

⑨ 열효율

$$\eta = \frac{\text{정미 출력}}{\text{저위 발열량} \times \text{연료 소비율}}$$

⑩ 완전 가스 상태 방정식

$PV = mRT$ (P: 절대 압력, V: 체적, m: 질량, R: 기체 상수, T: 절대 온도)

⑪ 엔탈피

$H = U + pv = $ 내부 에너지 + 유동 에너지

⑫ 정압 비열(C_p), 정적 비열(C_v)

$$C_p = \frac{kR}{k-1}, \; C_v = \frac{R}{k-1}$$

비열비 $k = \dfrac{C_p}{C_v}$, 기체 상수 $R = C_p - C_v$

⑬ 혼합 가스의 기체 상수

$$R = \frac{m_1 R_1 + m_2 R_2 + m_3 R_3}{m_1 + m_2 + m_3}$$

⑭ 열기관의 열효율

$$\eta = \frac{\Delta Wa}{Q_H} = \frac{Q_H - Q_L}{Q_H} = 1 - \frac{T_L}{T_H}$$

⑮ 냉동기의 성능 계수

$$\varepsilon_r = \frac{Q_L}{W_C} = \frac{Q_L}{Q_H - Q_L} = \frac{T_L}{T_H - T_L}$$

⑯ 열펌프의 성능 계수

$$\varepsilon_H = \frac{Q_H}{W_a} = \frac{Q_H}{Q_H - Q_L} = \frac{T_H}{T_H - T_L} = 1 + \varepsilon_r$$

⑰ 엔트로피

$$ds = \frac{\delta Q}{T} = \frac{mcdT}{T}$$

⑱ 엔트로피 변화

$$\Delta S = C_V \ln\frac{T_2}{T_1} + R \ln\frac{V_2}{V_1} = C_P \ln\frac{T_2}{T_1} - R \ln\frac{P_2}{P_1} = C_P \ln\frac{V_2}{V_1} + C_V \ln\frac{P_2}{P_1}$$

⑲ 습증기의 상태량 공식

$$v_x = v' + x(v'' - v') \qquad\qquad h_x = h' + x(h'' - h')$$
$$s_x = s' + x(s'' - s') \qquad\qquad u_x = u' + x(u'' - u')$$

건도 $x = \dfrac{습증기의\ 중량}{전체\ 중량}$

(v', h', s', u': 포화액의 상대값, v'', h'', s'', u'': 건포화 증기의 상태값)

⑳ 증발 잠열(잠열)

$$\gamma = h'' - h' = (u'' - u') + P(u'' - u')$$

㉑ 고위 발열량

$$H_h = 8,100\,\mathrm{C} + 34,000\left(\mathrm{H} - \frac{\mathrm{O}}{8}\right) + 2,500\,\mathrm{S}$$

㉒ 저위 발열량

$$H_c = 8,100\,\mathrm{C} - 29,000\left(\mathrm{H} - \frac{\mathrm{O}}{8}\right) + 2,500\,\mathrm{S} - 600W = H_h - 600(9\mathrm{H} + W)$$

㉓ 노즐에서의 출구 속도

$$V_2 = \sqrt{2g(h_1 - h_2)} = \sqrt{h_1 - h_2}$$

상태 변화 관련 공식

변화	정적 변화	정압 변화	정온 변화	단열 변화	폴리트로픽 변화
p, v, T 관계	$v=C,$ $dv=0,$ $\dfrac{P_1}{T_1}=\dfrac{P_2}{T_2}$	$P=C,$ $dP=0,$ $\dfrac{v_1}{T_1}=\dfrac{v_2}{T_2}$	$T=C,$ $dT=0,$ $Pv=P_1v_1$ $=P_2v_2$	$Pv^k=c,$ $\dfrac{T_2}{T_1}=\left(\dfrac{v_1}{v_2}\right)^{k-1}$ $=\left(\dfrac{P_2}{P_1}\right)^{\frac{k-1}{k}}$	$Pv^n=c,$ $\dfrac{T_2}{T_1}=\left(\dfrac{v_1}{v_2}\right)^{n-1}$
(절대일) 외부에 하는 일 $_1\omega_2$ $=\int pdv$	0	$P(v_2-v_1)$ $=R(T_2-T_1)$	$P_1v_1\ln\dfrac{v_2}{v_1}$ $=P_1v_1\ln\dfrac{P_1}{P_2}$ $=RT\ln\dfrac{v_2}{v_1}$ $=RT\ln\dfrac{P_1}{P_2}$	$\dfrac{1}{k-1}(P_1v_1-P_2v_2)$ $=\dfrac{RT_1}{k-1}\left(1-\dfrac{T_2}{T_1}\right)$ $=\dfrac{RT_1}{k-1}$ $\left[\left(1-\dfrac{v_1}{v_2}\right)^{k-1}\right]$ $=C_v(T_1-T_2)$	$\dfrac{1}{n-1}(P_1v_1-P_2v_2)$ $=\dfrac{P_1v_1}{n-1}\left(1-\dfrac{T_2}{T_1}\right)$ $=\dfrac{R}{n-1}(T_1-T_2)$
공업일 (압축일) $\omega_1=$ $-\int vdp$	$v(P_1-P_2)$ $=R(T_1-T_2)$	0	ω_{12}	$k_1\omega_2$	$n_1\omega_2$
내부 에너지의 변화 u_2-u_1	$C_v(T_2-T_1)$ $=\dfrac{R}{k-1}(T_2-T_1)$ $=\dfrac{v}{k-1}(P_2-P_1)$	$C_v(T_2-T_1)$ $=\dfrac{P}{k-1}(v_2-v_1)$	0	$C_v(T_2-T_1)$ $=-_1W_2$	$-\dfrac{(n-1)}{k-1}{}_1W_2$
엔탈피의 변화 h_2-h_1	$C_p(T_2-T_1)$ $=\dfrac{kR}{k-1}(T_2-T_1)$ $=\dfrac{kv}{k-1}(P_2-P_1)$ $=k(u_2-u_1)$	$C_p(T_2-T_1)$ $=\dfrac{kR}{k-1}(T_2-T_1)$ $=\dfrac{kv}{k-1}(P_2-P_1)$	0	$C_p(T_2-T_1)$ $=-W_t$ $=-k_1W_2$ $=k(u_2-u_1)$	$-\dfrac{(n-1)}{k-1}{}_1W_2$
외부에서 얻은 열 $_1q_2$	u_2-u_1	h_2-h_1	$_1W_2-W_t$	0	$C_n(T_2-T_1)$
n	∞	0	1	k	$-\infty$에서 $+\infty$

변화	정적 변화	정압 변화	정온 변화	단열 변화	폴리트로픽 변화
비열 C	C_v	C_p	∞	0	$C_n = C_v \dfrac{n-k}{n-1}$
엔트로피의 변화 $s_2 - s_1$	$C_v \ln \dfrac{T_2}{T_1}$ $= C_v \ln \dfrac{P_2}{P_1}$	$C_p \ln \dfrac{T_2}{T_1}$ $= C_p \ln \dfrac{v_2}{v_1}$	$R \ln \dfrac{v_2}{v_1}$	0	$C_n \ln \dfrac{T_2}{T_1}$ $= C_v \dfrac{n-k}{n} \ln \dfrac{P}{P}$

열역학 사이클

1. 카르노 사이클 = 가역 이상 열기관 사이클

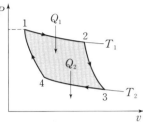
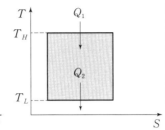

카르노 사이클의 효율

$$\eta_c = \frac{W_a}{Q_H} = \frac{Q_H - Q_L}{Q_H}$$

$$= \frac{T_H - T_L}{T_H} = 1 - \frac{T_L}{T_H}$$

2. 랭킨 사이클 = 증기 원동소 사이클의 기본 사이클

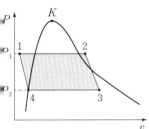
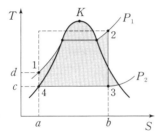

랭킨 사이클의 효율

$$\eta_R = \frac{W_a}{Q_H} = \frac{W_T - W_P}{Q_H}$$

터빈일 $W_T = h_2 - h_3$
펌프일 $W_P = h_1 - h_4$
보일러 공급 열량 $Q_H = h_2 - h_1$

3. 재열 사이클

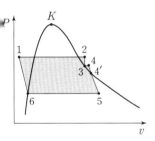
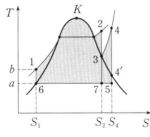

재열 사이클의 효율

$$\eta_R = \frac{W_a}{Q_H + Q_R} = \frac{W_{T_1} + W_{T_2} - W_P}{Q_H + Q_R}$$

터빈1의 일 $= h_2 - h_3$
터빈2의 일 $= h_4 - h_5$
펌프의 일 $= h_1 - h_6$
보일러 공급 열량 $Q_H = h_2 - h_1$
재열기 공급 열량 $Q_R = h_4 - h_3$

4. 오토 사이클 = 정적 사이클 = 가솔린 기관의 기본 사이클

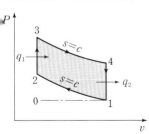
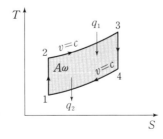

$$\eta_O = \frac{q_1 - q_2}{q_1} = 1 - \frac{q_2}{q_1}$$

$$= 1 - \frac{C_v(T_4 - T_1)}{C_v(T_3 - T_2)}$$

$$= 1 - \left(\frac{1}{\varepsilon}\right)^{k-1}$$

압축비 $\varepsilon = \dfrac{\text{실린더 체적}}{\text{연료실 체적}}$

5. 디젤 사이클 = 정압 사이클 = 저중속 디젤 기관의 기본 사이클

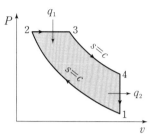

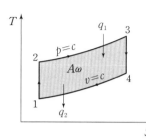

$$\eta_O = \frac{q_1 - q_2}{q_1} = 1 - \frac{q_2}{q_1}$$

$$= 1 - \frac{C_v(T_4 - T_1)}{C_P(T_3 - T_2)}$$

$$= 1 - \left(\frac{1}{\varepsilon}\right)^{k-1} \frac{\sigma^k - 1}{k(\sigma - 1)}$$

체절비 $\sigma = \dfrac{V_3}{V_2}$

6. 사바테 사이클 = 복합 사이클 = 고속 디젤 사이클의 기본 사이클

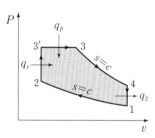

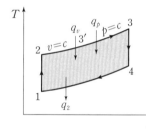

사바테 사이클의 효율

$$\eta_S = \frac{q_p + q_v - q_v}{q_p + q_v}$$

$$= 1 - \frac{q_v}{q_p + q_v}$$

$$= 1 - \frac{C_v(T_4 - T_1)}{C_P(T_3 - T'_3) + C_V(T'_3 - T_2)}$$

$$= 1 - \left(\frac{1}{\varepsilon}\right)^{k-1} \frac{\rho\sigma^k - 1}{(\rho - 1) + k\rho(\sigma - 1)}$$

7. 브레이튼 사이클 = 가스 터빈의 기본 사이클

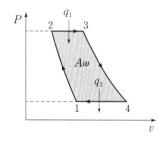

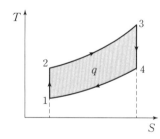

$$\eta_B = \frac{q_1 - q_2}{q_1}$$

$$= \frac{C_P(T_3 - T_2) - C_P(T_4 - T_1)}{C_P(T_3 - T_2)}$$

$$= 1 - \left(\frac{1}{\rho}\right)^{\frac{k-1}{k}}$$

압력 상승비 $\rho = \dfrac{P_{max}}{P_{min}}$

8. 증기 냉동 사이클

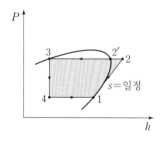

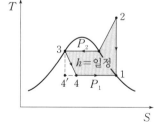

$$\eta_R = \frac{Q_L}{W_a} = \frac{Q_L}{Q_H - Q_L}$$

$$= \frac{(h_1 - h_4)}{(h_2 - h_3) - (h_1 - h_4)}$$

(Q_L: 저열원에서 흡수한 열량)

냉동 능력 $1\,\mathrm{RT} = 3.86\,\mathrm{kW}$

3 유체역학 공식

① 뉴턴의 운동 방정식

$$F = ma = m\frac{dv}{dt} = \rho Q v$$

② 비체적(v)

단위 질량당 체적 $v = \dfrac{V}{M} = \dfrac{1}{\rho}$

단위 중량당 체적 $v = \dfrac{V}{W} = \dfrac{1}{\gamma}$

③ 밀도(ρ), 비중량(γ)

밀도 $\rho = \dfrac{M(\text{질량})}{V(\text{체적})}$

비중량 $\gamma = \dfrac{W(\text{무게})}{V(\text{체적})}$

④ 비중(S)

$$S = \frac{\gamma}{\gamma_\omega},\ \gamma_\omega = \frac{1,000\ \text{kgf}}{\text{m}^3} = \frac{9,800\ \text{N}}{\text{m}^3}$$

⑤ 뉴턴의 점성 법칙

$$F = \mu\frac{uA}{h},\ \frac{F}{A} = \tau = \mu\frac{du}{dy}\ (u: \text{속도},\ \mu: \text{점성 계수})$$

⑥ 점성계수(μ)

$$1\text{Poise} = \frac{1\ \text{dyne} \cdot \text{sec}}{\text{cm}^2} = \frac{1\ \text{g}}{\text{cm} \cdot \text{s}} = \frac{1}{10}\ \text{Pa} \cdot \text{s}$$

⑦ 동점성계수(ν)

$$\nu = \frac{\mu}{\rho}\ (1\ \text{stoke} = 1\ \text{cm}^2/\text{s})$$

⑧ 체적 탄성 계수

$$K = \frac{\varDelta p}{\dfrac{\varDelta v}{v}} = \frac{\varDelta p}{\dfrac{\varDelta r}{r}} = \frac{1}{\beta} \ (\beta: \text{압축률})$$

⑨ 표면 장력

$$\sigma = \frac{\varDelta P d}{4} \ (\varDelta P: \text{압력 차이}, \ d: \text{직경})$$

⑩ 모세관 현상에 의한 액면 상승 높이

$$h = \frac{4\sigma \cos \beta}{\gamma d} \ (\sigma: \text{표면 장력}, \ \beta: \text{접촉각})$$

⑪ 정지 유체 내의 압력

$P = \gamma h \ (\gamma: \text{유체의 비중량}, \ h: \text{유체의 깊이})$

⑫ 파스칼의 원리

$$\frac{F_1}{A_1} = \frac{F_2}{A_2} \ (P_1 = P_2)$$

⑬ 압력의 종류

$P_{\text{abs}} = P_O + P_G = P_O - P_V = P_O(1-x)$
(x: 진공도, P_{abs}: 절대 압력, P_O: 국소 대기압, P_G: 게이지압, P_V: 진공압)

⑭ 압력의 단위

$1 \,\text{atm} = 760 \,\text{mmHg} = 10.332 \,\text{mAq} = 1.0332 \,\text{kgf/cm}^2 = 101,325 \,\text{Pa} = 1.0132 \,\text{bar}$

⑮ 경사면에 작용하는 유체의 전압력, 전압력이 작용하는 위치

$$F = \gamma \overline{H} A, \ y_F = \overline{y} + \frac{I_G}{A\overline{y}}$$

(γ: 비중량, H: 수문의 도심까지의 수심, $\overline{y}$: 수문의 도심까지의 거리, A: 수문의 면적)

⑯ 부력

$F_B = \gamma V$ (γ : 유체의 비중량, V : 잠겨진 유체의 체적)

⑰ 연직 등가속도 운동을 받을 때

$P_1 - P_2 = \gamma h \left(1 + \dfrac{a_y}{g}\right)$

⑱ 수평 등가속도 운동을 받을 때

$\tan \theta = \dfrac{a_x}{g}$

⑲ 등속 각속도 운동을 받을 때

$\Delta H = \dfrac{V_0^2}{2g}$ (V_0 : 바깥 부분의 원주 속도)

⑳ 유선의 방정식

$v = ui + vj + wk \qquad ds = dxi + dyj + dzk$

$v \times ds = 0 \qquad \dfrac{dx}{u} = \dfrac{dy}{u} = \dfrac{dz}{w}$

㉑ 체적 유량

$Q = A_1 V_1 = A_2 V_2$

㉒ 질량 유량

$\dot{M} = \rho A V = \text{Const}$ (ρ : 밀도, A : 단면적, V : 유속)

㉓ 중량 유량

$\dot{G} = \gamma A V = \text{Const}$ (γ : 비중량, A : 단면적, V : 유속)

㉔ 1차원 연속 방정식의 미분형

$\dfrac{d\rho}{\rho} + \dfrac{dv}{v} + \dfrac{dA}{A} = 0$ 또는 $d(\rho A V) = 0$

㉕ 3차원 연속 방정식

$$\frac{\partial u}{\partial x}+\frac{\partial v}{\partial y}+\frac{\partial w}{\partial z}=0$$

㉖ 오일러 방정식

$$\frac{dP}{\rho}+VdV+gdz=0$$

㉗ 베르누이 방정식

$$\frac{P}{\gamma}+\frac{v^2}{2g}+z=H$$

㉘ 높이 차가 H인 구멍 부분의 속도

$$v=\sqrt{2gH}$$

㉙ 피토 관을 이용한 유속 측정

$$v=\sqrt{2g\varDelta H}\ (\varDelta H: \text{피토관을 올라온 높이})$$

㉚ 피토 정압관을 이용한 유속 측정

$$V=\sqrt{2g\varDelta H\left(\frac{S_0-S}{S}\right)}\ (S_0: \text{액주계 내의 비중}, S: \text{관 내의 비중})$$

㉛ 운동량 방정식

$$Fdt=m(V_2-V_1)\ (Fdt: \text{역적}, mV: \text{운동량})$$

㉜ 수직 평판이 받는 힘

$$F_x=\rho Q(V-u)\ (V: \text{분류의 속도}, u: \text{날개의 속도})$$

㉝ 고정 날개가 받는 힘

$$F_x=\rho QV(1-\cos\theta),\ F_y=-\rho QV\sin\theta$$

㉞ 이동 날개가 받는 힘

$$F_x = \rho QV(1 - \cos\theta),\ F_y = -\rho QV \sin\theta$$

㉟ 프로펠러 추력

$$F = \rho Q(V_4 - V_1)\ (V_4:\ \text{유출 속도},\ V_1:\ \text{유입 속도})$$

㊱ 프로펠러의 효율

$$\eta = \frac{\text{출력}}{\text{입력}} = \frac{\rho QV_1}{\rho QV} = \frac{V_1}{V}$$

㊲ 프로펠러를 통과하는 평균 속도

$$V = \frac{V_4 + V_1}{2}$$

㊳ 탱크에 달려 있는 노즐에 의한 추진력

$$F = \rho QV = PAV^2 = \rho A2gh = 2Ah\gamma$$

㊴ 로켓 추진력

$$F = \rho QV$$

㊵ 제트 추진력

$$F = \rho_2 Q_2 V_2 - \rho_1 Q_1 V_1 = \dot{M}_2 V_2 - \dot{M}_1 V_1$$

㊶ 원관에서의 레이놀드 수

$$Re = \frac{\rho VD}{\mu} = \frac{VD}{\nu}\ (2{,}100\ \text{이하: 층류},\ 4{,}000\ \text{이상: 난류})$$

㊷ 수평 원관에서의 층류 운동

유량 $Q = \dfrac{\varDelta P \pi D^4}{128\,\mu L}\ (\varDelta P:\ \text{압력 강하},\ \mu:\ \text{점성},\ L:\ \text{길이},\ D:\ \text{직경})$

㊸ 층류 유동일 때의 경계층 두께

$$\delta = \frac{5x}{\sqrt{Re}}$$

㊹ 동압에 의한 항력

$$D = C_D \frac{\gamma V^2}{2g} A = C_D \times \frac{\rho V^2}{2} A$$ (C_D: 항력 계수)

㊺ 동압에 의한 양력

$$L = C_L \frac{\gamma V^2}{2g} A = C_L \times \frac{\rho V^2}{2} A$$ (C_L: 양력 계수)

㊻ 스토크 법칙에서의 항력

$D = 6R\mu V\pi$ (R: 구의 반지름, V: 속도, μ: 점성 계수)

㊼ 층류 유동에서의 관 마찰 계수

$$f = \frac{64}{Re}$$

㊽ 원형관 속의 손실 수두

$$H_L = f\frac{l}{d} \times \frac{V^2}{2g}$$ (f: 관 마찰 계수, l: 관의 길이, d: 관의 직경)

㊾ 수력 반경

$$R_h = \frac{A(\text{유동 단면적})}{P(\text{접수 길이})} = \frac{d}{4}$$

㊿ 비원형관에서의 손실 수두

$$H_L = f \times \frac{l}{4R_h} \times \frac{V^2}{2g}$$

(51) 버킹햄의 π정리

$\pi = n - m$ (π: 독립 무차원 수, n: 물리량 수, m: 기본 차수)

(52) 최량수로 단면

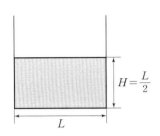
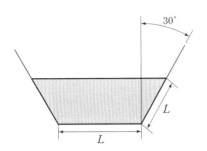

(53) 부차적 손실 수두

돌연 확대관의 손실 수두 $H_L = \dfrac{(V_1 - V_2)^2}{2g}$

돌연 축소관의 손실 수두 $H_L = \dfrac{V_2^2}{2g}\left(\dfrac{1}{C_c} - 1\right)^2$

관 부속품의 손실 수두 $H_L = K\dfrac{V^2}{2g}$

(K: 관 부속품의 부차적 손실 계수, C_c: 수축 계수)

(54) 음속

$a = \sqrt{kRT}$ (k: 비열비, R: 기체상수, T: 절대온도)

(55) 마하각

$\sin\phi = \dfrac{1}{Ma}$ (Ma: 마하 수)

❖ 단위계

	구분	거리	질량	시간	힘	동력
절대 단위	MKS	m	kg	sec	N	1kW= 102 kgf·m/s
	CGS	cm	g	sec	dyne	W
중력 단위계	공학 단위계	m cm mm	$\dfrac{1}{9.8}$ kgf·s²/m	sec min	kgf	1 PS= 75 kgf·m/s

❖ 무차원 수

명칭	정의	물리적 의미	적용 범위
레이놀드 수	$Re = \dfrac{\rho V L}{\mu}$	관성력 점성력	• 점성이 고려되는 유동의 상사 법칙 • 관 속의 흐름, 비행기의 양력·항력, 잠수함
프라우드 수	$F_r = \dfrac{L}{\sqrt{Lg}}$	관성력 중력	• 자유 표면을 갖는 유동(댐) • 개수로 수면 위 배 조파 저항
웨버 수	$W_e = \dfrac{\rho L V^2}{\sigma}$	관성력 표면장력	표면장력에 관계되는 상사 법칙 적용
마하 수	$Ma = \dfrac{V}{C}$	속도 음속	풍동 문제, 유체 기체
코시 수	$Co = \dfrac{\rho V^2}{K}$	관성력 탄성력	—
오일러 수	$Eu = \dfrac{\Delta P}{\rho V^2}$	압축력 관성력	압축력이 고려되는 유동의 상사 법칙
압력 계수	$P = \dfrac{\Delta P}{\rho V^2/2}$	정압 동압	—

유체 계측

비중량 측정	비중병, 비중계, u자관
점성 측정	낙구식 점도계, 맥미첼 점도계, 스토머 점도계, 오스트발트 점도계, 세이볼트 점도계
정압 측정	피에조미터, 정압관
유속 측정	피트우트관−정압관 $V = C_v \sqrt{2gR\left(\dfrac{S_o}{S} - 1\right)}$ 시차 액주계, 열선 풍속계
유량 측정	벤츄리미터, 노즐, 오리피스, 로타미터 사각 위어 $Q = kH^{\frac{3}{2}}$ 삼각 위어 $= V$, 놋치 위어 $Q = kH^{\frac{5}{2}}$

Truth of Machin

PART

IV

정답 및 해설

01 한국환경공단 기출문제 정답 및 해설

01	⑤	02	정답 없음	03	③	04	⑤	05	⑤	06	②	07	⑤	08	④	09	⑤	10	③
11	④	12	③	13	⑤	14	④	15	③	16	①	17	②	18	②	19	③	20	③
21	①	22	③	23	⑤	24	④	25	③	26	③	27	②	28	④	29	②	30	④
31	④	32	④	33	②	34	④	35	④	36	④	37	③	38	⑤	39	⑤	40	③

01
정답 ⑤

[설계 시 크기 순서]

극한강도 > 항복점 > 탄성한도 > 허용응력 ≥ 사용응력

02
정답 정답 없음

분포하중의 종류: 균일 (등)분포하중, 불균일 분포하중, 점변 분포하중(삼각형 분포하중, 점가하중), 부분 분포하중, 이동 분포하중

03
정답 ③

$\varepsilon = \dfrac{\lambda}{L}$ [여기서, ε: 변형률(strain), λ: 변형량, L: 초기 길이]

$= \dfrac{250 - 200}{200} = \dfrac{50}{200} = \dfrac{1}{4} = 0.25$

※ 문제에서 주어진 지름의 수치는 사용하지 않았다. 그럼 왜 문제에 지름의 수치가 주어졌는가? 그것은 바로 출제위원이 우리를 낚기 위해서이다.

※ 여기서 계산만 하고 넘어가지 말고 변형률(strain)은 무차원수라는 것도 다시 한 번 염두해야만 한다. 변형률은 길이 차원을 길이 차원으로 나눈 값이기 때문에 차원이 서로 상쇄되어 무차원수가 된다. 2019년 인천도시공사 필기시험에서 "고체 변형률의 단위는?" "무차원수"라는 문제가 출제되었다. 아무 고민 없이 1초 컷으로 풀기 위해서는 문제만 달랑 풀지 말고 여러 가지를 연관시켜 생각해보는 습관을 길러야 한다.

04
정답 ⑤

세로방향의 하중에 의해 굽힘과 처짐이 발생한다.

[좌굴]

㉠ 장주(길이가 아주 긴 기둥)가 압축하중을 받아 직경 방향으로 변형(휨)이 일어나면서 파괴되는 현상이다.

ⓛ 길이가 직경의 최소 10배 이상인 긴 기둥(봉)에서 압축하중을 가했을 때 압력이 어느 한계값에 이르면 갑자기 직경 방향으로 휘면서 파괴되는 현상이다.

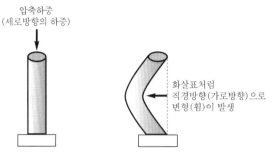

압축하중
(세로방향의 하중)

화살표처럼
직경방향(가로방향)으로
변형(휨)이 발생

📎 필수 암기

• 단주: 세장비가 30 이하인 길이가 짧은 기둥으로, 축 방향으로 압축력이 작용하면 휘지 않고 파괴된다. 단주는 장주에 비해 훨씬 큰 하중에 저항이 가능하다.
• 중간주: 세장비가 30~160 사이인 기둥
• 장주: 세장비가 160 이상인 길이가 긴 기둥으로, 축 방향으로 압축력이 작용하면 크게 휘면서 파괴된다.

05
정답 ⑤

재료역학: 변형체, 즉 작용하중이나 온도변화에 의한 크기와 형상의 변화를 다루는 학문

06
정답 ②

① 항복응력: 응력을 증가시키지 않아도 변형이 계속 일어나는 상태의 응력이다.
② 극한강도: 재료가 견딜 수 있는 최대의 응력을 말하며 인장강도, 최대공칭응력이라 한다.
③ 비례한도: 응력과 변형률이 비례하는 구간의 한도값이다.
④ 탄성한도: 외력을 제거하면 원래의 상태로 돌아오는 성질을 탄성이라고 하며 그 한계점에서의 응력을 탄성한도라고 한다.
⑤ 사용응력: 재료를 안전하게 하기 위해 그 종류, 품질 등에 따라서 탄성한도 내의 어떤 크기로 멈춰 놓아야 하는데 이 응력을 사용응력 또는 허용응력이라고 한다.

07
정답 ⑤

자유물체도(Free Body Diagram, FBD)를 그릴 때 이미 방향을 알고 있는 힘인 경우 그 방향에 맞추어 화살표로 표시하면 된다. 하지만 방향을 알지 못하는 힘의 경우는 좌표계의 양의 방향으로 화살표를 표시하시는 것이 좋다. 즉, 어떤 값이 미지수라고 해도 그 방향을 알고 있다면 혼동을 줄이기 위해 알고 있는 방향대로 표시하시는 것이 좋다. 그리고 자유물체도를 그릴 때에는 자유물체도 내부, 즉 계 내부에 있는 힘은 표시하지 않는다. 이 말은 자유물체도에 표시하는 힘은 계 외부에서 작용하는 외력이라는 것이다.

08

정답 ④

• 정정보: 외팔보(켄틸레버보), 단순보(양단지지보, 받침보), 돌출보(내민보, 내다지보), 게르버보
• 부정정보: 양단고정보, 고정지지보(일단고정 타단지지보), 연속보

※ 게르버보: 일단고정 타단지지보의 중앙에 힌지를 두어 정정보로 만든 보

09

정답 ⑤

① 비열은 어떤 물질 1kg 또는 1g을 1℃를 올리는 데 필요한 열량으로 비열이 클수록 1℃ 올리는 데 필요한 열량이 많다. 즉, 비열이 클수록 온도를 변화시키기 어렵기 때문에 온도 변화가 작다.
② 일반적으로 액체의 비열이 고체의 비열보다 크다.
③ 일반적으로 액체의 비열이 고체의 비열보다 크므로 액체와 고체에 동일한 열량을 가했을 때 액체의 온도 변화가 고체보다 더 작다.
④ 피냉각체를 냉각시키려면 냉각수가 피냉각체의 열을 빼앗아야 한다. 이때, 빼앗은 열로 인해 냉각수의 온도가 증가된다. 냉각수의 차가운 온도를 오래 유지하기 위해서는 열을 빼앗아서 얻었을 때 온도 변화가 작아야 하므로 비열이 큰 것을 사용해야 냉각수의 효율이 좋다. 그리고 냉각수의 온도가 차가워야 되는 이유는 피냉각체와의 온도 차이가 커야 열이 이동하기 쉽기 때문이다(열은 항상 고온에서 저온으로 이동하므로).

10

정답 ③

③ 열을 가하면 온도가 높아지면서 분자 간의 거리가 서로 멀어진다. 하지만 인력이 열에 저항한다는 것은 분자와 분자가 서로 끌어당기려고 하는 것을 의미하기 때문에 분자 간의 거리가 서로 멀어지기 어렵다. 따라서 물체에 열을 가했을 때 발생하는 현상으로 보기 어렵다.
① 열을 가하면 온도가 높아지면서 분자 간의 거리가 서로 멀어지므로 분자의 집합 형태가 변한다고 볼 수 있다.
② 열을 가하면 온도가 높아지면서 분자들이 활발하게 이리저리 운동한다. 즉, 온도가 높아지면서 분자의 활발성이 증가하여 분자의 운동에너지가 증가한다.
④ 열을 가하면 온도가 높아지면서 결국 기체상태가 된다. 이 말은 분자 간의 거리가 서로 멀어져 부피가 증가한다는 의미이다. 따라서 부피의 변화가 생긴다.
⑤ 열을 가하면 온도가 높아지면서 분자 간의 거리가 서로 멀어지므로 분자 간의 결합력이 끊어진다. 여기서 분자 간의 결합력은 포텐셜 에너지(위치에너지)이다. 분자 간의 결합력이 끊어지므로 결국 물체의 위치에너지가 변한다고 파악할 수 있다.

11

[열전달]

대류 (뉴턴의 냉각법칙)		㉠ 액체나 기체 상태의 분자가 **직접 이동하면서 열을 전달하는 현상**으로 매질이 직접 움직인다. ㉡ 유체의 밀도 차이와 부력에 의해 **분자들이 이동**하여 열이 이동하는 현상 **[대류 현상의 예]** • 주전자 아래쪽을 가열하여 물을 끓이면 물이 전체적으로 따뜻해진다. • 보일러를 켜면 방 전체가 따뜻해진다. • 에어컨은 위쪽에 설치하고, 난로는 아래쪽에 설치한다. • 공기의 대류가 일어나 수증기가 응결하여 구름이 되는 과정을 거치면서 기상현상이 일어난다.
	자연대류	유체에 열이 가해져 발생한 유체 내의 온도차에 의한 **밀도 차이만**으로 발생하는 대류이다. **[주전자의 물 끓이기]** 액체나 기체의 경우 뜨거운 부분이 다른 부분으로 이동하여 열을 전달하는 방법으로 자연적인 대류 현상은 중력이 작용하는 공간에서 밀도 차이에 의하여 일어난다. 열을 받아 뜨거워진 액체는 부피가 커지면서 가벼워지므로 위쪽으로 이동한다. 위쪽으로 열을 잃고 차가워진 액체는 부피가 작아져 무거워지므로 아래쪽으로 이동한다. 이러한 과정이 계속 순환하여 매질이 직접 이동하면서 열을 전달하는 현상이 대류이다.
	강제대류	펌프 및 송풍기 등으로 강제적으로 대류를 발생시키는 것이다. **[실내 냉난방]** 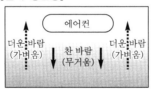
		자연대류에서의 열전달계수는 강제대류에서의 열전달계수보다 작다. $Q = hA(T_w - T_f)$ [여기서, h: 대류열전달계수, A: 면적, T_w: 벽온도, T_f: 유체온도]
전도 (푸리에 법칙)		㉠ 물체 내의 **이웃한 분자들의 연속적인 충돌에 의해 열(Q)이 물체의 한 부분에서 다른 부분으로 이동하는 현상**으로, 뜨거운 부분의 분자들은 활발하게 운동하므로 주변의 다른 분자들과 충돌하여 열을 전달한다. 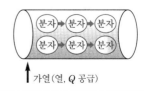

	ⓒ 고체 물체 내에서 발생하는 유일한 열전달이며 **고체, 액체, 기체에서 다 발생할 수 있다. 주로 고체 내에서 발생한다.** ⓒ 열전도도가 큰 순서는 고체 > 액체 > 기체이다. [전도 현상의 예] • 청진기가 몸에 닿을 때 차갑게 느껴진다. • 뜨거운 국에 넣어 둔 숟가락이 점점 뜨거워진다. • 프라이팬의 아래쪽을 가열하면 전체가 뜨거워진다. • 뜨거운 물에 손을 넣으면 뜨겁게 느껴진다. $$Q = KA\left(\dfrac{dT}{dx}\right)$$ [여기서, K: 열전도계수, A: 면적, dT: 온도차, dx: 벽 두께]
복사 (스테판–볼츠만 법칙)	ⓐ 물질을 거치지 않고 열에너지가 **전자기파의 형태로 직접 열을 이동시키는 현상**으로, 복사에 의한 **열의 이동 속도는 빛의 속도와 같다.** ⓒ 열이 물질의 도움 없이 직접 전달되는 현상, 즉 매질 없이도 열이 직접 전달되는 것으로 태양에너지가 지구 지표에 도달하는 것이 복사 현상이다. [복사 현상의 예] • 햇볕을 쬐면 따뜻해진다. • 전자레인지로 음식을 데운다. • 난로와 사람 사이에 책을 놓으면 열이 전달되지 않는다. • 무대에서 강한 조명을 받는 부분이 따뜻해진다. • 태양열이 복사에 의해 진공 상태인 우주 공간을 지나 지구에 도달한다. • 전기히터에서 나오는 빛을 쪼이면 따뜻함을 느낄 수 있다. **스테판–볼츠만 법칙**: 흑체가 방출하는 열복사에너지는 절대온도의 4제곱에 비례한다는 법칙이다. $$E_b = \sigma T^4 \fallingdotseq T^4$$ [여기서, σ: 스테판–볼츠만 상수, T: 흑체 표면의 절대온도]

[쉽게 이해하기]

대류	전도	복사
 무를 직접 들고 간다(대류).	 줄 지어 서서 옆 사람에게 무를 전달한다(전도).	 무를 던진다(복사).
분자(매질)가 직접 열을 전달한다. 즉, 매질이 필요하다.	고체라는 매질이 필요하다.	매질이 필요없다.

농부(사람)는 분자이며 무는 열(Q)이다.

• 무를 직접 들고 간다. → 분자가 직접 열을 전달한다.
• 사람끼리 서로 무를 전달한다. → 이웃한 분자들이 충돌하여 열을 전달한다.
• 무를 던진다. → 일정 거리를 둔 물체 사이에서 열만 이동한다.

12

정답 ③

아보가드로의 법칙: 압력과 온도가 같을 때, 모든 가스는 단위 체적 속에 같은 수의 분자를 갖는다는 법칙으로, 압력, 온도가 같을 때 산소 1L, 수소 1L에 들어 있는 분자 수, 즉 각각 1L 부피 속에 들어 있는 산소분자와 수소분자의 수가 똑같다는 것이다.

13

정답 ⑤

열역학 제0법칙	• 열 평형의 법칙 • 물질 A와 B가 접촉하여 서로 열 평형을 이루고 있으면 이 둘은 열적 평형 상태에 있으며 알짜열의 이동은 없다. • 온도계의 원리와 관계된 법칙
열역학 제1법칙	• 에너지 보존의 법칙 • 계 내부의 에너지의 총합은 변하지 않는다. • 물체에 공급된 에너지는 물체의 내부에너지를 높이거나 외부에 일을 하므로 에너지의 양은 일정하게 보존된다. • 열은 에너지의 한 형태로서 일을 열로 변환하거나 열을 일로 변환하는 것이 가능하다. • 열효율이 100% 이상인 제1종 영구기관은 열역학 제1법칙에 위배된다(열효율이 100% 이상인 열기관을 얻을 수 없다).
열역학 제2법칙	• 에너지의 방향성을 명시하는 법칙(열은 항상 고온에서 저온으로 흐른다. 열은 스스로 저온의 물질에서 고온의 물질로 이동하지 않는다) • 열기관에서 작동물질이 일을 하게 하려면 그보다 더 저온인 물질이 필요하다(열은 항상 고온에서 저온으로 이동하기 때문에 열기관에서 더 저온인 물질이 필요하며 열이 이동해야만 공급된 열과 방출된 열의 차이만큼 외부로 일이 만들어지

	기 때문이다). • 비가역성을 명시하는 법칙으로 엔트로피는 항상 증가한다. • 절대온도의 눈금을 정의하는 법칙 • 하나의 열원에서 얻어진 열을 모두 일로 바꾸는 기관은 존재하지 않는다. • 열효율이 100%인 제2종 영구기관은 열역학 제2법칙에 위배된다(열효율이 100% 　인 열기관을 얻을 수 없다). • 외부의 도움 없이 스스로 자발적으로 일어나는 반응은 열역학 제2법칙과 관련이 　있다. • 비가역의 예시: 혼합, 자유팽창, 확산, 삼투압, 마찰, 열의 이동, 화학 반응 등이 　있다. 　참고 자유팽창은 등온으로 간주하는 과정이다.
열역학 제3법칙	• 네른스트의 정의: 어떤 방법에 의해서도 물질의 온도를 절대 영도까지 내려가게 　할 수 없다. • 플랑크의 정의: 모든 물질이 열역학적 평형상태에 있을 때 절대온도가 0에 가까 　워지면 엔트로피도 0에 가까워진다($\lim\limits_{t \to 0} \triangle S = 0$).

■ 열역학 법칙 발견 순서: 1법칙 → 2법칙 → 0법칙 → 3법칙

14
정답 ④

등온변화(정온변화)	온도가 일정한 상태에서의 물질의 상태 변화
등압변화(정압변화)	압력이 일정한 상태에서의 물질의 상태 변화
등적변화(정적변화)	체적(부피)이 일정한 상태에서의 물질의 상태 변화
단열변화	계와 주위 사이의 열(Q) 출입이 없는 변화

15
정답 ③

$$혼합온도 = \frac{(40 \times 25) + (20 \times 15)}{25 + 15} = 32.5℃$$

16
정답 ①

게이-뤼삭 법칙은 샤를의 법칙이다.

샤를의 법칙: 압력이 일정한 상태에서 기체의 부피는 기체의 온도에 비례한다는 법칙이다.

$$\frac{V}{T} = k$$

가열하면 온도가 증가할 것이고 이에 따라 부피(체적)도 비례해서 증가할 것이다. 가열하면 온도가 증가하게 될 것이며 이에 따라 분자가 활발하게 운동하면서 분자 간의 거리가 서로 멀어지게 될 것이고 분자 간의 거리가 멀어지니 부피가 증가하게 되는 것은 당연한 이야기이다.

17

난류는 유량이 증가할 때(동일한 직경의 관이라면 속도가 증가할 때) 또는 점성이 비교적 낮을 때 발생한다.

점성이 비교적 높은 오일은 점성이 비교적 낮은 물보다 안정적으로 층류 유동을 유지한다. 즉, 유체의 점성이 클수록 유량이 많아도 층류 유동을 유지할 수 있다. 안정적이라는 의미는 파이프의 꺾임, 파이프의 표면 거칠기 등 외부의 불규칙적인 변화를 흡수 또는 감쇠한다는 것을 말한다.

18

층류	• 유체입자들이 얇은 층을 이루어서 층과 층 사이에 입자 교환 없이 질서정연하게 미끄러지면서 흐르는 유동이다. • 주로 유량이 작을 때 발생한다.
난류	• 주로 유량이 증가할 때 유체입자의 흐름이 불규칙적으로 되면서 서로 붙어있던 유체입자들이 떨어져 여기저기 흩어지는 무질서한 유동이다. 따라서 유체입자는 무작위로 움직인다.

19

[부양체의 상태]

안정상태	$\overline{MC} > 0$, 경심(M)이 무게중심(C)보다 위에 있을 때 안정하다.
중립상태	$\overline{MC} = 0$, 경심(M)이 무게중심(C)과 같을 때를 중립상태라 한다.
불안정상태	$\overline{MC} < 0$, 경심(M)이 무게중심(C)보다 아래에 있을 때 불안정하다.

※ $\overline{MC}$ = 경심 높이

20

[표면장력의 원리 예시]
• 잔잔한 수면 위에 바늘이 뜨는 이유
• 소금쟁이

[표면장력]
• 응집력이 부착력보다 큰 경우에 표면장력이 발생한다.
• 액체 표면이 스스로 수축하여 되도록 작은 면적을 취하려는 힘의 성질을 말한다.
• 분자 사이에 작용하는 힘에 따라 분자가 서로 접촉하여 응축하려고 하며, 이에 따라 표면적이 적은 원 모양이 되려고 한다. 또한, 모든 방향으로 같은 크기의 힘이 작용하여 합력은 0이다.
• 수은 > 물 > 비눗물 > 에탄올 순으로 크며, 합성 세제 및 비누 같은 계면활성제는 물에 녹아 물의 표면장력을 감소시킨다. 또한, 표면장력은 온도가 높아지면 낮아진다.
• 표면장력이 클수록 분자 간의 인력이 강하기 때문에 증발하는 데 시간이 많이 걸린다.

- 표면장력의 단위는 N/m이며, 표면장력은 물의 냉각효과를 떨어뜨린다.
- 물방울의 표면장력은 $\dfrac{\triangle Pd}{4}$, 비눗방울은 얇은 2개의 막을 가지므로 $\dfrac{\triangle Pd}{8}$
- 물에 함유된 염분은 표면장력을 증가시킨다.

21
정답 ①

직선 원관 내에서의 손실은 부차적 손실(국부저항손실)이 아닌 **직접적인 손실이다.**

22
정답 ③

[선반 주축을 중공축으로 하는 이유]
- 긴 가공물 고정을 편리하게 하여 가공을 용이하게 하기 위해
- 비틀림응력 및 굽힘응력에 대한 강화를 위해
- 주축 무게를 줄여 베어링에 작용하는 하중을 줄이기 위해

23
정답 ⑤

[그리나 발트식 소결기의 특징]
① 항상 동일한 조업이 가능하다.
② 냄비를 고정하여 장입 밀도의 변화가 없다.
③ 1기가 고장나도 기타 소결냄비로 조업이 가능하다.
④ 대량생산은 부적합하다.
⑤ 배기장치의 누풍량이 많다.

24
정답 ⑤

압연된 강판이 소둔 공정을 통해 새로운 결정 조직을 갖게 되는데 이러한 소둔 공정을 거친 강판은 가공에 약간 무리가 있고 스크레처라는 선이 강판 표면에 나타난다. 이러한 이유로 소둔 강판을 바로 실용화시킬 수 없다. 따라서 냉간가공에 의해 재질을 개선하고 형상을 교정하기 위해 조질압연 공정을 실시한다.

⑤ 잔류 오스테나이트를 마텐자이트 조직으로 완전히 변태시키는 것은 심랭 처리(서브제로 처리)의 목적이다.

✓ 잔류 오스테나이트는 강을 담금질 했을 때 오스테나이트가 전부 마텐자이트로 변태하지 못하고 일부가 그대로 남게 되는데 이것을 잔류 오스테나이트라고 한다. 이 잔류 오스테나이트는 방치하면 서서히 마텐자이트로 변태하게 되면서 팽창하게 되어 크랙이나 치수변화 등의 결함을 초래할 수 있어 심랭 처리를 통해 잔류 오스테나이트를 마텐자이트로 변태시켜 제거해야 한다.

25

kgm는 질량 단위이기 때문에 단순히 2kg이라고 생각하고 접근하면 된다.

문제에 1.8kg으로 측정되었다고 서술되어 있다(1kgf 무게를 1kg으로 표시하기도 한다. 질량으로 혼동하지 않고 무게라는 것을 파악해야 한다).

✓ Tip: 용수철 저울은 무게를 측정하는 기구이다.

여기서 질량 2kg인 물체가 지구에 있다면 지구의 중력가속도에 의해 지구에서의 무게는 19.6N이다. 무게(W)는 질량(m)×중력가속도(g)이기 때문이다(지구에서의 중력가속도: 9.8m/s²).

지구에서의 무게는 19.6N=2kgf 이다. [단, 1kgf=9.8N]

여기서 다른 행성에서의 무게가 1.8kg=1.8kgf이다. 즉, 이 행성의 중력가속도는 지구 중력가속도 (9.8m/s²)보다 약간 작다. 지구에서의 물체 무게는 2kgf이고 행성에서는 1.8kgf이므로 중력가속도가 더 작게 작용하고 있음을 알 수 있기 때문이다.

※ 질량 단위 kg과 무게 단위 kgf의 정의를 정확히 이해하고 있다면 눈으로도 빠르게 풀 수 있는 문제이다.

26

• 부력은 아르키메데스의 원리이다.
• 물체가 밀어낸 부피만큼의 액체 무게라고 정의된다(물체에 의해 배제된 액체의 무게와 같다).
• 어떤 물체에 가해지는 부력은 그 물체가 대체한 유체의 무게와 같다.
• 어떤 물체가 유체 안에 있으면, 물체가 잠긴 부피만큼의 유체의 무게가 부력과 같다.
• 부력은 중력과 반대방향으로 작용(수직상향의 힘)한다.
• 부력은 결국 대체된 유체의 무게와 같다.
• 부력이 생기는 이유는 유체의 압력차 때문이다. 구체적으로, 유체에 의한 압력은 $P = \gamma h$에 따라 깊이가 깊어질수록 커지게 된다. 즉, 한 물체가 물속에 있다면 상대적으로 깊은 부분과 얕은 부분 (윗면과 아랫면)이 생긴다. 따라서 더 깊이 있는 부분이 더 큰 압력을 받아 위로 향하는 힘, 즉 부력이 생기게 된다.

■ 부력 = $\gamma_{액체} V_{잠긴 부피}$
■ 공기 중에서의 물체 무게 = 부력 + 액체 중에서의 물체 무게

27

CAD(Computer Aided Design)는 컴퓨터를 사용하여 설계하는 것을 의미한다. 즉, 컴퓨터에 저장된 프로그램을 이용하여 제도하고 설계하는 것으로 제도자가 사용 프로그램에 적합한 명령어를 입력하거나 메뉴를 선택하여 모니터에 도면으로 그려지는 방식이다.

[CAD 장단점]
• 도면의 기본 요소인 선, 원, 점의 정확한 작도가 가능하다.
• 도면 관리가 용이하고, 도면 요소의 편집 및 수정이 용이하다.
• 제도시간 단축으로 인한 생산성 및 품질이 향상된다.
• 정확하고 신속하게 계산할 수 있다.

[CAD의 효과]
- 설계시간의 단축으로 인한 설계비용을 절감할 수 있다.
- 신속함과 정확성으로 인한 납기 단축으로 생산성이 향상된다.
- 표준화, 즉 생산자와 설계자 간의 정확한 의사 전달이 가능하다.
- 설계 자료가 도면이 아니고 데이터로 이루어져 보관이 편리하다.
- 프로그램에서 정확하고 신속한 계산이 이루어져 질적 향상을 도모할 수 있다.
- 초기설계 및 설계변경, 편집이 신속하게 이루어져 편리하다.
- CAD 자체로도 구조해석 등이 가능하다.

[CAM]
CAM(Computer Aided Manufacturing)은 2D CAD를 기반으로 한 3D 모델링을 함으로써 제품을 제조하는데 제품 생산 시간을 단축, 품질 향상, 원가 절약 등을 통해 제조 업체의 경쟁력을 향상시킨다. 그리고 제품의 생산을 최적화하는 데 사용되며 CAD 데이터를 NC 프로그램으로 만들어서 CNC 공작기계로 보내는 데 주로 사용된다.
※ CAM의 과정: 곡선 정의 – 곡면 정의 – 공구경로 생성 – NC코드 생성 – DNC 전송

참고

- DNC(Direct Numerical Control): 직접 수치 제어로 PC에서 CNC로 NC 데이터를 송수신하는 S/W이다.
- CNC(Computer Numerical Control): 컴퓨터 수치제어로 컴퓨터를 내장시켜 프로그램을 조정할 수 있어서 오류가 거의 없다. CNC를 활용한 공작기계가 CNC 공작기계이다.
- NC 공작기계: 기계를 만드는 기계인 공작기계를 자동화한 것으로 정밀성은 좋으나 기능과 방법 등의 정보가 고정되어 오류가 발생할 수 있다.
- CAE(Computer Aided Engineering): 제품의 설계에 대한 해석을 하는 데 사용되는 것으로 CAD 데이터를 구조해석 등을 통해 검증 및 최적화를 한다.

28
정답 ④

리드	나사가 1회전할 때 축 방향으로 나아가는 거리로 나사의 줄수(n) × 나사의 피치(p)로 계산할 수 있다.
나사산	나사의 골과 골 사이의 높은 부분을 말한다.
나사골	나사에서 오목 들어간 낮은 홈 부분을 말한다.
파치	나사산 사이의 거리 또는 골 사이의 거리를 말한다.
유효지름	나사의 골지름(d_1)과 바깥지름(d_2)의 평균 값이다.
호칭지름	• 나사의 바깥지름을 말한다. • 수나사의 산마루에 접하는 가상적인 지름이다.
안지름	암나사의 산마루에 접하는 가상적인 지름이다.
골지름	수나사 및 암나사의 골에 접하는 가상적인 지름으로 골지름은 수나사에서는 최소 지름, 암나사에서는 최대 지름에 해당한다.

29

유효장력(T_e)	동력 전달에 필요한 회전력으로 긴장측 장력(T_t) − 이완측 장력(T_s)이다.
초기장력(T_0)	일반적인 벨트 전동은 이가 없이 오로지 마찰력으로 동력을 전달한다. 따라서 운전 전에 미리 벨트에 장력을 가해 벨트가 팽팽해지도록 만들어야 벨트가 풀리와 찰싹 잘 접촉될 것이다. 그래야 마찰력이 더 많이 생기고 그 마찰력으로 동력을 더 잘 전달할 수 있다. 즉, 운전 전에 미리 벨트의 팽팽함을 만들기 위해 가해주는 장력이 바로 초기장력이며 아래와 같이 구할 수 있다. $T_0 = \dfrac{T_t + T_s}{2}$ [단, T_0: 초기장력, T_t: 긴장측 장력, T_s: 이완측 장력]

30

등류(균속도): 거리에 관계없이 속도가 일정한 흐름이다. 즉, $\dfrac{dV}{dS} = 0$인 흐름을 의미한다.

31

우리가 자주 접하는 일의 단위는 J(N·m)이다. 일이란 힘과 이동거리의 곱으로 단위는 N·m이 되며 이것을 우리는 J이라고 표현한다.

하지만, 문제에는 kg·m의 단위로 출제되었다. 여기서 우리는 일의 단위가 N·m라는 것을 알기 때문에 kg·m에서 kg은 힘의 단위라는 것을 알 수 있다.

즉, 일의 단위 kgf·m가 kg·m로 표현된 것이다(무게의 단위 kgf를 편의상 kg으로 표현하기도 한다).

3톤은 3,000kg이고 여기에 중력가속도 $9.8\mathrm{m/s^2}$을 곱해주면 3,000kgf = 29,400N가 도출된다.

※ 무게(W)는 질량(m)×중력가속도(g)이기 때문이다(지구에서의 중력가속도: 9.8m/s²).

즉, 호이스트가 한 일 = 3,000kgf×27m이므로 81,000kgf·m = 81,000kg·m = $81×10^3$kg·m가 도출된다.

32

동력: 단위시간당 한 일을 의미한다.

[동력의 단위]

1KW	102kg · m/s, 860kcal/hr
1HP	76kg · m/s, 641kcal/hr
1PS	75kg · m/s, 632kcal/hr

30마력 = 30PS이므로 아래와 같이 계산한다.

30PS×1시간 = 30×632kcal/hr×1hr = 18,960kcal

33

밀도는 단위부피당 질량값으로 단위는 kg/m^3 또는 $N \cdot s^2/m^4$이다.

$F = ma$ 즉, $N = (kg)(m/s^2)$이다.

$N \cdot s^2/m^4$에 N 대신 $(kg)(m/s^2)$를 대입하면 $(kg)(m/s^2)(s^2)/m^4$이 되며 결국 kg/m^3의 단위가 된다는 것을 알 수 있다.

즉, 문제에 나온 단위는 그냥 우리가 익히 알고 있는 밀도의 기본 단위인 kg/m^3이라고 생각하고 풀면 실수를 줄이고 쉽게 풀 수 있다.

액체의 무게 90kg = 90kgf라고 주어져 있으므로 액체의 질량은 90kg이다.

[무게 x kgf라고 주어지면 질량 x kg이다.]

$\therefore$ 밀도$(\rho) = \dfrac{질량}{부피} = \dfrac{m}{V} = \dfrac{90kg}{3m^3} = 30kg/m^3$이 도출된다.

34

[금속침투법(시멘테이션)]

재료를 가열하여 표면에 철과 친화력이 좋은 금속을 표면에 침투시켜 확산에 의해 합금 피복층을 얻는 방법이다. 금속침투법을 통해 재료의 내식성, 내열성, 내마멸성 등을 향상시킬 수 있다.

칼로라이징	철강 표면에 **알루미늄(Al)**을 확산 침투시키는 방법으로 확산제로는 알루미늄, 알루미나 분말 및 염화암모늄을 첨가한 것을 사용하며, 800~1,000℃ 정도로 처리한다. 또한, 고온산화에 견디기 **위해서** 사용된다.
실리콘나이징	철강 표면에 **규소(Si)**를 침투시켜 **방식성을 향상**시키는 방법이다.
보로나이징	표면에 **붕소(B)를** 침투 확산시켜 경도가 높은 보론화층을 형성시키는 방법으로 **저탄소강의** 기어 이 표면의 **내마멸성 향상**을 위해 사용된다. 경도가 높아 처리 후 담금질이 불필요하다.
크로마이징	강재 표면에 **크롬(Cr)**을 침투시키는 방법으로 **담금질한 부품을** 줄질 할 목적으로 사용되며 **내식성이 증가**된다.
세라다이징	고체 **아연(Zn)**을 침투시키는 방법으로 원자 간의 상호 확산이 일어나며 **대기 중 부식방지 목적으로 사용**된다.

35

세라믹: 도기라는 뜻으로 점토를 소결한 것이며 알루미나 주성분에 Cu, Ni, Mn을 첨가한 것이다.

[세라믹의 특징]
- 세라믹은 1,200℃까지 경도의 변화가 없다.
- 냉각제를 사용하면 쉽게 파손되므로 냉각제는 사용하지 않는다.
- 세라믹은 이온결합과 공유결합 상태로 이루어져 있다.
- 세라믹은 금속과 친화력이 적어 구성인선이 발생하지 않는다.
- 고온경도가 우수하며 열전도율이 낮아 내열제로 사용된다.

• 충격에 약하며 세라믹은 금속산화물, 탄화물, 질화물 등 순수화합물로 구성되어 있다.
• 원료가 풍부하기 때문에 대량 생산이 가능하다.

✓ 세라믹에 포함된 불순물에 가장 크게 영향을 받는 기계적 성질: 횡파단강도

36
정답 ④

[레이놀즈수]

$$레이놀즈수(Re) = \frac{\rho Vd}{\mu} = \frac{관성력}{점성력}$$

점성력에 대한 관성력의 비로 층류와 난류를 구분해주는 무차원수이다(파이프, 잠수함, 관유동 등의 역학적 상사에 적용).

■ 평판의 임계레이놀즈: 500,000(50만)
  [단, 관 입구에서 경계층에 대한 임계레이놀즈: 600,000]
■ 개수로 임계레이놀즈: 500
■ 상임계 레이놀즈수(층류에서 난류로 변할 때): 4,000
■ 하임계 레이놀즈수(난류에서 층류로 변할 때): 2,000~2,100
■ 층류는 $Re < 2,000$, 천이구간은 $2,000 < Re < 4,000$, 난류는 $Re > 4,000$

일반적으로 임계 레이놀즈라고 하면, 하임계 레이놀즈수를 말한다.

✓ 레이놀즈와 마하수: 펌프나 송풍기 등 유체기계의 역학적 상사에 적용하는 무차원수

37
정답 ③

[연속 방정식 _ 질량 보존 법칙 기반]
$$Q = A_1 V_1 = A_2 V_2$$

[베르누이 방정식 _ 에너지 보존 법칙 기반]
• 베르누이 방정식에 필요한 가정: 정상류, 비압축성, 유선을 따라 입자가 흘러야 한다. 비점성(마찰이 존재하지 않는다)
• $\frac{\rho}{\gamma} + \frac{V^2}{2g} + Z = C$, 즉 압력수두 + 속도수두 + 위치수두 = Constant
• 압력수두 + 속도수두 + 위치수두 = 에너지선, 압력수두 + 위치수두 = 수력구배선

38
정답 ⑤

[유체]
• 액체나 기체와 같이 흐를 수 있는 물질
  예 공기, 물, 수증기 등
• 유체라고 하면 액체랑 기체 둘 다를 의미한다. 따라서 다음과 같은 문제가 나오기도 한다.

Q. 유체는 온도가 증가하면 점성이 감소한다. (○/×)
A. ×

해설: 기체는 온도가 증가하면 분자의 운동이 활발해져 서로 분자끼리 충돌하면서 운동량을 교환하여 점성이 증가합니다. 하지만 액체는 온도가 증가하면 응집력이 감소하여 점성이 감소합니다. 문제에서는 유체는 이라고 나왔으므로 유체는 기체와 액체 둘 다를 의미하기 때문에 점성의 증감을 확정지을 수 없습니다. 따라서 X입니다.

• 일정한 모양이 없고, 담는 용기의 모양에 따라 달라진다.
• 고체에 비해 변형하기 쉽고 자유로이 흐르는 특성을 지닌다.
• 유체의 어느 부분에 힘을 가하면 유체 전체가 움직이지 않고 힘을 받은 유체층만 움직인다.
• 아무리 작은 전단력이라도 저항하지 못하고 연속적으로 변형하는 물질이다.

✓ 해당 문제는 유체의 기본 정의로 공기업에서 가장 많이 출제되는 유체 정의 문제이다. 19년 한국가스 안전공사, 20년 인천교통공사 등 다수 공기업에서 기출되었다.

39
정답 ⑤

유압장치는 매개체로 기름을 사용하므로 비압축성이다. 작동 매개체로 공기를 사용하는 공압장치는 공기이므로 압축성이 있다. 따라서 유압장치는 비압축성 작동 매개체를 사용하므로 입력를 준대로 압축되지 않고 바로 응답이 이루어진다. 그래서 응답이 빠르다. 그리고 유압장치는 원격조작이 가능하며 무단변속이 가능하다는 기본 특징이 있다. 즉, 속도를 변화시킬 수 있으므로 답은 ⑤이다.

[유압장치의 특징]
• 입력에 대한 출력의 응답이 빠르다.
• 유량의 조절을 통해 무단변속이 가능하다.
• 소형장치로 큰 출력을 얻을 수 있다.
• 에너지의 축적이 가능하다.
• 과부하에 대해 안전장치로 만드는 것이 용이하다.
• 자동제어 및 원격제어가 가능하다.
• 방청과 윤활이 자동적으로 이루어진다.
• 수동 또는 자동으로 조작할 수 있다.
• 각종 제어밸브에 의한 압력, 유량, 방향 등의 제어가 간단하다.
• 유온의 영향을 받으면 점도가 변하여 출력효율이 변화할 수 있다.
• 인화의 위험이 있다.
• 전기회로에 비해 구성작업이 어렵다.
• 고압에서 누유의 위험이 있다.
• 기름 속에 공기가 포함되면 압축성이 커져 유압장치의 동작이 불량해진다.
• 먼지나 이물질에 의한 고장의 우려가 있다.
• 공기압보다 작동속도가 떨어진다.
• 에너지 손실이 크다.

40

정답 ③

유압펌프에서 기계적 에너지를 유압에너지로 바꾼다. 그 유압에너지를 이용하여 기계적 에너지로 변환시키는 것이 액추에이터(유압실린더, 유압모터 등)이다.

02 한국전력공사 기출문제 **정답 및 해설**

01	③	02	③	03	④	04	①	05	④	06	③	07	①	08	④	09	④	10	②
11	③	12	④	13	②	14	②	15	②										

01
정답 ③

[레이놀즈수]

레이놀즈수$(Re) = \dfrac{\rho Vd}{\mu} = \dfrac{\text{관성력}}{\text{점성력}}$

점성력에 대한 관성력의 비로 층류와 난류를 구분해주는 무차원수이다.

■ 평판의 임계레이놀즈: 500,000(50만) [단, 관 입구에서 경계층에 대한 임계레이놀즈: 600,000]

■ 개수로 임계레이놀즈: 500

■ 상임계 레이놀즈수(층류에서 난류로 변할 때): 4,000

■ 하임계 레이놀즈수(난류에서 층류로 변할 때): 2,000~2,100

■ 층류는 $Re < 2000$, 천이구간은 $2,000 < Re < 4,000$, 난류는 $Re > 4,000$

일반적으로 임계레이놀즈라고 하면, 하임계 레이놀즈수를 말한다.

02
정답 ③

오일러 좌굴 응력은 세장비(λ)의 제곱에 반비례한다(세장비: 기둥이 얼마나 가는지를 알려주는 척도).

$\sigma_B = n\pi^2 \dfrac{EI}{AL^2}$ [여기서, n: 단말계수, E: 종탄성계수, I: 단면 2차 모멘트, A: 단면적, L: 길이]

$K = \sqrt{\dfrac{I}{A}}$ 이므로 대입하면, [여기서, K: 회전반경]

$\sigma_B = n\pi^2 \dfrac{EI}{AL^2} = n\pi^2 \dfrac{EK^2}{L^2}$

세장비(λ)는 $\dfrac{L}{K}$이므로 대입하면, $\sigma_B = n\pi^2 \dfrac{EI}{AL^2} = n\pi^2 \dfrac{EK^2}{L^2} = n\pi^2 \dfrac{E}{\lambda^2}$

03
정답 ④

[베르누이 방정식 _ 에너지 보존 법칙 기반]

• 베르누이 방정식에 필요한 가정: 정상류, 비압축성, 유선을 따라 입자가 흘려야 한다. 비점성(마찰이 존재하지 않는다)이어야 한다.

• $\dfrac{\rho}{\gamma} + \dfrac{V^2}{2g} + Z = C$, 즉 압력수두 + 속도수두 + 위치수두 = Constant

• 압력수두 + 속도수두 + 위치수두 = 에너지선, 압력수두 + 위치수두 = 수력구배선

✓ 오일러 운동 방정식은 압축성을 기반으로 한다(나머지는 베르누이 방정식 가정과 동일).

04

정답 ①

[클라우지우스 적분값]

클라우지우스 적분값	
가역일 때	비가역일 때
$\oint \dfrac{\delta Q}{T} = 0$	$\oint \dfrac{\delta Q}{T} < 0$

문제에서는 비가역일 때를 물어봤기 때문에 답은 $\oint \dfrac{\delta Q}{T} < 0$이 된다. 어떠한 조건도 명시되어 있지 않다면 가역일 때와 비가역일 때를 동시에 만족해야 하므로 클라우지우스 적분값은 $\oint \dfrac{\delta Q}{T} \leq 0$으로 표현이 된다.

✓ 조심: 만약 문제에 열역학 제2법칙이라는 기준이 있다면 클라우지우스 적분값은 $\oint \dfrac{\delta Q}{T} < 0$이다. 열역학 제2법칙은 비가역을 명시하는 법칙이다. 따라서 비가역에서의 클라우지우스 적분값은 $\oint \dfrac{\delta Q}{T} < 0$이 되는 것이다.

05

정답 ④

$n = \infty$	정적변화(isochoric)
$n = 1$	등온변화(isothermal)
$n = 0$	정압변화(isobaric)
$n = k$	단열변화(adiabatic)

✓ 영어표현도 반드시 숙지해야만 한다. 공기업에서 간혹 출제되는 부분이다.

06

정답 ③

열역학 제0법칙	• 열 평형의 법칙 • 물질 A와 B가 접촉하여 서로 열 평형을 이루고 있으면 이 둘은 열적 평형 상태에 있으며 알짜열의 이동은 없다. • 온도계의 원리와 관계된 법칙
열역학 제1법칙	• 에너지 보존의 법칙 • 계 내부의 에너지의 총합은 변하지 않는다. • 물체에 공급된 에너지는 물체의 내부에너지를 높이거나 외부에 일을 하므로 에너지의 양은 일정하게 보존된다. • 열은 에너지의 한 형태로서 일을 열로 변환하거나 열을 일로 변환하는 것이 가능하다. • 열효율이 100% 이상인 제1종 영구기관은 열역학 제1법칙에 위배된다(열효율이 100% 이상인 열기관을 얻을 수 없다).

열역학 제2법칙	• 에너지의 방향성을 명시하는 법칙(열은 항상 고온에서 저온으로 흐른다. 열은 스스로 저온의 물질에서 고온의 물질로 이동하지 않는다) • 열기관에서 작동물질이 일을 하게 하려면 그보다 더 저온인 물질이 필요하다(열은 항상 고온에서 저온으로 이동하기 때문에 열기관에서 더 저온인 물질이 필요하며 열이 이동해야만 공급된 열과 방출된 열의 차이만큼 외부로 일이 만들어지기 때문이다). • 비가역성을 명시하는 법칙으로 엔트로피는 항상 증가한다. • 절대온도의 눈금을 정의하는 법칙 • 하나의 열원에서 얻어진 열을 모두 일로 바꾸는 기관은 존재하지 않는다. • 열효율이 100%인 제2종 영구기관은 열역학 제2법칙에 위배된다(열효율이 100%인 열기관을 얻을 수 없다). • 외부의 도움 없이 스스로 자발적으로 일어나는 반응은 열역학 제2법칙과 관련이 있다. • 비가역의 예시: 혼합, 자유팽창, 확산, 삼투압, 마찰, 열의 이동, 화학 반응 등이 있다. 참고 자유팽창은 등온으로 간주하는 과정이다.
열역학 제3법칙	• 네른스트의 정의: 어떤 방법에 의해서도 물질의 온도를 절대 영도까지 내려가게 할 수 없다. • 플랑크의 정의: 모든 물질이 열역학적 평형상태에 있을 때 절대온도가 0에 가까워지면 엔트로피도 0에 가까워진다. $(\lim_{t \to 0} \triangle S = 0)$

✓ 열역학 법칙 발견 순서: 1법칙 → 2법칙 → 0법칙 → 3법칙

07
정답 ①

[종탄성계수(E, 세로탄성계수, 영률), 횡탄성계수(G, 전단탄성계수), 체적탄성계수(K)의 관계식]

$mE = 2G(m+1) = 3K(m-2)$ [여기서, m : 푸아송수]

푸아송수(m)과 푸아송비(ν)는 서로 역수의 관계를 갖기 때문에 위 식이 아래처럼 변환된다.

$E = 2G(1+\nu) = 3K(1-2\nu)$ [여기서, ν : 푸아송비]

$\to 200 = 2G(1+0.25) \to 200 = 2G \times 1.25 = 2.5G$

$\therefore G = 80\text{GPa}$

08
정답 ④

압력제어밸브(일의 크기를 결정)	릴리프밸브, 감압밸브, 시퀀스밸브, 카운터밸런스밸브, 무부하밸브(언로딩밸브), 압력스위치, 이스케이프밸브, 안전밸브, 유체퓨즈
유량제어밸브(일의 속도를 결정)	교축밸브(스로틀밸브), 유량조절밸브, 집류밸브, 스톱밸브, 바이패스유량제어밸브
방향제어밸브(일의 방향을 결정)	체크밸브(역지밸브), 셔틀밸브, 감속밸브, 전환밸브, 포핏밸브, 스풀밸브

09

상태	• 평형상태에서 온도, 압력, 체적 또는 비체적과 같은 일정한 특성치에 의해 정해지는 것을 말한다. • 열역학적으로 평형은 **열적 평형, 역학적 평형, 화학적 평형** 3가지가 있다.		
성질	• 각 물질마다 특정한 값을 가지며 **상태함수** 또는 **점함수**라고도 한다. • 경로에 관계없이 계의 상태에만 관계되는 양이다[단, **일**과 **열량**은 경로에 의한 경로함수 = 도정함수이다].		
상태량의 종류	**강도성 상태량**	• 물질의 질량에 관계없이 그 크기가 결정되는 상태량이다. (세기의 성질, intensive property이라고도 한다) • 압력, 온도, 비체적, 밀도, 비상태량, 표면장력	
	종량성 상태량	• 물질의 질량에 따라 그 크기가 결정되는 상태량으로 그 물질의 질량에 정비례 관계가 있다. • 체적, 내부에너지, 엔탈피, 엔트로피, 질량	

✓ 점함수는 완전미분(전미분) 또는 편미분이 모두 가능하다. 하지만, 과정함수(경로함수)는 편미분으로만 가능하다.

✓ 비상태량(모든 상태량의 값을 질량으로 나눈 값)은 강도성 상태량으로 취급한다.

✓ 기체상수는 열역학적 상태량이 아니다.

✓ 열과 일은 에너지지 열역학적 상태량이 아니다.

10

[금속의 특징]
• 수은을 제외하고 상온에서 고체이며 고체 상태에서 결정구조를 갖는다(수은은 상온에서 액체이다).
• 광택이 있고 빛을 잘 반사하며 가공성과 성형성이 우수하다.
• 연성과 전성이 우수하며 가공하기 쉬우며 자유전자가 있기 때문에 열전도율과 전기전도율이 좋다.
• 열과 전기의 양도체이며 일반적으로 비중과 경도가 크며 용융점이 높은 편이다.
• 열처리를 하여 기계적 성질을 변화시킬 수 있으며 **이온화하면 양(+)이온이 된다**.
• 대부분의 금속은 응고 시 수축한다(단, 비스뮤트(Bi, 창연)와 안티몬(Sb)은 응고 시 팽창한다).

11

• **완전탄성충돌**($e = 1$): 충돌 전후의 전체 에너지가 보존된다. 즉, 충돌 전후의 운동량과 운동에너지가 보존된다[충돌 전후의 질점의 속도가 같다].
• **완전비탄성충돌(완전소성충돌, $e = 0$)**: 충돌 후 반발되는 것이 전혀 없이 한 덩어리가 되어 충돌 후 두 질점의 속도는 같다. 즉, 충돌 후 상대속도가 0이므로 반발계수는 0이 된다. 또한, 전체 운동량은 보존되나 운동에너지는 보존되지 않는다.
• **불완전탄성충돌(비탄성충돌, $0 < e < 1$)**: 운동량은 보존되나 운동에너지는 보존되지 않는다.

12

정답 ④

숏피닝: 숏피닝은 샌드 블라스팅의 모래 또는 그릿 블라스팅의 그릿 대신에 경화된 작은 강구를 금속의 표면에 분사시켜 피로강도 및 기계적 성질을 향상시키는 가공 방법이다.

[숏피닝의 특징]
- 숏피닝은 일종의 냉간가공법이다.
- 숏피닝 작업에는 청정작업과 피닝작업이 있다.
- 소재의 두께가 두꺼울수록 숏피닝의 효과가 크다.
- 숏피닝은 표면에 강구를 고속으로 분사하여 표면에 압축잔류응력을 발생시키기 때문에 피로한도 및 피로수명을 증가시킨다. → 숏피닝은 **표면에 압축잔류응력을 발생시켜 피로한도를 증가시키므로 반복하중이 작용하는 부품에 적용시키면 효과적이다. 즉, 주로 반복하중이 작용하는 스프링에 적용시켜 피로한도를 높이는 것은 숏피닝이다.**
- ✓ 인장잔류응력은 응력부식균열을 발생시킬 수 있으며 피로강도와 피로수명을 저하시킨다. 또한, 잔류응력이 존재하는 표면을 드릴로 구멍을 뚫으면 그 구멍이 타원형상으로 변형될 수 있다.

[숏피닝의 종류]
- 압축공기식: 압축공기를 노즐에서 숏과 함께 고속으로 분사시키는 방법으로 노즐을 이용하기 때문에 임의의 장소에서 노즐을 이동시켜 구멍 내면의 가공이 편리하다.
- 원심식: 압축공기식보다 생산능률이 높으며 고속 회전하는 임펠러에 의해서 가속된 숏을 분사시키는 방법이다.
- ✓ 숏피닝에 사용하는 주철 강구의 지름: 0.5~1.0mm
- ✓ 숏피닝에 사용하는 주강 강구의 지름: 평균적으로 0.8mm

13

정답 ②

- 재료가 견딜 수 있는 최대응력을 극한강도(인장강도)라고 한다.
- **후크의 법칙은 비례한도 내에서 응력(σ)과 변형률(ε)이 비례하는 법칙이다.**
  즉, $\sigma = E\varepsilon$가 되며 E는 탄성계수이다. 마찬가지로 $\tau = G\gamma$에도 적용된다.
  [여기서, τ: 전단응력, G: 횡탄성계수(전단탄성계수), γ: 전단변형률]
- 응력은 외력이 작용 시에 변형에 저항하기 위해 발생하는 내력을 단면적으로 나눈 값이다.
- 푸아송비(ν) = $\dfrac{\text{가로변형률}}{\text{세로변형률}}$ = 세로변형률에 대한 가로변형률의 비이다.

★ 여러 금속의 푸아송비

코르크	유리	콘크리트
0	0.18~0.3	0.1~0.2
강철(Steel)	알루미늄	구리
0.28	0.32	0.33
티타늄	금	고무
0.27~0.34	0.42~0.44	0.5

↑ 위 표의 수치는 공기업 및 공무원에서 자주 출제되는 내용이기 때문에 반드시 암기해야 한다.

14

$T(\text{비틀림 모멘트}) = \tau Z_p = \tau \frac{\pi d^3}{16}$ [여기서, Z_p: 극단면계수, d: 부재의 지름]

15

피에조미터는 정압을 측정하는 장치이다.

[비중을 측정하는 방법]
- 아르키메데스의 원리를 사용하는 방법
- 비중병(피크노미터)을 사용하는 방법
- 비중계를 사용하는 방법
- U자관을 사용하는 방법

03 한국철도공사(코레일) 기출문제 정답 및 해설

01	①	02	③	03	③	04	③	05	②	06	②	07	②	08	③	09	③	10	②
11	①	12	③	13	④	14	③	15	④	16	③	17	②	18	③	19	③	20	③
21	②	22	④	23	②	24	④	25	②										

01

정답 ①

[수명시간(L_h)]

$$L_h = 500 \times \frac{33.3}{N} \times \left(\frac{C}{P} \right)^r$$

[여기서, N: 회전수(rpm), C: 기본동적부하용량(기본 동정격하중), P: 베어링 하중]

• 볼베어링일 때 $r = 3$

• 롤러베어링일 때 $r = \dfrac{10}{3}$

[정격수명(수명회전수, 계산수명, L_n)]

$$L_n = \left(\frac{C}{P} \right)^r \times 10^6 \, rev$$

[여기서, C: 기본동적부하용량(기본 동정격하중), P: 베어링 하중]

※ 기본동적부하용량(C)가 베어링 하중(P)보다 크다.

문제에서는 롤러베어링에 대해 물어보았으므로 수명시간은 아래와 같다.

$$L_h = 500 \times \frac{33.3}{N} \times \left(\frac{C}{P} \right)^{\frac{10}{3}}$$

∴ 롤러베어링의 수명은 베어링 하중(P)의 10/3 제곱에 반비례함을 알 수 있다.

✎ 필수 암기 ....

간혹 속도계수 등을 구하는 문제가 실제 시험에 출제되기도 한다.

베어링 종류	볼베어링	롤러베어링
수명시간	$L_h = 500 f_h^3$	$L_h = 500 f_h^{\frac{10}{3}}$
수명계수	$f_h = f_n \left(\dfrac{C}{P} \right)$	$f_h = f_n \left(\dfrac{C}{P} \right)$
속도계수	$f_n = \left(\dfrac{33.3}{N} \right)^{\frac{1}{3}}$	$f_n = \left(\dfrac{33.3}{N} \right)^{\frac{3}{10}}$

02

[몰리에르 선도]

P–H 선도 (몰리에르_냉동)	• 세로(종축)가 "압력", 가로(횡축)가 "엔탈피"인 선도 • 냉동기의 크기 결정. 압축기 열량 결정. 냉동능력 판단. 냉동장치 운전 상태. 냉동기의 효율 등을 파악할 수 있다.
H–S 선도 (몰리에르_증기)	• 세로(종축)가 "엔탈피", 가로(횡축)가 "엔트로피"인 선도 • 증기 관련 해석

✓ 문제처럼 냉동기 관련 몰리에르라고 언급이 되어 있지 않을 경우에는 H–S선도를 선택하시면 된다. 심지어 실제 문제에서는 P-H 선도가 보기에 없어 답을 고르기 수월했을 것이다.

03

탄소강의 기본 조직	페라이트, 펄라이트, 시멘타이트, 오스테나이트, 레데뷰라이트
여러 조직의 경도 순서	시멘타이트(C) > 마텐자이트(M) > 트루스타이트(T) > 베이나이트(B) > 소르바이트(S) > 펄라이트(P) > 오스테나이트(A) > 페라이트(F) ✎ 암기법 시멘트 부어! 시..ㅂ.. 팔 아파..
담금질 조직 경도 순서	마텐자이트 > 트루스타이트 > 소르바이트 > 오스테나이트 (담금질 조직 종류: M, T, S, A) ← 부산교통공사 기출 내용
담금질에 따른 용적(체적) 변화가 큰 순서	마텐자이트 > 소르바이트 > 트루스타이트 > 펄라이트 > 오스테나이트 마텐자이트가 용적(체적)변화가 커서 팽창이 큰 이유는 고용된 γ고용체가 고용-α로 변태하기 때문이고 오스테나이트가 펄라이트로 변화하는 것은 위의 변화와 함께 고용탄소가 유리탄소로 변화하기 때문이다. 여기서 γ가 α로 변태할 때 팽창하지만 고용탄소가 유리탄소로 변태할 때는 수축하게 된다. 따라서 완전한 펄라이트로 변태되면 마텐자이트보다 수축되어 있다. 즉, 펄라이트량이 많을수록 팽창량이 적어진다.

04

[풀이 1]

※ 물방울의 표면장력$(\sigma) = \dfrac{\triangle PD}{4} = \dfrac{\triangle PR}{2} \rightarrow \triangle P = \dfrac{2\sigma}{R}$

※ 비눗방울의 표면장력$(\sigma) = \dfrac{\triangle PD}{8} = \dfrac{\triangle PR}{4} \rightarrow \triangle P = \dfrac{4\sigma}{R}$

W(일)은 F(힘) × 거리이므로 아래와 같이 표현할 수 있다. 팽창되는 동안 이동한 거리는 dR이다.

$dW = \triangle PA(dR) = \triangle P(4\pi R^2)dR$ [여기서, A는 구의 면적]

$$= \dfrac{4\sigma}{R}(4\pi R^2)dR = 16\pi\sigma RdR$$

양변을 적분한다. 적분구간은 반지름이 10cm에서 30cm로 팽창할 때까지로 잡는다. 그 이유는 10cm에서 30cm로 팽창하는 동안 필요한 일을 구하는 것이기 때문이다.

$$\int dW = 16\pi\sigma \int_{R_1}^{R_2} R\,dR$$

$$W = 16\pi\sigma\left[\frac{1}{2}R^2\right]_{R_1}^{R^2} = 16\pi\sigma\left(\frac{1}{2}R_2^2 - \frac{1}{2}R_1^2\right) = 8\pi\sigma(R_2^2 - R_1^2)$$

$$= 8\pi\sigma(R_2^2 - R_1^2) = 8\times3\times0.4\text{dyne/cm}\times(30^2 - 10^2)$$

단, $1\text{dyne} = 10^{-5}\text{N}$이다. 따라서 단위를 N으로 변환시켜야 한다. 그 이유는 문제에서 일(J)을 구하라고 했기 때문이다. $J = N\cdot m$이므로 N(뉴턴)이 포함된 단위로 변환시켜줘야 한다는 것이다.

$$W = 8\times3\times0.4\times10^{-5}\text{N/cm}\times(30^2 - 10^2)$$

$$= 0.0768\,\text{N}\cdot\text{cm} = 0.0768\text{N}\times0.01\text{m} = 0.000768\text{N}\cdot\text{m}(=\text{J})$$

✓ 1dyne은 1g의 질량을 1cm/s^2의 가속도로 움직이게 하는 힘으로 정의된다.

✓ 물방울의 경우는 $\triangle P = \dfrac{2\sigma}{R}$을 대입하여 동일한 방법으로 계산하면 된다.

[풀이 2]

※ 물방울의 표면장력$(\sigma) = \dfrac{\triangle PD}{4} = \dfrac{\triangle PR}{2} \rightarrow \triangle P = \dfrac{2\sigma}{R}$

※ 비눗방울의 표면장력$(\sigma) = \dfrac{\triangle PD}{8} = \dfrac{\triangle PR}{4} \rightarrow \triangle P = \dfrac{4\sigma}{R}$

■ 구의 구피(V): $\dfrac{4}{3}\pi R^3$ (비눗방울은 구 형상이다.)

$$V = \frac{4}{3}\pi R^3 \xrightarrow{\text{양변을 } R(\text{반지름})\text{에 대해서 미분}} \frac{dV}{dR} = 4\pi R^2$$

$$\therefore dV = 4\pi R^2 dR \text{ (아래에 대입할 것이다)}$$

$$W(\text{일}) = \int P\,dV = \int \frac{4\sigma}{R}dV = \int \frac{4\sigma}{R}4\pi R^2 dR = \int_{R_1}^{R_2} 16\pi\sigma R\,dR = 16\pi\sigma\int_{R_1}^{R_2}R\,dR$$

$$= 16\pi\sigma\left[\frac{1}{2}R^2\right]_{R_1}^{R^2} = 16\pi\sigma\left(\frac{1}{2}R_2^2 - \frac{1}{2}R_1^2\right)$$

$$= 8\pi\sigma(R_2^2 - R_1^2) = 8\times3\times0.4\text{dyne/cm}\times(30^2 - 10^2)$$

(풀이 1과 동일하게 나옴을 알 수 있다.)

참고

표면장력 단위	
S.I 단위	C.G.S 단위
$N/m = J/m^2 = kg/s^2$ $[1J = 1N\cdot m,\ 1N = kg\cdot m/s^2]$	$dyne/cm = erg/m^2$ $[1dyne = 1g\cdot cm/s^2 = 10^{-5}N]$
1dyne	1g의 질량을 1cm/s^2의 가속도로 움직이게 하는 힘으로 정의 $[1dyne = 1g\cdot cm/s^2 = 10^{-5}N]$
1erg	1dyne(다인)의 힘이 그 힘의 방향으로 물체를 1cm 움직이는 일로 정의 $[1erg = 1dyne\cdot cm = 10^{-7}J]$

↑ 위 표에서 1erg의 단위와 관련되어 물어보는 문제가 2019년 인천국제공항공사에서 출제된 바가 있다. 꼭 알아야 하는 개념이므로 해당 단위 개념까지 숙지하자.

05
정답 ②

[뉴턴의 점성법칙 이용]

$$\tau = \mu \frac{du}{dy} = \mu \left[\frac{500y - (4.5 \times 10^{-6})y^3}{dy} \right] = \mu(500 - 3 \times 4.5 \times 10^{-6}y^2)$$

벽면에서의 전단응력이므로 $y = 0$이다. 따라서 위 식의 y에 0을 대입하면 아래와 같이 된다.

$$\tau = \mu(500 - 3 \times 4.5 \times 10^{-6}y^2) = \mu \times 500 = (4 \times 10^{-3}) \times 500 = 2\text{Pa}$$

06
정답 ②

① 반주철: 함유된 탄소 일부가 유리흑연으로 존재하며 나머지는 화합탄소(시멘타이트, Fe_3C)로 존재하는 주철이다. 즉, 회주철과 백주철의 중간의 성질을 가진 주철이다.

② 가단주철: 보통 주철의 여리고 약한 인성을 개선시키기 위해 백주철을 장시간 풀림 처리하여 탄소의 상태를 분해시키고 소실시켜 인성과 연성을 증가시킨 주철이다. 인장강도는 $30{\sim}40\text{kgf/mm}^2$이다.

③ 칠드주철: 금형에 접촉한 부분만 급랭에 의해 경화된 주철로 냉경주철이라고도 불린다.

④ 합금주철: 주철에 특수한 성질을 주기 위해 특수원소를 첨가한 주철이다.

07
정답 ②

[전도]

$$Q = kA\frac{dT}{dx} \quad [\text{여기서, } k: \text{열전도율(J/m·h·°C), A: 전열면적, } dx: \text{판의 두께}]$$

$$1,000 = 2.5 \times 4 \times \frac{T_1 - 100}{0.02} \quad \therefore T_1 = 102°\text{C}$$

08
정답 ③

[단순응력_하중의 종류가 1개만 작용하고 있는 상태]

다음 그림은 인장하중 P가 작용하는 봉의 경사 단면 A−B에 발생하는 수직응력과 전단응력의 상태를 도시한 것이다.

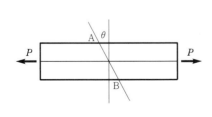
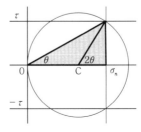

우측 그림의 모어원에서 음영된 직각삼각형을 이용하여 경사각 θ를 구해본다. 직각삼각형에서 $\tan\theta = \dfrac{\tau}{\sigma_n}$ 가 된다.

문제에서 임의의 경사 단면에 발생하는 수직응력(σ_n)과 전단응력(τ)의 크기가 동일하다고 나왔으므로 $\tan\theta = \dfrac{\tau}{\sigma_n} = 1$이 된다. 즉, $\tan\theta = 1$이므로 θ는 45°가 된다.

	0°	30°	45°	60°	90°
$\sin\theta$	0	$\dfrac{1}{2}$	$\dfrac{\sqrt{2}}{2}$	$\dfrac{\sqrt{3}}{2}$	1
$\cos\theta$	1	$\dfrac{\sqrt{3}}{2}$	$\dfrac{\sqrt{2}}{2}$	$\dfrac{1}{2}$	0
$\tan\theta$	0	$\dfrac{1}{\sqrt{3}}$	1	$\sqrt{3}$	∞

※ $\tan\theta = \dfrac{\sin\theta}{\cos\theta}$ (위 표는 기본으로 알고 있어야 한다. 간혹 이 자체로 시험에 나오기도 한다.)

09　　　　　정답 ③

단열과정은 외부와의 열 출입이 없으므로 $\delta Q = 0$이 된다. 따라서 엔트로피 변화량($\triangle S$)은 $\triangle S = \dfrac{\delta Q}{T}$이므로 $\triangle S = \dfrac{\delta Q}{T} = \dfrac{0}{T} = 0$이 된다. 즉, $\triangle S = 0$이므로 엔트로피 변화량은 0이며 이에 따라 단열 과정에서 등엔트로피 변화(엔트로피가 변하지 않음)가 일어난다는 것을 알 수 있다.

10　　　　　정답 ②

$$\text{속도비}(i) = \frac{N_2}{N_1} = \frac{D_1}{D_2} = \frac{Z_1}{Z_2} \rightarrow \frac{1}{3} = \frac{Z_1}{Z_2} = \frac{30}{Z_2} \rightarrow \therefore Z_2 = 90\text{개}$$

$$C = \frac{D_1 + D_2}{2} = \frac{m(Z_1 + Z_2)}{2} \quad [D = mZ \text{ 이므로}]$$

$$= \frac{3(30 + 90)}{2} = 180$$

11　　　　　정답 ①

$$W = \tau A = \tau(2al) = \tau[2h(\cos 45°)l] = \tau 2h\frac{\sqrt{2}}{2}l = \tau hl\sqrt{2}$$

$$W = \tau hl\sqrt{2} = 50\text{MPa} \times 20\text{mm} \times 180\text{mm} \times \sqrt{2} = 180,000\sqrt{2}\,\text{N} = 180\sqrt{2}\,\text{kN}$$

12

① 콘스탄탄: 구리(Cu)-니켈(Ni) 40~50% 합금으로 온도계수가 작고 전기저항이 커서 전기저항선이나 열전대의 재료로 많이 사용된다.

② 실루민(알팩스): 알루미늄(Al)-규소(Si)계 합금으로 소량의 망간(Mn)과 마그네슘(Mg)이 첨가되기도 한다. 주조성이 양호한 편이고 공정반응이 나타나며 시효경화성은 없다. 그리고 절삭성이 불량한 특징을 가지고 있다.

③ 톰백: 구리(Cu)-아연(Zn) 5~20%, 강도가 낮지만 전연성이 우수하여 금대용품, 화폐, 메달에 사용되며 황금색을 띤다.

④ 켈밋: 구리(Cu)에 납(Pb)이 30~40% 함유된 합금으로 고속 고하중의 베어링용 재료로 사용된다. 켈밋 합금에는 주로 편정반응이 나타난다.

13

$\triangle S_{총합}$＝상 변화는 없고 온도 변화만 있는 구간에서의 엔트로피 변화＋온도변화는 없고 오직 상의 변화만 있는 구간에서의 엔트로피 변화

즉, 현열구간(상 변화는 없고 온도 변화만 있는 구간)과 잠열구간(온도변화는 없고 오직 상의 변화만 있는 구간)에서 엔트로피 변화량을 각각 구하여 더하면 총 엔트로피 변화량인 $\triangle S_{총합}$를 구할 수 있다.

1. 현열구간에서의 $\triangle S_{현열구간}$: 매우 친절하게도 문제에 주어져 있다. 그 값은 1.36kJ/K이다.

2. 잠열구간에서의 $\triangle S_{잠열구간}$: 물에서 증기로 변하는 상 변화에만 오로지 필요한 열은 증발잠열이며 그 값은 539kcal/kg이다. 즉, 100℃의 물 1kg이 100℃의 증기로 상 변화하는 데 필요한 증발잠열은 539kcal이다.

★ 암기사항

문제에서는 kJ이므로 단위를 바꿔야 한다. 1kcal＝4,180J이므로 539kcal＝2,253,020J＝2,253kJ이 된다. 상 변화 시 온도는 100℃이므로 절대온도로 환산 시 373K가 된다.

$\rightarrow \dfrac{2,253\text{kJ}}{373\text{K}}＝6.04\text{kJ/K}$가 도출된다.

따라서 $\triangle S_{총합}＝\triangle S_{현열구간}＋\triangle S_{잠열구간}＝1.36＋6.04＝7.4\text{kJ/K}$가 최종 답으로 도출된다.

14

[층류유동일 때 관 벽의 허용전단응력]

$\tau ＝ \dfrac{\triangle Pd}{4L}$ [여기서, τ: 허용전단응력, $\triangle P$: 압력손실, d: 관의 직경, L: 관의 길이]

$\rightarrow 100 ＝ \dfrac{\triangle P \times 0.1}{4 \times 20} \rightarrow \therefore \triangle \text{P}＝80,000\text{Pa}＝80\text{kPa}$

✓ 주의: 관의 반경이 주어져 있으므로 반드시 직경으로 바꾸어 수치를 대입해야 한다. 준비생들이 가장 많이 하는 실수로, 반지름(반경)과 지름(직경)을 꼼꼼하게 체크하여 문제를 풀어야 한다.

15

[주철의 조직에 미치는 원소의 영향]

인(P)	쇳물의 유동성을 좋게 하며, 주물의 수축을 적게 한다. 하지만 너무 많이 첨가되면 단단해지고 균열이 생기기 쉽다.
탄소(C)	탄소는 시멘타이트와 흑연 상태로 존재한다. 냉각속도가 느릴수록 흑연화가 쉬우며 규소가 많을수록 흑연화를 촉진시키고 망간이 적을수록 흑연화 방지가 덜 되기 때문에 흑연의 양이 많아진다. 또한, 탄소함유량이 증가할수록 용융점이 감소하여 녹이기 쉬워 주형 틀에 부어 흘려보내기 쉬우므로 주조성이 좋아진다.
규소(Si)	규소를 첨가하면 흑연의 발생을 촉진시켜 응고 수축이 적어 주조하기 쉬워진다. 조직상 C를 첨가하는 것과 같은 효과를 낼 수 있다.
망간(Mn)	망간은 황과 반응하여 황화망간(MnS)로 되어 황의 해를 제거하며 망간이 1% 이상 함유되면 주철의 질을 강하고 단단하게 만들어 절삭성을 저하시킨다. 그리고 수축률이 커지므로 1.5% 이상을 넘어서는 안된다. 적당한 망간을 함유하면 내열성을 크게 할 수 있다.
황(S)	유동성을 나쁘게 하며 그에 따라 주조성을 저하시킨다. 또한, 흑연의 생성을 방해하고 고온취성을 일으킨다. 즉, 취성이 발생하므로 강도가 현저히 감소된다.

🖉 암기법
• 흑연화촉진제: Ni Ti Co P Al Si
• 흑연화방지제: Mo S Cr V Mn W

16

W(와트)는 J/s이다. 따라서 400W 전열기로 30분(1,800초) 동안 가열했을 때, 투입(공급)된 열량(Q)은 $400W \times 1,800s = 400J/s \times 1,800s = 720,000J = 720kJ$로 도출된다.

물을 20°C에서 100°C로 가열하기 위해 필요한 현열(상의 변화에는 영향을 주지 않고 실제 온도만을 높이는 데 쓰이는 열)은 $Q = cm\triangle T$이다.

(단, Q: 열량, c: 비열, m: 질량, $\triangle T$: 온도변화이며 물의 경우는 1L = 1kg으로 본다. 따라서 물 0.5L = 0.5kg이다. 그리고 물의 비열(c)는 4,180J/kg°C 이다)

$Q = cm\triangle T = 4,180J/kg°C \times 0.5kg \times (100°C - 20°C) = 167,200J = 167.2kJ$

상의 변화에는 영향을 주지 않고 실제 온도만을 높이는 데 쓰이는 열이 167.2kJ이고 전열기에 의해 공급된 열이 720kJ이다. 그렇다면 나머지 열은 어디로 갔을까? 그것이 바로 열손실이다. 즉, 실제 공급된 열이 720kJ인데 실제 쓰인 열이 167.2kJ이라면 열손실은 720 - 167.2 =약 553kJ이 된다.

※ 물의 경우 1L = 1kg인 이유
• $1L = 0.001m^3$
• 물의 밀도(ρ) = $1,000kg/m^3 = 1,000kg/1,000L = 1kg/1L$이다. 즉, 물 1L당 물 1kg이 들어있다는 것을 알 수 있다.

17

$M_{\max} = \sigma Z$ [여기서, $M_{\max}$: 최대굽힘모멘트, σ: 굽힘응력, Z: 단면계수]

보의 단면이 폭이 b, 높이가 h인 직사각형이므로 단면계수(Z)는 $\dfrac{bh^2}{6}$이다.

최대굽힘모멘트($M_{\max}$)는 고정단에서 발생하게 된다. 작용하중(P)으로부터 가장 멀리 떨어져 있기 때문이다. 모멘트는 "힘×거리"이므로 고정단에서의 최대굽힘모멘트는 $M_{\max} = PL$이 된다.

[여기서, L: 하중이 작용하는 위치에서 고정단까지의 거리]

$M_{\max} = \sigma Z \rightarrow PL = \sigma \dfrac{bh^2}{6}$이 된다.

※ 보에 작용하는 굽힘응력(σ)이 일정하고 보의 길이(L)도 일정하기 때문에 작용하는 하중(P)은

단면계수(Z) $= \dfrac{bh^2}{6}$에 비례한다.

$P \propto \dfrac{bh^2}{6} \rightarrow P \propto bh^2$ ($\dfrac{1}{6}$도 고정된 상수값이므로 무시해도 된다)

초기 상황일 때의 하중 $P_1 = bh^2 = 10 \times 5^2 = 250$

폭과 높이의 크기를 서로 바꿨을 때의 하중 $P_2 = bh^2 = 5 \times 10^2 = 500$

폭과 높이의 크기를 서로 바꿨을 때 하중의 크기는 초기 하중의 2배가 됨을 알 수 있다.
(단순히 몇 배인지를 물어봤기 때문에 하중(P)가 어떤 값에 비례하는지만 파악해서 그 크기만 비교해보면 된다.)

18

정답 ③

- 양단고정보의 중심에 집중하중이 작용했을 때의 최대 처짐량($\delta_{\max}$) $= \dfrac{PL^3}{196EI}$

- 단순지지보의 중심에 집중하중이 작용했을 때의 최대 처짐량($\delta_{\max}$) $= \dfrac{PL^3}{48EI}$

→ 단순지지보의 중심에 집중하중이 작용했을 때의 최대 처짐량이 양단고정보의 경우보다 4배가 크므로 $5\text{cm} \times 4 = 20\text{cm}$가 도출된다.

19

정답 ③

[유체]
- 액체나 기체와 같이 흐를 수 있는 물질
  - 공기, 물, 수증기 등
- 유체라고 하면 액체랑 기체 둘 다를 의미한다. 따라서 다음과 같은 문제가 나오기도 한다.

03 한국철도공사(코레일) (통합) 기출문제 정답 및 해설

PART Ⅳ · 정답 및 해설 **171**

Q. 유체는 온도가 증가하면 점성이 감소한다. (○/×)
A. ×

해설: 기체는 온도가 증가하면 분자의 운동이 활발해져 서로 분자끼리 충돌하면서 운동량을 교환하여 점성이 증가합니다. 하지만 액체는 온도가 증가하면 응집력이 감소하여 점성이 감소합니다. 문제에서는 유체는 이라고 나왔으므로 유체는 기체와 액체 둘 다를 의미하기 때문에 점성의 증감을 확정지을 수 없습니다. 따라서 X입니다.

- 일정한 모양이 없고, 담는 용기의 모양에 따라 달라진다.
- 고체에 비해 변형하기 쉽고 자유로이 흐르는 특성을 지닌다.
- 유체의 어느 부분에 힘을 가하면 유체 전체가 움직이지 않고 힘을 받은 유체층만 움직인다.
- 아무리 작은 전단력이라도 저항하지 못하고 연속적으로 변형하는 물질이다.

✓ 해당 문제는 유체의 기본 정의로 공기업에서 가장 많이 출제되는 유체 정의 문제이다.

20

정답 ③

T_e(유효장력) = 1.5kN이며 $T_t = 2\,T_s$이다.

$T_e = T_t$(긴장측 장력) $- T_s$(이완측 장력)이므로 $T_e = 2\,T_s - T_s = T_s$가 된다.

즉, T_s(이완측 장력) = 1.5kN이고, 이것의 2배인 긴장측 장력(T_t)은 3.0kN이 된다.

$\sigma_a = \dfrac{T_t}{bt\eta}$ [여기서, σ_a: 허용인장응력, b: 벨트의 폭, t: 벨트의 두께, η: 이음 효율]

$5 = \dfrac{3,000}{b \times 10 \times 0.8} \rightarrow \therefore b = 75\mathrm{mm}$로 도출된다.

21

정답 ②

극관성모멘트(I_P) $= \dfrac{\pi\,d^4}{32} = \dfrac{3 \times 2^4}{32} = \dfrac{48}{32} = 1.5\mathrm{cm}^4$

22

정답 ④

두 축이 평행한 것	두 축이 교차하는 것	두 축이 엇갈린 것 (평행하지도 교차하지도 않는 것)
평 기어(스퍼 기어), 내접 기어, 헬리컬 기어, 래크와 피니언 등	베벨 기어, 마이터 기어 등	스크류 기어(나사 기어), 하이포이드 기어, 웜 기어 등

23

정답 ②

압력수두 $= \dfrac{P}{\gamma}$ [여기서, P: 압력, γ: 비중량]

압력(P)가 $980\text{kPa} = 980,000\text{Pa}$, 물의 비중량($\gamma$) $= 9,800\text{N/m}^3$이므로 위의 식에 대입하면 아래와 같다.

압력수두 $= \dfrac{P}{\gamma} = \dfrac{980,000}{9,800} = 100\text{m}$

24

정답 ④

시멘타이트의 탄소함유량은 $6.68\%\text{C}$이다. 따라서 탄소함유량이 증가할수록 시멘타이트의 양은 증가한다.

25

정답 ②

[키(Key)에 작용하는 응력]

• 축 회전에 따른 키의 전단응력 $\tau_k = \dfrac{W}{A} = \dfrac{W}{bl} = \dfrac{\frac{2T}{d}}{bl} = \dfrac{2T}{bld}$

• Key 홈 측면의 압축응력 $\sigma_c = \dfrac{W}{A} = \dfrac{W}{tl}$ $\left(If, \ t = \dfrac{h}{2}\text{일 경우}\right) \rightarrow \dfrac{\frac{2T}{d}}{\frac{hl}{2}} = \dfrac{4T}{hld}$

문제에서 $\dfrac{\tau_k}{\sigma_k} = \dfrac{1}{2}$ 이라 했으므로 $\dfrac{\frac{2T}{bld}}{\frac{4T}{hld}} = \dfrac{1}{2}$

$\therefore h = b$

04 인천교통공사 기출문제 정답 및 해설

01	③	02	①	03	④	04	③	05	④	06	③	07	③	08	③	09	②	10	④
11	④	12	②	13	②	14	③	15	③	16	③	17	①	18	③	19	⑤	20	②
21	③	22	④	23	④	24	④	25	③	26	⑤	27	③	28	⑤	29	⑤	30	②
31	③	32	①	33	⑤	34	②	35	③	36	④	37	①	38	⑤	39	④	40	④

01

정답 ③

$Q = AV$ [여기서, Q: 체적유량, A: 면적, V: 속도]

$$= \frac{1}{4}\pi d^2 V = \frac{1}{4} \times 3 \times 1^2 \times 4 = 3 \text{ m}^3/\text{s}$$

02

정답 ①

[이상기체의 특징]
- 분자 자체의 부피가 없다.
- 분자 사이에 작용하는 인력이 없다.

[이상기체 상태 방정식]
$PV = nRT$: 간단하게 변환식이라고 생각하면 된다.
- T(온도)가 주어졌을 때 PV(압력 × 부피)는 어떻게 되는가?
- PV(압력 × 부피)가 주어졌을 때 T(온도)는 어떻게 되는가?

참고

몰(mol): 원자, 분자 등과 같은 매우 작은 입자를 세는 단위이다. 1몰은 6.02×10^{23}개의 입자를 나타내고 이 수를 아보가드로수라고 한다.

- 기체 1몰에 대한 식: $\dfrac{PV}{T} = R \rightarrow PV = RT$

- 기체 n몰에 대한 식: $\dfrac{PV}{T} = nR \rightarrow PV = nRT$

(n배가 되는 이유는 입자수가 n배만큼 많아졌기 때문이다.)

03

정답 ④

물체가 떠 있는 상태(정지 상태)이므로 중성부력 상태(중력 = 부력)라는 것을 알 수 있다.
즉, 중력에 의한 물체의 무게(mg)와 부력이 서로 평형 관계에 있다.

$$mg = \gamma V_{\text{잠긴부피}} \rightarrow \rho_{\text{물체}} Vg = \rho g V_{\text{잠긴부피}} \text{ [여기서, } \rho(\text{밀도}) = \frac{m(\text{질량})}{V(\text{부피})}, \gamma(\text{비중량}) = \rho g]$$

$$\rho_{물체} Vg = \rho_{물} g V_{잠긴부피} \rightarrow 0.6 \times 1,000 \times V = 1,000 V_{잠긴부피}$$

$\dfrac{V_{잠긴부피}}{V} = 0.6$이므로 전체 부피의 60%가 잠겨 있음을 알 수 있다.

04

정답 ③

[응축기]

압축기에서 토출된 고온고압의 냉매가스를 상온 이하의 물이나 공기를 이용하여 냉매가스 중의 열을 제거하여 응축·액화시키는 장치이다. 응축 방식에 따라 공랭식, 수냉식, 증발식 응축기가 있다.

[수냉식 응축기]

㉠ 입형 쉘 엔 튜브식 응축기(Vertical shell & tube condenser): 쉘(shell) 내부에 여러 개의 냉각관을 수직으로 세워 상하 경판에 용접한 구조이다. 쉘 내에는 냉매가, 튜브(tube) 내에는 냉각수가 흐른다.
  • 주로 대형의 암모니아(NH₃) 냉동장치에 사용된다.
  • 수량이 풍부하고 수질이 좋은 곳에 사용된다.
  • 대용량으로 과부하에 잘 견딘다.
  • 설치면적이 작게 들고 옥외설치가 가능하다.
  • 운전 중에 냉각관 청소가 용이하다.
  • 냉각관의 부식이 쉽고 수냉식 응축기 중에서 냉각수 소비량이 가장 많다.
  • 냉매와 냉각수가 평행으로 흐르므로 과냉각이 어렵다.
㉡ 횡형 쉘 엔 튜브식 응축기(Horizontal shell & tube condenser): 쉘 내에는 냉매, 튜브 내에는 냉각수가 역류되어 흐르도록 되어 있다.
  • 프레온 및 암모니아 냉매에 관계 없이 소형, 대형에 사용이 가능하다.
  • 쿨링타워와 함께 사용할 수 있다.
  • 수액기 역할을 할 수 있으므로 수액기를 겸할 수 있다.
  • 전열이 양호하며 입형에 비해 냉각수가 적게 든다.
  • 설치면적이 작게 든다.
  • 능력에 비해 소형 및 경량화가 가능하다.
  • 과부하에 견디지 못하며 냉각관이 부식하기 쉽다.
  • 냉각관의 청소가 어렵다(염산 등의 화학약품을 사용한다).

05

정답 ④

[CNC 프로그래밍 관련 자주 출제되는 주소의 의미]

G00	위치보간	G01	직선보간	G02	원호보간(시계)
G03	원호보간(반시계)	G04	일시정지(휴지상태)	G32	나사절삭기능
M03	주축 정회전	M04	주축 역회전	M06	공구교환
M08	절삭유 공급 on	M09	절삭유 공급 off		

✓ 주소의 의미와 관련된 상세 해설은 뒤에 더 있으니 꼭 참고하여 숙지하자.

06

[KS 강재 기호]

SM	기계구조용 탄소강	GC	회주철	STC	탄소공구강
SBV	리벳용 압연강재	SC	주강품	SS	일반구조용 압연강재
SKH, HSS	고속도강	SWS	용접구조용 압연강재	SK	자석강
WMC	백심가단주철	SBB	보일러용 압연강재	SF	단조품
BMC	흑심가단주철	STS	합금공구강	SPS	스프링강
DC	구상흑연주철	SNC	Ni–Cr 강재	SEH	내열강

✓ STS는 스테인리스강 또는 합금공구강을 지칭한다[KS 기준].
✓ SUS는 스테인리스강 또는 합금공구강을 지칭한다[JIS 기준].

07

냉동능력: 단위시간에 증발기에서 흡수하는 열량을 냉동능력[kcal/hr]이라고 한다.

1냉동톤	1미국냉동톤
0°C의 물 1ton을 24시간 이내에 0°C의 얼음으로 바꾸는 데 제거해야 할 열량 및 그 능력 **1냉동톤(RT)** = 3,320kcal/hr = 3.86kW [1kW = 860kcal/h, 1kcal = 4,180J]	32°F의 물 1ton(2,000lb)을 24시간 동안에 32°F의 얼음으로 만드는 데 제거해야 할 열량 및 그 능력 **1미국냉동톤(USRT)** =3,024kcal/hr

> 참고
>
> 냉동효과: 증발기에서 냉매 1kg가 흡수하는 열량을 말한다.
> → 부록에 관련된 상세 내용이 있으니 꼭 숙지하자.

08

[베인펌프]
회전자에 방사상으로 설치된 홈에 삽입된 베인이 캠링에 내접하여 회전하는 펌프이다.
㉠ 베인펌프의 구성: 입/출구 포트, 캠링, 베인, 로터
㉡ 베인펌프에 사용되는 유압유의 적정점도: 35centistokes(ct)
㉢ 베인펌프의 특징
  • 토출압력의 맥동과 소음이 적고 형상치수가 작다. 베인의 마모로 인한 압력저하가 작아 수명이 길다.
  • 급속시동이 가능하며 호환성이 좋고 보수가 용이하며 압력저하량과 기동토크가 작다.
  • 다른 펌프에 비해 부품의 수가 많으며 **작동유의 점도에 제한이 있다**[35centistokes(ct)].

09

정답 ②

$$\sum F_y = 0 \rightarrow R_a - P = 0$$
$$\therefore \; R_a = P$$

10

정답 ④

[밸브 기호]

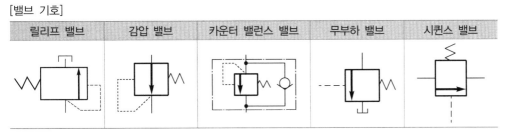

릴리프 밸브	감압 밸브	카운터 밸런스 밸브	무부하 밸브	시퀀스 밸브

11

정답 ④

[목형 제작 시 고려 사항]

수축여유	쇳물이 응고할 때 수축되기 때문에 실제 만들고자 하는 크기보다 더 크게 만들어야 한다. 이것이 수축여유이다. [재료에 따른 수축여유]<table><tr><td>주철</td><td>8mm/1m</td></tr><tr><td>황동, 청동</td><td>15mm/1m</td></tr><tr><td>주강, 알루미늄</td><td>20mm/1m</td></tr></table> 참고 주물자: 주조할 때 쇳물의 수축을 고려하여 크게 만든 자로 "주물의 재질"에 따라 달라진다. 그리고 주물자를 이용하여 만든 도면을 "현도"라고 한다.
가공여유 (다듬질여유)	다듬질할 여유분(절삭량)을 고려하여 미리 크게 만드는 것이다. 즉, 표면거칠기 및 정밀도 요구 시 부여하는 여유이다.
목형구배(기울기여유, 구배여유, 테이퍼)	주물을 목형에서 뽑기 쉽도록 또는 주형이 파손되는 것을 방지하기 위해 약간의 기울기(구배)를 준 것이다. 보통 목형구배는 제품 1m 당 1~2°(6~10mm)의 기울기를 준다.
코어프린트	속이 빈 주물제작 시에 코어를 주형 내부에서 지지하기 위해 목형에 덧붙인 돌기 부분을 말한다. 목형 제작에 있어 현도에만 기재하고 도면에는 기재하지 않는다.
라운딩	용융금속이 응고할 때 주형의 직각방향에 수상정이 발생하여 균열이 생길 수 있다. 이를 방지하기 위해 모서리 부분을 둥글게 하는데 이것을 라운딩이라고 한다.
덧붙임 (stop off)	주물의 냉각 시 내부응력에 의해 변형되기 때문에 이를 방지하고자 설치하는 보강대이다. 즉, 내부응력에 의한 변형이나 휨을 방지하기 위해 사용한다. 주물을 완성한 후에는 잘라서 제거한다.

12

응력의 크기 순서: 극한강도(인장강도) > 항복점 > 탄성한도 > 허용응력 ≧ 사용응력

13

[버니어 캘리퍼스(노기스) 눈금 읽기]

어미자의 $(n-1)$개의 눈금을 n등분한 아들자를 조합하여 만들게 되는데, 19mm의 눈금을 20등분하면 어미자와 아들자의 1눈금 차이가 0.05mm가 된다. 즉, 이것이 읽을 수 있는 최소 눈금이 된다.

$C = \dfrac{S}{n}$ [여기서, C: 최소 측정값, S: 어미자의 한 눈금 간격, n: 아들자의 등분수]

$\therefore\ C = \dfrac{S}{n} = \dfrac{0.5}{25} = \dfrac{1}{50} = 0.02\text{mm}$

14

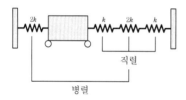

중앙에 물체 및 질점이 박혀 있으면 그 물체 및 질점 기준 좌/우는 병렬 취급으로 간주한다. 먼저 직렬로 연결된 3개의 스프링 시스템의 등가스프링상수(k_e)를 구한다.

$\dfrac{1}{k_e} = \dfrac{1}{k_1} + \dfrac{1}{k_2} + \dfrac{1}{k_3} = \dfrac{1}{k} + \dfrac{1}{2k} + \dfrac{1}{k} = \dfrac{5}{2k}$ 가 되며 양변을 역수시키면 $k_e = \dfrac{2k}{5}$ 가 도출된다. 직렬로 연결된 3개의 스프링 시스템과 맨 좌측에 있는 스프링상수($2k$)의 스프링은 사이에 물체를 두고 있으므로 병렬 취급으로 간주한다. 따라서 아래와 같이 등가스프링상수를 도출하면 된다.

$k_{e(\text{전체})} = k_1 + k_2 = k_1 + k_e = 2k + \dfrac{2k}{5} = \dfrac{12k}{5} = 2.4k$

따라서 위 시스템의 전체 등가스프링상수($k_{e(\text{전체})}$)는 $2.4k$이다.

- 직렬 연결: $\dfrac{1}{k_e} = \dfrac{1}{k_1} + \dfrac{1}{k_2} + \dfrac{1}{k_3} \cdots$ ■ 병렬 연결: $k_e = k_1 + k_2 + k_3 \cdots$

15

★ 열처리 관련 문제는 키포인트 핵심 단어로 암기하여 혼동하지 않고 100% 정답률로 풀기!

[각 열처리의 주된 목적]

담금질	• 탄소강의 강도 및 경도 증대 • 재질의 경화(경도 증대) • 급랭(물 또는 기름)
풀림	• 재질의 연화(연성 증가), 내부응력 제거, 인성 증가 • 균질(일)화, 노 안에서 냉각(노냉)
뜨임	• 담금질한 후 강인성 부여(강한 인성), 인성 개선 • 내부응력 제거
불림	• 결정 조직의 표준화, 균질화 • 결정 조직의 미세화 • 내부응력 제거

✓ 풀림도 인성을 향상시키지만 주목적이 아니다. 인성을 향상시키는 것이 주목적인 것은 "뜨임"이다.
✓ 불림은 기계적·물리적 성질이 **표준화된** 조직을 얻기 때문에 강의 함유된 탄소함유량을 측정하기 용이하여 강의 탄소함유량을 측정하는 데 사용하기도 한다.
✓ 냉각속도: 수랭/유냉 > 공랭 > 노냉 (공랭이 노냉보다 더 빠른 냉각이다)

16

세장비의 제곱에 반비례한다.

$\sigma_B = n\pi^2 \dfrac{EI}{AL^2}$ [여기서, n: 단말계수, E: 종탄성계수, I: 단면 2차 모멘트, A: 단면적, L: 길이]

$K = \sqrt{\dfrac{I}{A}}$ 이므로

$\sigma_B = n\pi^2 \dfrac{EI}{AL^2} = n\pi^2 \dfrac{EK^2}{L^2}$

세장비(λ)는 $\dfrac{L}{K}$ 이므로 대입하면,

$\sigma_B = n\pi^2 \dfrac{EI}{AL^2} = n\pi^2 \dfrac{EK^2}{L^2} = n\pi^2 \dfrac{E}{\lambda^2}$

17

㉠ $\acute{N}$을 60으로 선택한다.

$n = \dfrac{40}{\acute{N}} = \dfrac{40}{60} = \dfrac{2}{3} = \dfrac{2 \times 7}{3 \times 7} = \dfrac{14}{21}$

분할판의 구멍수 21을 선택해서 14구멍씩 돌린다.

ⓒ 기어의 열

$$i = 40\left(\frac{N-\acute{N}}{\acute{N}}\right) = 40\left(\frac{60-61}{60}\right) = 40\left(\frac{-1}{60}\right) = -\frac{40}{60} = -\frac{4\times8}{6\times8} = -\frac{32}{48} = \frac{B}{A}$$

[여기서, A: 마이터 기어쪽의 변환기어 잇수, B: 주축 쪽의 변환기어 잇수]

→ $i < 0$ 이므로 기어 열은 2단 걸이로 한다.

[차동분할법]

• 기어 등을 절삭할 때, 단식분할법으로 산출할 수 없는 수를 산출할 때 사용하는 방법

• ⓔ 61, 71 등의 분할(1008등분까지 가능)

• 변환기어(24(2개), 28, 32, 40, 44, 48, 56, 64, 72, 86, 100 등 12종)

• **차동분할기구의 운동:** 핸들 → 웜과 웜기어 → 변환기어 → 마이터기어 → 분할판

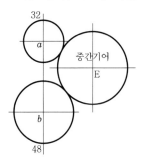

[차동분할 계산 방법]

① 단식분할이 가능한 N에 가까운 수 $\acute{N}$을 가정한다.

② 다음 식으로 단식분할을 한다. $n = \dfrac{40}{\acute{N}}$

③ 변환기어의 차동 기어비(i)를 계산한다.

④ 분할판을 풀어 놓고 주축과 마이터 기어의 축을 연결한다.

※ 2단걸이: $i = 40\left(\dfrac{\acute{N}-N}{\acute{N}}\right) = \dfrac{S}{M}$

※ 4단걸이: $i = 40\left(\dfrac{\acute{N}-N}{\acute{N}}\right) = \dfrac{S}{M} \times \dfrac{A}{B}$

[여기서, i: 차동기어비, $\acute{N}$: 단식분할이 가능한 분할수에 가까운 수, N: 분할수, M: 마이터 기어쪽의 변환기어 잇수, S: 주축 쪽의 변환기어 잇수, $\dfrac{A}{B}$: 4단걸이할 때 중간기어의 잇수비]

> **참고**
> • 단식 **차동분할법**: $i > 0$일 때, 핸들과 분할판의 회전 방향이 같다. 기어의 열은 4단 걸이로 한다.
> • 복식 **차동분할법**: $i < 0$일 때, 분팔판의 회전은 핸들과 반대이다. 기어의 열은 2단 걸이로 한다.

■ **차동분할 계산 방법의 ②번의 세부 세항**

단식분할법은 일반적으로 직접분할법으로 할 수 없을 때 활용된다. 분할 크랭크와 분할판을 사용하

여 분할하는 방법으로 분할 크랭크를 40회전시키면 주축은 1회전하는 원리로 다음과 같은 관계식이 성립한다.

→ $n = \dfrac{40}{N}$ (브라운 샤프형, 신시내티형)

여기서 n은 분할 크랭크의 회전수, N은 일감의 등분 분할수

종류	분할판	원판의 구멍수
브라운 샤프형	NO.1 NO.2 NO.3	5, 16, 17, 18, 19, 20, 21, 23, 27, 29, 31, 33, 37, 38, 41, 43, 47, 49
신시내티형	표면(전면) 이면(후면)	24, 25, 28, 30, 34, 37, 38, 39, 41, 42, 43, 46, 47, 49, 51, 53, 54, 57, 58, 59, 62, 66

[예시 문제로 이해해보기]

ex.1 (17번 문제)

$n = \dfrac{40}{N} = \dfrac{40}{60} = \dfrac{2}{3} = \dfrac{2 \times 7}{3 \times 7} = \dfrac{14}{21}$

분할판의 구멍수 21을 선택해서 14구멍씩 돌린다.

ex.2

밀링작업에서 단식분할로 원주를 13등분하고자 할 때 사용되는 분할판의 구멍수

→ $n = \dfrac{40}{N}$

[여기서, n: 분할 크랭크의 회전수, N: 일감의 등분 분할수]

→ $n = \dfrac{40}{13} = \dfrac{120}{39}$ (분할판의 구멍수로 맞추어야 하므로)

∴ 구멍수 = 39

ex.3

밀링작업에서 단식분할로 원주를 36등분하고자 할 때

→ $n = \dfrac{40}{N}$

여기서 n은 분할 크랭크의 회전수, N은 일감의 등분 분할수

→ $n = \dfrac{40}{36} = 1\dfrac{4}{36} = 1\dfrac{1}{9} = 1\left(\dfrac{1}{9} \times \dfrac{6}{6}\right) = 1\dfrac{6}{54}$ (분할판의 구멍수로 맞추어야 하므로)

∴ 54 구멍줄에서 1회전하고 6구멍씩 이동하면 원주가 36등분된다.

18

정답 ③

$\dfrac{p}{P} = \dfrac{A}{D}$

[여기서, A: 주축에 연결된 기어 잇수, D: 어미나사(리드스크류)에 연결된 기어 잇수]

04. 인천교통공사 기출문제 정답 및 해설

$$\frac{p}{P} = \frac{4 \times \dfrac{5}{127}}{\dfrac{1}{4}} = \frac{80}{127} = \frac{A}{D}$$

∴ A: 80, D: 127

문제에서는 D를 B로 표현했으므로 "A: 80, B: 127" 답을 고르면 된다.

[나사절삭작업]
주축과 리드스크류(어미나사)를 기어에 연결시켜 주축에 회전을 주면 리드스크류도 회전한다. 이때, 리드스크류에 연결된 바이트가 이송하여 나사를 깎는다.

[변환기어 계산 방법]
• 2단 걸기: $\dfrac{\text{공작물(일감)의 피치}}{\text{리드스크류의 피치}} = \dfrac{\text{주축에 끼워야 할 기어 잇수}(A)}{\text{리드스크류에 끼워야 할 기어 잇수}(D)}$

• 4단 걸기: 4단 걸이는 아래 표를 확인한다.

★ 회전비가 1:6보다 작을 때는 단식(2단 걸기)법을 사용하고 1:6보다 클 때는 복식(4단 걸기)법을 사용한다.

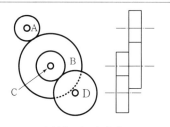

복식(4단 걸기)법

$$\frac{p}{P} = \frac{A}{D} = \frac{A}{B} \times \frac{C}{D}$$

p: 가공물(일감)의 피치(mm)
※ 인치식인 경우는 "1/1인치당 산수"로 대입!

P: 어미나사(리드스크류)의 피치(mm)
※ 인치식인 경우는 "1/1인치당 산수"로 대입!

A: 주축에 연결된 기어 잇수
B: 중간축에 연결된 기어 잇수
C: 중간축에 연결된 기어 잇수
D: 어미나사(리드스크류)에 연결된 기어 잇수

※ 미터식 선반에서 인치나사를 절삭하거나 인치식 선반에서 미터식 나사를 절삭할 때는 127개의 기어가 필요하다. 즉, 리드스크류나 공작물 둘 중에 하나가 인치식인 경우에는 단위 환산을 위해 잇수가 127인 기어는 꼭 들어가야만 한다.

$$\frac{1 \times 5}{25.4 \times 5} = \frac{5}{127}$$

※ 영국식 선반: 리드스크류는 보통 2산/in로 되어 있다.
※ 미국식 선반: 리드스크류는 보통 4산/in, 5산/in, 6산/in 등으로 되어 있다.

19
정답 ⑤

탄소강의 5대 원소: S, P, C, Mn, Si(암기: 황인탄망규)

20

[금속의 성질 비교]

열전도율 및 전기전도율(쉽게 말해 열 또는 전기가 얼마나 잘 흐르는가를 말한다)
Ag > Cu > Au > Al > Mg > Zn > Ni > Fe > Pb > Sb

→ 전기전도율이 클수록 고유저항은 낮아진다. 저항이 낮아야 전기가 잘 흐르기 때문이다.

선팽창계수(선팽창계수는 온도가 1℃ 변할 때 단위길이당 늘어난 재료의 길이를 말한다)
Pb > Zn > Mg > Al > Cu > Fe > Cr ← 최근 2020년 부산환경공단 기출

연성(가래떡처럼 길게 잘 늘어나는 성질이다)
Au > Ag > Al > Cu > Pt > Pb > Zn > Fe > Ni

전성(얇고 넓게 잘 펴지는 성질로 가단성과 같은 의미이다)
Au > Ag > Pt > Al > Fe > Ni > Cu > Zn

21

정답 ③

[유체]

㉠ 액체나 기체와 같이 흐를 수 있는 물질

　　예 공기, 물, 수증기 등

• 유체라고 하면 액체랑 기체 모두를 말한다. 따라서 다음과 같은 문제가 나오기도 한다.

Q. 유체는 온도가 증가하면 점성이 감소한다. (O/×)

A. ×

해설: 기체는 온도가 증가하면 분자의 운동이 활발해져 서로 분자끼리 충돌하면서 운동량을 교환하여 점성이 증가합니다. 하지만 액체는 온도가 증가하면 응집력이 감소하여 점성이 감소합니다. 문제에서는 유체는 이라고 나왔으므로 유체는 기체와 액체 둘 다를 의미하기 때문에 점성의 증감을 확정지을 수 없습니다. 따라서 X입니다.

㉡ 일정한 모양이 없고, 담는 용기의 모양에 따라 달라진다.
㉢ 고체에 비해 변형하기 쉽고 자유로이 흐르는 특성을 지닌다.
㉣ 유체의 어느 부분에 힘을 가하면 유체 전체가 움직이지 않고 힘을 받은 유체 층만 움직인다.
㉤ 아무리 작은 전단력이라도 저항하지 못하고 연속적으로 변형하는 물질

22

정답 ④

파스칼 법칙의 예	유압식 브레이크, 유압기기, 파쇄기, 포크레인, 굴삭기 등
베르누이 법칙의 예	비행기 양력, 풍선 2개 사이에 바람 불면 풍선이 서로 붙음 등
베르누이 법칙의 응용	마그누스의 힘(축구공 감아차기, 플레트너 배 등)

23

깊이가 10m인 곳에서 작용하는 전압력의 작용점 위치($y_{F(10)}$)

$$작용점의\ 위치(y_{F(10)}) = \bar{y} + \frac{I_G}{A\bar{y}} = \bar{y} + \frac{\frac{bh^3}{12}}{A\bar{y}} = 5 + \frac{\frac{6 \times 10^3}{12}}{(10 \times 6) \times 5} = 6.67\text{m}$$

깊이가 6m인 곳에서 작용하는 전압력의 작용점 위치($y_{F(6)}$)

$$작용점의\ 위치(y_{F(6)}) = \bar{y} + \frac{I_G}{A\bar{y}} = \bar{y} + \frac{\frac{bh^3}{12}}{A\bar{y}} = 3 + \frac{\frac{6 \times 6^3}{12}}{(6 \times 6) \times 3} = 4\text{m}$$

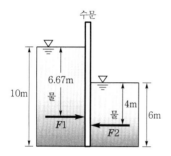

[전압력의 크기]

㉠ 깊이가 10m인 곳에서 작용하는 전압력의 크기(F_1)

$$F_1 = \gamma \bar{h} A$$

[여기서, γ: 유체의 비중량, $\bar{h}$: 수심에서 수문 도심(G)까지의 거리, A: 전압력이 작용하고 있는 수문의 면적]

$$F_1 = \gamma \bar{h} A = 9,800\text{N/m}^3 \times 5\text{m} \times (10 \times 6)\text{m}^2 = 2,940,000\text{N} = 2,940\text{kN}$$

유체가 물이기 때문에 물의 비중량 $\gamma_{\text{H}_2\text{O}} = 9,800\text{N/m}^3$을 대입한 것이다.

$\bar{h}$는 수심에서 수문 도심(G)까지의 거리이다. 즉, 도심(G)은 수문의 중심이기 때문에 수심에서 수문의 중심까지 거리는 10m의 절반값인 5m가 된다.

㉡ 깊이가 6m인 곳에서 작용하는 전압력의 크기(F_2)

$$F_2 = \gamma \bar{h} A = 9,800\text{N/m}^3 \times 3\text{m} \times (6 \times 6)\text{m}^2 = 1,058,400\text{N} = 1058.4\text{kN}$$

유체가 물이기 때문에 물의 비중량 $\gamma_{\text{H}_2\text{O}} = 9,800\text{N/m}^3$을 대입한 것이다.

$\bar{h}$는 수심에서 수문 도심(G)까지의 거리이다. 즉, 도심(G)는 수문의 중심이기 때문에 수심에서 수문의 중심까지 거리는 6m의 절반값인 3m가 된다.

∴ 수문에 작용하는 전압력

$$F_1 - F_2 = 2,940 - 1058.4 = 1,881.6\text{kN}$$

24

정답 ④

[1atm, 1기압]

101325Pa	10.332mH$_2$O	1013.25hPa	1013.25mb
1013250dyne/cm^2	1.01325bar	14.696psi	1.033227kgf/cm^2
760mmhg	29.92126inchHg	406.782inchH$_2$O	−

25

정답 ⑤

[작동유(유압유)의 구비조건]
- 체적탄성계수가 크고 비열이 클 것
- 넓은 온도 범위에서 점도의 변화가 적을 것
- 산화에 대한 안정성이 있을 것
- 착화점이 높을 것
- 물리·화학적인 변화가 없고 **비압축성일 것**
- 인화점, 발화점이 **높을 것**
- 비중이 작고 열팽창계수가 작을 것
- 점도지수가 높을 것
- 윤활성과 방청성이 있을 것
- 적당한 점도를 가질 것
- 유압 장치에 사용하는 재료에 대하여 불활성일 것
- 증기압이 낮고 비등점(끓는점)이 높을 것

26

정답 ⑤

기본단위(base unit)	기본단위는 물리량을 측정할 때, 가장 기본이 되는 단위이다. 기본단위는 총 7가지가 있다.

전류	온도	물질의 양	시간
A(암페어)	K(켈빈)	mol(몰)	s(세크)

길이	광도	질량
m(미터)	cd(칸델라)	kg(킬로그램)

🖉 **암기법** AK mol에서 sm cd(카드) 1kg을 샀다.

유도단위(derived unit)	기본단위에서 유도된 물리량을 나타내는 단위이다. 즉, 기본단위의 곱셈과 나눗셈으로 이루어진다. 기본단위를 조합하면 무수히 많은 유도단위를 만들 수 있다. J은 N·m이다. [단, N은 kg·m/s^{2}이므로 J은 kg·m/s^{2}로 표현될 수 있다] 즉, J은 기본단위인 kg, m, s에서부터 유도된 유도단위라는 것을 알 수 있다. N은 kg·m/s^{2}이므로 기본단위인 kg, m, s에서부터 유도된 유도단위라는 것을 알 수 있다.

27

정답 ③

[모세관 현상]
- 액체의 응집력과 관과 액체 사이의 부착력에 의해 발생된다.
- 물의 경우 응집력보다 부착력이 크기 때문에 모세관 현상이 위로 향한다.
- 수은의 경우 응집력이 부착력보다 크기 때문에 모세관 현상이 아래로 향한다.
- 관의 경사져도 액면상승높이에는 변함이 없다.
- 접촉각이 90°보다 클 때(둔각일 때)는 액체의 높이가 하강하고, 0~90°(예각)일 때는 상승한다.

[모세관 현상의 예]
- 고체(파라핀) → 액체 → 모세관 현상으로 액체가 심지를 타고 올라간다.
- 식물은 토양 속의 수분을 모세관 현상에 의해 끌어올려 물속에 용해된 영양물질 흡수한다.

[액면상승높이]
- 관의 경우: $\dfrac{4\sigma\cos\beta}{\gamma d}$ [여기서, σ :표면 장력, β: 접촉각]
- 평판일 경우: $\dfrac{2\sigma\cos\beta}{\gamma d}$

28

정답 ⑤

$$Q_2 = T_2 \triangle S = T_2\left(\frac{Q_1}{T_1}\right) = (27+273)\left(\frac{3,000}{327+273}\right) = 1,500\text{kJ}$$

29

정답 ⑤

① $\tau = G\gamma$이므로 $\dfrac{\tau}{\gamma} = G$가 도출되므로 맞는 보기이다.

② 탄성계수가 클수록 같은 양을 변형시키는 데 보다 더 큰 힘이 필요하다는 것을 의미한다. 따라서 재료가 강하다고 볼 수 있으므로 탄성계수가 클수록 구조물 재료에 적합하다.

③ $\sigma_{열응력} = E\alpha\triangle T$ [여기서, E: 종탄성계수(가로탄성계수), α: 선팽창계수, $\triangle T$: 온도차]
→ 열응력은 봉의 단면적과 무관함을 알 수 있다.

④ 전단하중은 단면에 평행하게 작용하는 하중으로 접선하중이라고도 한다.

⑤ ν(푸아송비)$= \dfrac{\text{가로변형률}}{\text{세로변형률}}$ 이다. 따라서 가로변형률을 세로변형률로 나눈 값이므로 푸아송비는 세로변형률에 대한 가로변형률의 비로 정의된다. 푸아송비는 일반적으로 0~0.5 사이의 값을 갖는다.

30

정답 ②

- ⓐ–ⓑ 베르누이 법칙 사용

$$\frac{P_1}{\gamma} + \frac{V_1^2}{2g} + Z_1 = \frac{P_2}{\gamma} + \frac{V_2^2}{2g} + Z_2 \ \rightarrow \ V_2 = \sqrt{2gH}$$

- ⓐ–ⓒ 베르누이 법칙 사용

$$\frac{P_1}{\gamma} + \frac{V_1^2}{2g} + Z_1 = \frac{P_3}{\gamma} + \frac{V_3^2}{2g} + Z_3 \quad \rightarrow \quad V_3 = \sqrt{2gH}$$

- 연속방정식 사용

$$Q = A_2 V_2 = A_3 V_3$$

$$\rightarrow \frac{1}{4}\pi D^2 \sqrt{2gH} = \frac{1}{4}\pi d^2 \sqrt{2g(H+y)}$$

$$\rightarrow D^2 \sqrt{2gH} = d^2 \sqrt{2g(H+y)}$$

$$\therefore d = D\left(\frac{H}{H+y}\right)^{\frac{1}{4}} \text{이 도출된다.}$$

문제에서는 반지름이므로 2로 나눠주면 $r = \frac{d}{2} = \frac{D}{2}\left(\frac{H}{H+y}\right)^{\frac{1}{4}}$ 가 정답으로 도출된다.

31
정답 ①

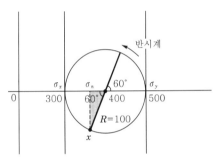

2축 응력 상태를 모어원으로 도시하면 위의 그림처럼 된다.

모어원의 중심은 $\frac{\sigma_x + \sigma_y}{2} = \frac{300+500}{2} = 400$이다. 즉, $x-y$ 그래프의 좌표로 표현하면 모어원의

중심은 (400, 0)이 된다.

모어원의 반지름(R)은 $500 - 400 = 100$이라는 것을 그림을 보면 쉽게 알 수 있다.

우리가 구해야 할 것은 수직응력 σ_n과 전단응력 τ이다. 음영 처리된 직각삼각형을 보자.

$$※ \cos 60° = \frac{\text{음영처리된 직각 삼각형의 밑변}}{R(\text{모어원의 반지름})} = \frac{\text{밑변}}{100} \rightarrow \frac{1}{2} = \frac{\text{밑변}}{100} \quad \therefore \text{밑변} = 50$$

$$※ \sin 60° = \frac{\text{음영처리된 직각 삼각형의 높이}}{R(\text{모어원의 반지름})} = \frac{\text{높이}}{100} \rightarrow 0.866 = \frac{\text{높이}}{100} \quad \therefore \text{높이} = 86.6$$

수직응력 σ_n의 크기는 원점(0, 0)에서부터 σ_n까지의 거리이므로 400 – 직각삼각형의 밑변 = 400 – 50 = 350이 도출된다.

전단응력 τ의 크기는 단순히 직각삼각형의 높이이므로 86.6이 도출된다.

$\therefore$ 수직응력 $\sigma_n = 450\text{MPa}$, 전단응력 $\tau = 86.6\text{MPa}$

32

정답 ①

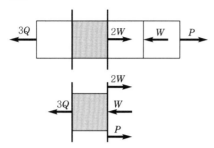

음영된 부분만 잘라 힘을 도시하면 그림과 같이 된다. 그리고 자른 부분의 좌우측의 힘이 서로 평형이 되어야 부재는 안정한 상태를 유지할 것이다. 즉, 좌우측의 힘이 서로 평형상태에 있다는 식을 세워 문제를 처리하면 된다.

$3Q = 2W - W + P = W + P = 4P + P = 5P$

$\therefore Q = \dfrac{5P}{3}$

※ 음영된 부분의 좌측과 우측 단면에 작용하고 있는 모든 합력의 크기가 각각 같아야만 부재는 안정한 상태를 유지할 수 있다. 크기는 같고 서로 방향만 반대이므로 서로 상쇄되어 안정한 상태가 되는 것이다.

33

정답 ⑤

[뉴턴의 점성법칙]

$\tau = \mu \dfrac{du}{dy}$ [여기서, τ: 전단응력, μ: 점성계수, $\dfrac{du}{dy}$: 속도구배, 전단변형률, 각변형률]

※ 절대점도와 점성계수는 동일한 말이다.

34

정답 ②

$1J = 1N \cdot m$이므로 $20{,}000N \cdot m$은 $20{,}000J = 20kJ$이다.

$Q = dU + PdV \;\rightarrow\; 60kJ = dU + 20kJ$

$\therefore dU = 40kJ$

35

정답 ③

$n = \dfrac{Gd^4 \delta}{8PD^3} \;\rightarrow\; \delta = \dfrac{8PD^3 n}{Gd^4} \;\rightarrow\; \delta \propto D^3$ (처짐량은 D의 세제곱에 비례한다)

[여기서, δ: 처짐량, D: 코일의 평균지름, d: 소선의 지름, n: 감김수]

$\therefore$ 코일의 평균지름을 0.5배로 감소시키면 처짐량은 $\left(\dfrac{1}{2}\right)^3 = \dfrac{1}{8}$배가 된다.

36

정답 ④

전기저항 용접법이라고 하면 전기저항의 3대 요소를 떠올려야 한다.

※ 전기저항 용접법의 3대 요소: 가압력, 용접전류, 통전시간

전기저항용접법은 전류를 흘려보내 열을 발생시키고 가압(압력을 가함)하여 두 모재를 접합시킨다. 따라서 전기저항 용접법은 압점법이다.

전기저항 용접법에서 발생하는 저항열(Q, 단위 cal) $= 0.24I^2Rt$ (줄의 법칙)

[여기서, I: 용접전류, R: 전기저항, t: 통전시간]

■ 압점법: 접합 부분에 압력을 가하여 용척시키는 용접 방법

전기저항 용접법	
겹치기 용접	점용접, 심용접, 프로젝션 용접(점심프)
맞대기 용접	플래시 용접, 업셋 용접, 맞대기 심용접, 퍼커션 용접

■ 융접법: 접합부에 금속재료를 가열, 용융시켜 서로 다른 두 재료의 원자 결합을 재배열 결합시키는 방법

융접법의 종류
테르밋 용접, 플라즈마 용접, 일렉트로 슬래그 용접, 가스 용접, 아크 용접, MiG 용접, TiG 용접, 레이저 용접, 전자빔 용접, 서브머지드 용접(불가스, 유니언멜트, 링컨, 잠호, 자동금속아크 용접, 케네디법) 등

37

정답 ①

$$\sigma_{인장} = \frac{P}{A} = \frac{P}{\frac{1}{4}\pi d^2} = \frac{4P}{\pi d^2} = \frac{4 \times 4,000}{3 \times 20^2} = 13.3 \text{MPa}$$

※ 반지름을 계산에 넣어서 답을 선택하는 불상사가 없어야 한다. 대부분의 공식은 반지름(R)보다 지름(d)로 표현되는 경우가 많다. 이로 인해 자기 자신도 모르게 문제에 주어져 있는 반지름(R) 수치를 그대로 대입하여 실수하는 경우가 매우 많다. 실제 시험에서도 반지름으로 문제를 출제하여 많은 수험생들의 실수를 유발하는 경우가 많으므로 항상 조심해야 한다.

38

정답 ⑤

열기관이 가질 수 있는 최대 열효율값은 카르노사이클의 열효율로 계산하면 된다.

$\eta = 1 - \dfrac{T_2}{T_1}$ [여기서, η: 열효율, T_1: 고열원의 온도, T_2: 저열원의 온도]

$$= 1 - \frac{27+273}{327+273} = 1 - \frac{300}{600} = 1 - \frac{1}{2} = 0.5 = 50\%$$

※ 열역학에서 온도는 항상 절대온도로 변환하여 대입해야 한다.

★ $T(\text{K})_{절대온도} = T(℃)_{섭씨온도} + 273.15$

[카르노사이클]

• 카르노사이클은 등온팽창 → 단열팽창 → 등온압축 → 단열압축의 순서로 구성되어 있다.
• 열기관의 이상 사이클로 이상기체를 동작물질로 사용하며 **이론상 가장 높은 효율**을 나타낸다.
• 같은 두 열원에서 사용되는 가역사이클인 카르노사이클로 작동되는 기관은 열효율이 동일하다.
• 카르노사이클의 열효율은 동작물질에 관계없이 두 열저장소의 절대온도에만 관계된다.
• 동작물질의 밀도가 높으면 마찰이 발생하여 효율이 떨어지므로 동작물질의 밀도가 낮은 것이 좋다. 다만, 카르노사이클의 효율은 동작물질과 관계가 없다. 동작물질의 밀도에만 관계가 있다. 즉, 동작물질을 이상기체로 사용하기 때문에 동작물질과 관계가 없다는 말을 동작물질의 종류와 관계가 없다고 보는 것이 맞다. 하지만, 동작물질의 양 자체인 밀도가 클수록 마찰이 생겨 열효율이 저하된다고 이해하면 된다.
• 카르노사이클의 열효율은 열량의 함수로 온도의 함수를 치환할 수 있다.
• 열의 공급은 등온과정에서만 이루어지지만, 일의 전달은 단열과정과 등온과정에서 둘 다 일어난다.

39

정답 ④

① **인발가공**: 금속봉이나 관 등을 다이를 통해 축 방향으로 잡아당겨 지름을 줄이는 가공법이다.
② **압출가공**: 소재를 용기에 넣고 높은 압력을 가하여 다이 구멍으로 통과시켜 형상을 만드는 가공법이다. 또한 선재나 관재, 여러 형상의 일감을 제조할 때 재료를 용기 안에 넣고 램으로 높은 압력을 가해 다이 구멍으로 밀어내면 재료가 다이를 통과하면서 가래떡처럼 제품이 만들어진다.
③ **전조가공**: 재료와 공구를 각각 또는 함께 회전시켜 재료 내부나 외부에 공구의 형상을 시키는 특수 압연법이다. 대표적인 제품으로는 나사와 기어가 있으며 절삭칩이 발생하지 않아 표면이 깨끗하고 재료의 소실이 거의 없다. 또한 강인한 조직을 얻을 수 있고 가공 속도가 빨라서 대량 생산에 적합하다.
④ **압연가공**: 회전하는 한 쌍의 롤 사이로 소재를 통과시켜 두께와 단면적을 감소시키고 길이 방향으로 늘리는 가공법이다.
⑤ **단조가공**: 소재를 일정 온도 이상으로 가열하고 해머 등으로 타격하여 모양이나 크기를 만드는 가공법이다.

40

정답 ④

$v_x = v_L + x(v_v - v_L)$	
v_x	건도가 x인 습증기의 비체적
v_L	포화액체의 엔탈피(L: Liquid)
v_v	건포화증기의 엔탈피(V: vapor)
x	건도

수증기에 의한 일(W) $= PdV$ [여기서, P: 압력, dV: 체적(부피)변화량]

초기 상태 습증기의 비체적 $(v_1) = \dfrac{V_1}{m} = \dfrac{0.8\text{m}^3}{4\text{kg}} = 0.2\text{m}^3/\text{kg}$

가열하여 습증기의 건도가 0.9가 되었을 때, 최종 상태 습증기의 비체적 (v_2)

$v_x = v_L + x(v_v - v_L)$ 식을 사용한다.

$v_{0.9} = v_2 = 0.001 + 0.9(0.6 - 0.001) = 0.5401\text{m}^3/\text{kg}$

$v_2 = \dfrac{V_2}{m} \quad \rightarrow \quad V_2 = v_2 m = 0.5401 \times 4 = 2.1604\text{m}^3$

■ 수증기에 의한 일 $(W) = PdV = P(V_2 - V_1) = 300\text{kPa} \times (2.1604\text{m}^3 - 0.8\text{m}^3)$

$\quad \therefore \quad W = 408.12\text{kJ}$

①~⑤ 보기를 보면 수치가 많이 차이가 난다. 따라서

$v_{0.9} = v_2 = 0.001 + 0.9(0.6 - 0.001) = 0.5401\text{m}^3/\text{kg}$을 계산할 때, 0.001은 무시해도 답에는 큰 영향이 없다.

$v_{0.9} = v_2 = 0 + 0.9(0.6 - 0) = 0.54\text{m}^3/\text{kg}$로 계산하면 훨씬 보기 편할 것이다.

이와 마찬가지로 실제 시험에서 보기의 수치가 많이 차이난다면 숫자를 간단하게 만들거나 아주 작은 숫자는 고려하지 않고 계산해도 답을 고르는 데 큰 지장이 없을 것이며 훨씬 빨리 풀 수 있고 실수도 줄어들 것이다.

05 부산교통공사 기출문제 **정답 및 해설**

01	②	02	⑤	03	③	04	③	05	④	06	③	07	④	08	③	09	④	10	④
11	③	12	④	13	④	14	④	15	③	16	④	17	⑤	18	②	19	④	20	②
21	④	22	①	23	③	24	⑤	25	①	26	③	27	④	28	③	29	②	30	③
31	①	32	⑤	33	①	34	④	35	③	36	②	37	⑤	38	①	39	④	40	⑤
41	③	42	④	43	④	44	③	45	③	46	②	47	②	48	①	49	①	50	③

01
정답 ②

삼각형의 무게중심(G)에 대한 단면 2차 모멘트값은 $I_x = \dfrac{bh^3}{36}$ 이다.

문제에서는 밑변에 대한 단면 2차 모멘트를 구하라고 했으므로 평행축 정리를 사용하면 된다.

※ **평행축 정리:** $I_x' = I_x + a^2 A$ [여기서, a: 평행이동한 거리, A: 단면적]

무게중심(G)은 중선을 2:1로 내분하기 때문에 아래 그림처럼 나타낼 수 있다. 기존 무게중심(G)에 대한 단면 2차 모멘트값은 $I_x = \dfrac{bh^3}{36}$ 이다. 기존 무게중심(G)에서 밑변까지 평행이동한 거리는 $\dfrac{h}{3}$ 이다.

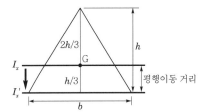

우리는 밑변에 대한 단면 2차 모멘트(I_x')를 구할 것이므로 평행축 정리를 사용한다.

$$I_x' = I_x + a^2 A = \frac{bh^3}{36} + \left(\frac{h}{3}\right)^2\left(\frac{bh}{2}\right) = \frac{bh^3}{36} + \frac{2bh^3}{36} = \frac{3bh^3}{36} = \frac{bh^3}{12} \text{ 이 된다.}$$

02
정답 ⑤

[상태함수]

성질		• 각 물질마다 특정한 값을 가지며 **상태함수** 또는 **점함수**라고도 한다. • 경로에 관계없이 계의 상태에만 관계되는 양이다(단, 일과 열량은 경로에 의한 경로함수 = 도정함수이다).
상태량의 종류	강도성 상태량	• 물질의 질량에 관계없이 그 크기가 결정되는 상태량이다(세기의 성질, intensive property이라고도 한다). • 압력, 온도, 비체적, 밀도, 비상태량, 표면장력
	종량성 상태량	• 물질의 질량에 따라 그 크기가 결정되는 상태량으로 그 물질의 질량에 정비례 관계가 있다. • 체적, 내부에너지, 엔탈피, 엔트로피, 질량

03

열역학 제0법칙	• 열 평형의 법칙 • 물질 A와 B가 접촉하여 서로 열 평형을 이루고 있으면 이 둘은 열적 평형상태에 있으며 알짜열의 이동은 없다. • 온도계의 원리와 관계된 법칙
열역학 제1법칙	• 에너지 보존의 법칙 • 계 내부의 에너지의 총합은 변하지 않는다. • 물체에 공급된 에너지는 물체의 내부에너지를 높이거나 외부에 일을 하므로 에너지의 양은 일정하게 보존된다. • 열은 에너지의 한 형태로서 일을 열로 변환하거나 열을 일로 변환하는 것이 가능하다. • 열효율이 100% 이상인 제1종 영구기관은 열역학 제1법칙에 위배된다(열효율이 100% 이상인 열기관을 얻을 수 없다).
열역학 제2법칙	• 에너지의 방향성을 명시하는 법칙(열은 항상 고온에서 저온으로 흐른다. 열은 스스로 저온의 물질에서 고온의 물질로 이동하지 않는다) • 열기관에서 작동물질이 일을 하게 하려면 그보다 더 저온인 물질이 필요하다. 열은 항상 고온에서 저온으로 이동하기 때문에 열기관에서 더 저온인 물질이 필요하며 열이 이동해야만 공급된 열과 방출된 열의 차이만큼 외부로 일이 만들어지기 때문이다. • 비가역성을 명시하는 법칙으로 엔트로피는 항상 증가한다. • 절대온도의 눈금을 정의하는 법칙 • 하나의 열원에서 얻어진 열을 모두 일로 바꾸는 기관은 존재하지 않는다. • 열효율이 100%인 제2종 영구기관은 열역학 제2법칙에 위배된다(열효율이 100%인 열기관을 얻을 수 없다). • 외부의 도움 없이 스스로 자발적으로 일어나는 반응은 열역학 제2법칙과 관련이 있다. • 비가역의 예시: 혼합, 자유팽창, 확산, 삼투압, 마찰, 열의 이동, 화학 반응 등 참고 자유팽창은 등온으로 간주하는 과정이다.
열역학 제3법칙	• **네른스트의 정의**: 어떤 방법에 의해서도 물질의 온도를 절대 영도까지 내려가게 할 수 없다. • **플랑크의 정의**: 모든 물질이 열역학적 평형상태에 있을 때 절대온도가 0에 가까워지면 엔트로피도 0에 가까워진다($\lim_{t \to 0} \triangle S = 0$).

참고

열역학 법칙의 발견 순서: 1법칙 → 2법칙 → 0법칙 → 3법칙

04

[구상흑연주철]

• 주철 속의 흑연이 완전히 구상이며 그 주위가 페라이트 조직으로 되어 있는데 이 형태가 황소의 눈과 닮았기 때문에 불스아이 조직이라고도 한다. 즉, 페라이트형 구상흑연주철에서 불스아이 조직을 관찰할 수 있다.

• **흑연을 구상화시키는 방법**: 선철을 용해한 후에 마그네슘(Mg), Ca(칼슘), Ce(세슘)을 첨가한다. 흑연이 구상화되면 보통주철에 비해 인성과 연성이 우수해지며 강도도 좋아진다.

• 인장강도가 가장 크며 기계적 성질이 매우 우수하다.

• 덕타일주철(미국), 노듈라주철(일본) 모두 다 구상흑연주철을 지칭하는 말이다.

• 구상흑연주철의 조직: 시멘타이트, 펄라이트, 페라이트 → 암기법은 시펄 페버릴라!

• 페이딩 현상: 구상화 후에 용탕 상태로 방치하면 흑연을 구상화시켰던 효과가 점점 사라져 결국 보통주철로 다시 돌아가는 현상이다.

구상흑연주철에 첨가하는 원소	Mg, Ca, Ce(마카세)
구상흑연주철의 조직	시멘타이트, 펄라이트, 페라이트(시펄 페버릴라!)
불스아이 조직(소눈 조직)	페라이트형 구상흑연주철

[주철의 인장강도 순서] ★

구상흑연주철 > 펄라이트 가단주철 > 백심 가단주철 > 흑심 가단주철 > 미하나이트 주철 > 합금 주철 > 고급 주철 > 보통 주철

[필수 암기_인장강도]

보통주철	고급주철	흑심가단주철	백심가단주철	구상흑연주철
$10 \sim 20 \mathrm{kgf/mm}^2$	$25 \mathrm{kgf/mm}^2$ 이상	$35 \mathrm{kgf/mm}^2$	$36 \mathrm{kgf/mm}^2$	$50 \sim 70 \mathrm{kgf/mm}^2$

인장강도 순서를 묻는 문제는 지엽적이지만 간혹 공기업 기계직 시험에서 출제되는 내용으로 반드시 숙지해야 한다.

05

[브라인]

냉동시스템 외부를 순환하며 간접적으로 열을 운반하는 매개체이며 2차 냉매 또는 간접 냉매라고도 한다. 상의 변화 없이 현열인 상태로 열을 운반하는 냉매이다. 그리고 브라인을 사용하는 냉동 장치는 간접 팽창식, 브라인식이라고 한다.

[브라인의 구비 조건(★빈출)]

• 부식성이 없어야 한다. → 대표적으로 부식성이 없는 에틸렌글리콜, 프로필렌글리콜이 많이 사용된다.

• 열용량이 커야 한다.

• 비열이 크고, 점도가 작으며 열전도율이 커야 한다.

• 응고점이 낮아야 한다.

• 점성이 작아야 한다. → 점성이 크면 마찰이 커지므로 냉매가 순환 시 많은 동력이 필요하게 된

다. 따라서 순환펌프의 소요 동력을 고려했을 때, 점성을 작게 하여 소요 동력을 낮추는 것이 냉동기의 효율을 높여준다.

• 가격이 경제적이며 구입이 용이해야 한다.
• 불활성이며 냉장품 소손이 없어야 한다.

06

정답 ③

[합성수지]
유기 물질로 합성된 가소성 물질을 플라스틱 또는 합성수지라고 한다.

합성수지의 특징		• 전기절연성과 가공성 및 성형성이 우수하다. • 색상이 매우 자유로우며 가볍고 튼튼하다. • 화학약품, 유류, 산, 알칼리에 강하지만 열과 충격에 약하다. • 무게에 비해 강도가 비교적 높은 편이다. • 가공성이 높기 때문에 대량생산에 유리하다.
종류	열경화성 수지	주로 그물 모양의 고분자로 이루어진 것으로 가열하면 경화되는 성질을 가지며, 한번 경화되면 가열해도 연화되지 않는 합성수지이다. 모르면 찍을 수 밖에 없는 내용이기 때문에 그물 모양인지, 선 모양인지 반드시 암기해야 한다. 서울시설공단, SH 등에서 기출된 적이 있다.
	열가소성 수지	주로 선 모양의 고분자로 이루어진 것으로 가열하면 부드럽게 되어 가소성을 나타내므로 여러 가지 모양으로 성형할 수 있으며, 냉각시키면 성형된 모양이 그대로 유지되면서 굳는다. 다시 열을 가하면 물렁물렁해지며, 계속 높은 온도로 가열하면 유동체가 된다.
열경화성 수지와 열가소성 수지의 차이점		• 열가소성 수지는 가열에 따라 연화·용융·냉각 후 고화하지만 열경화성 수지는 가열에 따라 가교 결합하거나 고화된다. • 열가소성 수지의 경우 성형 후 마무리 및 후가공이 많이 필요하지 않으나, 열경화성 수지는 플래시(flash)를 제거해야 하는 등 후가공이 필요하다. • 열가소성 수지는 재생품의 재용융이 가능하지만, 열경화성 수지는 재용융이 불가능하기 때문에 재생품을 사용할 수 없다. • 열가소성 수지는 제한된 온도에서 사용해야 하지만, 열경화성 수지는 높은 온도에서도 사용할 수 있다.
종류 구분하기!	열경화성 수지	열가소성 수지
	폴리에스테르, 아미노수지, 페놀수지 프란수지, 에폭시수지, 실리콘수지 멜라닌수지, 요소수지, 폴리우레탄	폴리염화비닐, 불소수지, 스티롤수지 폴리에틸렌수지, 초산비닐수지 메틸아크릴수지, 폴리아미드수지 염화비닐론수지, ABS수지

✓ Tip: 폴리에스테르를 제외하고 폴리가 들어가면 열가소성수지이다.
★ 참고: 폴리우레탄은 열경화성과 열가소성 2가지 종류가 있다.
↑ 열경화성, 열가소성 종류를 물어보는 문제는 단골 문제이다(한 종류만 암기!).
※ 폴리카보네이트: 플라스틱 재료 중에서 내충격성이 매우 우수한 열가소성 플라스틱으로 보석방의 진열 유리 재료로 사용된다.
※ 베이클라이트: 페놀수지의 일종으로 전기절연성, 강도, 내열성 등이 우수하다.

07

정답 ④

웨버수의 물리적 의미: $\dfrac{\text{관성력}}{\text{표면장력}}$

※ 맨 뒤의 무차원수 부록 참고

08

정답 ③

[경도 시험법의 종류]

종류	시험 원리	압입자	경도값
브리넬 경도(HB)	압입자인 강구에 일정량의 하중을 걸어 시험 편의 표면에 압입한 후, 압입 자국의 표면적 크기와 하중의 비로 경도를 측정한다.	강구	$HB = \dfrac{P}{\pi dt}$ [여기서, πdt: 압입면적, P: 하중]
비커스 경도(HV)	압입자에 1~120kgf의 하중을 걸어 자국의 대각선 길이로 경도를 측정하고, 하중을 가하는 시간은 캠의 회전속도로 조절한다. 압흔 자국이 극히 작으며 시험 하중을 변화시켜도 경도 측정치에는 변화가 없다. 침탄층, 질화층, 탈탄층의 경도 시험에 적합하다.	136°인 다이아몬드 피라미드 압입자	$HV = \dfrac{1.854P}{L^2}$ [여기서, L: 대각선 길이, P: 하중]
로크웰 경도(HRB, HRC)	압입자에 하중을 걸어 압입 자국(홈)의 깊이를 측정하여 경도를 측정한다. **담금질된 강재의 경도시험에 적합하다.** • 예비하중: 10kgf • 시험하중: B스케일: 100kg C스케일: 150kg → 로크웰 B: 연한 재료의 경도 시험에 적합 → 로크웰 C: 경한 재료의 경도 시험에 적합	−B스케일: $\phi 1.588$mm 강구(1/16 인치) −C스케일: 120° 다이아몬드(콘)	$HRB = 130 - 500h$ $HRC = 100 - 500h$ [여기서, h: 압입깊이]
쇼어 경도(HS)	추를 일정한 높이에서 낙하시켜, 이 추의 반발 높이를 측정해서 경도를 측정한다. [특징] • 측정자에 따라 오차가 발생할 수 있다. • 재료에 흠을 내지 않는다. • 주로 완성된 제품에 사용한다. • 탄성률이 큰 차이가 없는 곳에 사용해야 한다. 탄성률 차이가 큰 재료에는 부적당하다. • 경도치의 신뢰도가 높다	다이아몬드 추	$HS = \dfrac{10,000}{65} \times \dfrac{h}{h_0}$ [여기서, h: 반발높이, h_0: 초기 낙하체의 높이]
누프 경도(HK)	• 정면 꼭지각이 172°, 측면 꼭지각이 130°인 다이아몬드 피라미드를 사용하고 대각선 중 긴 쪽을 측정하여 계산한다. 즉, 한쪽 대각선이 긴 피라미드 형상의 다이아몬드 압입자를 사용해서 경도를 측정한다. • 누프 경도시험법은 마이크로 경도 시험법에 해당한다.	정면 꼭지각 172°, 측면 꼭지각 130°인 다이아몬드 피라미드	$HK = \dfrac{14.2P}{L^2}$ [여기서, L: 긴 쪽의 대각선 길이, P: 하중]

09

정답 ④

길이가 L인 외팔보의 자유단(끝단)에 집중하중 P가 작용했을 때의 최대 처짐량

$$\delta_{max} = \frac{PL^3}{3EI} = \frac{1,000 \times 10^3}{3 \times 50 \times 10^9 \times \frac{0.04 \times 0.2^3}{12}} = 0.25\text{m} = 250\text{mm}$$

[여기서, $I = \frac{bh^3}{12}$]

10

정답 ④

[구성인선(built-up edge)]

절삭 시에 발생하는 칩의 일부가 날 끝에 용착되어 마치 절삭날의 역할을 하는 현상

발생 순서	발생 → 성장 → 분열 → 탈락의 주기(발성분탈)를 반복한다.
구성인선의 특징	• 칩이 날 끝에 점점 붙으면 날 끝이 커지기 때문에 끝단 반경은 점점 커지게 된다[칩이 용착되어 날 끝의 둥근 부분(노즈)가 커지므로]. • 구성인선이 발생하면 날 끝에 칩이 달라붙어 날 끝이 울퉁불퉁해지므로 표면을 거칠게 하거나 동력손실을 유발할 수 있다. • 구성인선의 경도값은 공작물이나 정상적인 칩보다 상당히 크다. • 구성인선은 공구면을 덮어 공구면을 보호하는 역할도 할 수 있다. • 구성인선이 발생하지 않을 임계속도는 120m/min이다. • 일감(공작물)의 변형경화지수가 클수록 구성인선의 발생 가능성이 크다. • 구성인선을 이용한 절삭방법은 SWC이다. 은백색을 띠며 절삭저항을 줄일 수 있는 방법이다. ※ 노즈(nose): 날 끝의 둥근 부분으로 노즈의 반경은 0.8mm이다.
구성인선의 방지 방법	• 절삭 깊이가 크다면 깎여서 발생하는 칩과 공구의 접촉면적이 넓어지기 때문에 오히려 칩이 날 끝에 용착될 가능성이 더 커져 구성인선의 발생 가능성이 높아진다. 따라서 절삭 깊이를 작게 하여 공구와 칩의 접촉면적을 줄여 칩이 용착되는 가능성을 줄여 구성인선을 방지할 수 있다. • 공구의 윗면 경사각을 크게 하여 칩을 얇게 절삭해야 용착되는 양이 적어진다. 따라서 구성인선을 방지할 수 있다. • 30° 이상으로 바이트의 전면 경사각을 크게 한다. • 윤활성이 좋은 절삭유제를 사용한다. • 고속으로 절삭한다. 고속으로 절삭하면 칩이 날 끝에 용착되기 전에 칩이 떨어져 나가기 때문이다. • 절삭공구의 인선을 예리하게 한다. • 마찰계수가 작은 공구를 사용한다. • 120m/min 이상의 절삭속도로 가공한다.

[혼동 주의]

연삭숫돌의 자생과정의 순서인 "마멸 → 파괴 → 탈락 → 생성(마파탈생)"과 혼동하면 안된다.

11

[불변강(고-니켈강)]
온도가 변해도 탄성률, 선팽창계수가 변하지 않는 강

[불변강의 종류]

인바	Fe-Ni36%로 구성된 불변강으로 선팽창계수가 매우 작다. 즉, 길이의 불변강이다. 시계의 추, 줄자, 표준자 등에 사용된다.
초인바	기존의 인바보다 선팽창계수가 더 적은 불변강으로 인바의 업그레이드 형태이다.
엘린바	Fe-Ni36%-Cr12%로 구성된 불변강으로 탄성률(탄성계수)이 불변이다. 정밀저울 등의 스프링, 고급시계, 기타정밀기기의 재료에 적합하다.
코엘린바	엘린바에 Co(코발트)를 첨가한 것으로 공기나 물에 부식되지 않는다. 스프링, 태엽 등에 사용된다.
플래티나이트	Fe-Ni 44~48%로 구성된 불변강으로 열팽창계수가 백금, 유리와 비슷하다. 전구의 도입선으로 사용된다.

✓ 퍼멀로이(Fe-Ni 78%), 니켈로이(Fe-Ni 50%)도 고-니켈강으로, 불변강에 속한다.

12

냉각속도에 따른 조직	오스테나이트(A) > 마텐자이트(M) > 트루스타이트(T) > 소르바이트(S) > 펄라이트(P)
탄소강의 기본 조직	페라이트, 펄라이트, 시멘타이트, 오스테나이트, 레데뷰라이트
여러 조직의 경도 순서	시멘타이트(C) > 마텐자이트(M) > 트루스타이트(T) > 베이나이트(B) > 소르바이트(S) > 펄라이트(P) > 오스테나이트(A) > 페라이트(F) → 🖉 암기법 : 시멘트 부어! 시..ㅂ.. 팔 아파..
담금질 조직 경도 순서	마텐자이트 > 트루스타이트 > 소르바이트 > 오스테나이트 (담금질 조직 종류: M, T, S, A) ← 부산교통공사 기출 내용
담금질에 따른 용적(체적) 변화가 큰 순서	마텐자이트 > 소르바이트 > 트루스타이트 > 펄라이트 > 오스테나이트 마텐자이트가 용적(체적)변화가 커서 팽창이 큰 이유는 고용된 γ고용체가 고용-α로 변태하기 때문이고 오스테나이트가 펄라이트로 변화하는 것은 위의 변화와 함께 고용탄소가 유리탄소로 변화하기 때문이다. 여기서 γ가 α로 변태할 때 팽창하지만 고용탄소가 유리탄소로 변태할 때는 수축하게 된다. 따라서 완전한 펄라이트로 변태되면 마텐자이트보다 수축되어 있다. 즉, 펄라이트양이 많을수록 팽창량이 적어진다.

✓ 미세한 펄라이트: 트루스타이트
✓ 중간 펄라이트: 소르바이트

13

[전위기어의 사용목적]
- 중심거리를 자유롭게 변화시킬 때
- 언더컷을 방지할 때
- 이의 물림률과 이의 강도를 개선할 때
- 최소 잇수를 적게 할 때

[전위기어의 특징]
- 모듈에 비해 강한 이를 얻을 수 있다.
- 주어진 중심거리에 대한 기어의 설계가 용이하다.
- 공구의 종류가 적어도 되고 각종 기어에 응용된다.
- 계산이 복잡하게 된다.
- 호환성이 없게 된다.
- 베어링 압력을 증가시킨다.

14

[작동유(유압유)의 구비조건]
- 체적탄성계수가 크고 비열이 클 것
- 비중이 작고 열팽창계수가 작을 것
- 넓은 온도 범위에서 점도의 변화가 적을 것
- 점도지수가 높을 것
- 산화에 대한 안정성이 있을 것
- 윤활성과 방청성이 있을 것
- 착화점이 높을 것
- 적당한 점도를 가질 것
- 물리·화학적인 변화가 없고 비압축성일 것
- 유압 장치에 사용하는 재료에 대하여 불활성일 것
- 인화점, 발화점이 높을 것
- 증기압이 낮고 비등점(끓는점)이 높을 것

15

$$\varepsilon_r = \frac{Q_2}{W} \;\rightarrow\; 3.5 = \frac{10\text{kW}}{W}$$

$\therefore \; W(\text{동력}) = 2.86\text{kW}$

[여기서, $36{,}000\text{kJ/hr} = 10\text{kJ/s} = 10\text{kW}$]

16

[디젤 엔진과 가솔린 엔진의 비교]

디젤 엔진(압축 착화)	가솔린 엔진(전기불꽃점화)
인화점이 높다.	인화점이 낮다.
점화장치, 기화장치 등이 없어 고장이 적다.	점화장치가 필요하다.
연료소비율과 연료소비량이 낮으며 연료가격이 싸다.	연료소비율이 디젤보다 크다.
일산화탄소 배출이 적다.	일산화탄소 배출이 많다.
질소산화물 배출이 많다.	질소산화물 배출이 적다.
사용할 수 있는 연료의 범위가 넓다.	고출력 엔진제작이 불가능하다.
압축비 12~22	압축비 5~9
열효율 33~38%	열효율 26~28%
압축비가 높아 열효율이 좋다.	회전수에 대한 변동이 크다.
연료의 취급이 용이, 화재의 위험이 적다.	소음과 진동이 적다.
저속에서 큰 회전력이 생기며 회전력의 변화가 작다.	연료비가 비싸다.

✓ 디젤 엔진의 연료 분무형성의 3대 조건: 무화, 분포, 관통력

[노크방지법]

	연료착화점	착화지연	압축비	흡기온도	실린더 벽온도	흡기압력	실린더 체적	회전수
가솔린	높다	길다	낮다	낮다	낮다	낮다	작다	높다
디젤	낮다	짧다	높다	높다	높다	높다	크다	낮다

17

기준강도의 결정은 사용재료 및 사용 환경에 따라 다르다.

[기준강도]
• 상온에서 연강과 같은 연성재료에 정하중이 작용할 때는 항복점을 기준강도로 한다.
• 상온에서 주철과 같은 취성재료에 정하중이 작용할 때는 극한강도를 기준강도로 한다.
• 반복하중이 작용할 때는 피로한도를 기준강도로 한다.
• 고온에서 연성재료에 정하중이 작용할 때는 크리프한도를 기준강도로 한다.
• 좌굴이 발생하는 장주에서는 좌굴응력을 기준강도로 한다.

✐ 필수 암기
(상)남자는 (극)도로 (취)하면 (항)문에서 (연)기가 난다.
• (상)온에서 주철과 같은 (취)성재료에 정하중이 작용할 때는 (극)한강도를 기준강도로!
• (상)온에서 연강과 같은 (연)성재료에 정하중이 작용할 때는 (항)복점을 기준강도로!

✓ 극한강도=인장강도

18

정답 ②

일$(N \cdot m = kg \cdot m^2/s^2)$	ML^2T^{-2}
동력$(N \cdot m/s = kg \cdot m^2/s^3)$	ML^2T^{-3}
점성계수$(N \cdot s/m^2 = kg/s \cdot m)$	$ML^{-1}T^{-1}$
가속도(m/s^2)	LT^{-2}
밀도(kg/m^3)	ML^{-3}

19

정답 ④

아연(Zn)은 조밀육방격자이다.

체심입방격자 (BCC, Body−Centered Cubic)	면심입방격자 (FCC, Face−Centered Cubic)	조밀육방격자 (HCP, Hexagonal−Closed−Packed)
Li, Ta, Na, Cr, W, V, Mo, α−Fe, δ−Fe	Ag, Au, Al, Ca, Ni, Cu, Pt, Pb, γ−Fe	Be, Mg, Zn, Cd, Ti, Zr
강도 우수, 전연성 작음, 용융점 높음	강도 약함, 전연성 큼, 가공성 우수	전연성 작음, 가공성 나쁨

20

정답 ②

① 절탄기(economizer): 보일러에서 나온 연소 배기가스의 남은 열로 보일러로 공급되고 있는 급수를 미리 예열하는 장치이다.
② 복수기(정압방열): 응축기(condenser)라고도 하며 증기를 물로 바꿔주는 장치이다.
③ 터빈(단열팽창): 보일러에서 만들어진 과열증기로 팽창 일을 만들어내는 장치이다. 터빈은 과열증기가 단열팽창되는 곳이며 과열증기가 가지고 있는 열에너지가 기계에너지로 변환되는 곳이라고 보면 된다.
④ 보일러(정압가열): 석탄을 태워 얻은 열로 물을 데워 과열증기를 만들어내는 장치이다.
⑤ 펌프(단열압축): 복수기에서 다시 만들어진 물을 보일러로 보내주는 장치이다.

21

정답 ④

물리적 성질	비중, 질량, 밀도, 부피, 온도, 비열, 용융점, 열전도율, 전기전도율, 열팽창계수, 자성 등
기계적 성질	인장강도, 강도, 경도, 인성, 취성, 연성, 전성, 탄성률, 탄성계수, 연신율, 굽힘강도, 피로, 항복점, 크리프, 휨 등
화학적 성질	부식성, 내식성, 환원성, 폭발성, 용해도, 가연성, 생성 엔탈피 등
가공상의 성질	주조성, 용접성(접합성), 절삭성, 소성가공성 등

22

연속방정식($Q = A_1 V_1 = A_2 V_2$)을 사용한다.

$$A_1 V_1 = A_2 V_2 \rightarrow \left(\frac{1}{4}\pi 1^2\right)(2) = \left(\frac{1}{4}\pi 2^2\right)(V_2)$$

$$\therefore V_2 = 0.5\text{m/s}$$

23

[강괴]

평로, 전로, 전기로에서 정련이 끝난 용강에 탈산제를 넣어 탈산시킨 후 주형틀에 넣어 응고시켜 만든 금속이다.

[산소 제거 정도에 따른 제강법으로 만들어진 강괴의 종류]

림드강	• 탄소함유량 0.3% 이하 • 산소를 가볍게 제거한 강(불완전탈산강) • 기포가 발생하고 편석이 되기 쉽다. • 킬드강에 비해 강괴의 표면이 곱고 분괴 생산 비율도 좋으며 **값이 싸다.**	탈산제: 페로망간(Fe-Mn)
킬드강	• 탄소함유량 0.3% 이상 • 산소를 충분하게 제거한 강(완전탈산강) • 상부에 수축공이 발생하기 때문에 강괴의 상부를 10~20% 잘라서 버린다. 즉, 가공 전 제거하는 과정이 추가되기 때문에 **값이 비싸며 고품질이다.**	탈산제: 페로실리콘(Fe-Si), 알루미늄(Al) 용도: 조선 압연판, 탄소공구강의 재료로 쓰이며 편석과 불순물이 적은 균일의 강
캡드강	• 림드강을 변형시킨 것으로 다시 탈산제를 넣거나 뚜껑을 덮고 **비등교반운동(리밍액션)**을 조기에 강제적으로 끝나게 한다. • 내부의 편석과 수축공을 적게 제조한다.	–
세미킬드강	• 탄소함유량 0.15~0.3% • 산소를 중간 정도로 제거한 강 • 림드강과 킬드강의 중간 상태의 강으로 용접에 많이 사용된다.	탈산제: 페로망간(Fe-Mn) + 페로실리콘(Fe-Si)

✓ 탈산 정도가 큰 순서: 킬드강 > 세미킬드강 > 캡드강 > 림드강
✓ 비등교반운동(리밍액션): 림드강에서 탈산조작이 충분하지 않아 응고가 진행되면서 용강 중에 남은 탄소와 산소가 반응하여 일산화탄소가 발생하면서 방출되는 현상이다. 이로 인해 순철의 림층이 형성된다.

24

[코일스프링의 처짐량(δ)]

$$\delta = \frac{8PD^3n}{Gd^4}$$

[여기서, P: 스프링에 작용하는 하중, D: 코일의 평균지름, n: 감김수, G: 전단탄성계수(횡탄성계수), d: 소선의 지름]

처짐량은 코일의 평균지름(D)의 세제곱에 비례한다. 따라서 코일의 평균지름(D)이 2배가 되면 처짐량은 $2^3 = 8$배가 된다.

25

손실수두 $H_l = f\dfrac{L}{d}\dfrac{V^2}{2g} = 0.022 \times \dfrac{200}{0.1} \times \dfrac{1^2}{2 \times 9.8} = 2.245\text{m}$

26

① 공정반응: 2개의 성분 금속이 용융 상태에서는 하나의 액체로 존재하나 응고 시에는 공정점으로 불리는 1,130℃에서 일정한 비율로 두 종류의 금속이 동시에 정출되어 나오는 반응이다.

② 공석반응: 철이 하나의 고용체 상태에서 냉각될 때, 공석점으로 불리는 A1변태점(723℃)을 지나면서 두 개의 고체가 혼합된 상태로 변하는 반응이다. 공석반응은 응고반응이 아니다.

③ 포정반응: 하나의 고용체가 형성되고 그와 동시에 같이 있던 액상이 반응해서 또 다른 고용체가 생성되는 반응이다.

종류	온도	탄소함유량	반응식	발생 조직
공정반응	1,130℃	4.3%	액체 ↔ γ고용체 + Fe_3C	γ고용체 + Fe_3C(레데뷰라이트)
공석반응	723℃	0.77%	γ고용체 ↔ α고용체 + Fe_3C	α고용체 + Fe_3C(펄라이트)
포정반응	1,495℃	0.17%	δ고용체+액체 ↔ γ고용체	γ고용체(오스테나이트)

④ 편정반응: 하나의 액상으로부터 다른 액상 및 고용체를 동시에 생성하는 반응이다. 켈밋합금에서 나타나는 반응이다.

⑤ 금속 간 화합물: 친화력이 큰 성분의 금속이 화학적으로 결합하면 각 성분의 금속과는 현저하게 다른 성질을 가지는 독립된 화합물을 말한다. 일반적으로 Fe_3C(시멘타이트)가 대표적이며, <u>금속 간 화합물은 전기저항이 크고, 일반적으로 복잡한 결정 구조를 갖고 있으며 경하고 취약하다.</u>

→ 밑줄 친 부분은 공기업 기출(2020년 등)에 출제된 적이 있으니 반드시 암기하자.

✓ $Fe - C$ 상태도: 철과 탄소 사이의 온도에 따른 조직의 변화를 나타낸 그래프

27

코이닝	압인가공으로도 불리는 코이닝은 상·하형이 서로 관계가 없는 요철을 가지고 있으며 두께의 변화가 있는 제품을 만들 때 사용된다. 보통 메달, 주화, 장식품 등의 가공에 사용된다.
해밍	판재의 끝단을 접어 포개는 공정 작업이다.
아이어닝	딥드로잉 된 컵의 두께를 더욱 균일하게 만들기 위한 후속공정이다.
비딩	오목 및 볼록 형상의 롤러 사이에 판을 넣고 롤러를 회전시켜 홈을 만드는 공정으로 긴 돌기를 만드는 가공이다.
시밍	판재를 접어서 굽히거나 말아 넣어 접합시키는 공정이다.

28

① 카운터보링: 볼트 또는 너트의 머리 부분이 가공물 안으로 묻히도록 드릴과 동심원의 2단 구멍을 절삭하는 방법

② 카운터싱킹: 나사 머리의 모양이 접시모양일 때 테이퍼 원통형으로 절삭하는 방법이다. 즉, 접시 머리나사의 머리를 묻히게 하기 위해 원뿔자리를 만드는 가공이다.

③ 스폿페이싱: 단조나 주조품의 경우 표면이 울퉁불퉁하여 볼트나 너트를 체결하기 곤란하다. 이때, 볼트나 너트가 닿는 구멍 주위의 부분만을 평탄하게 가공하여 체결이 용이하도록 하는 가공 방법이다. 즉, 볼트나 너트 등 머리가 닿는 부분의 자리면을 평평하게 만드는 가공 방법이다.

④ 널링가공: 미끄럼을 방지할 목적으로 공기나 기계류 등에서 손잡이 부분을 거칠게 하는 것과 같이 원통형 표면에 규칙적인 모양의 무늬를 새기는 가공 방법이다. 즉, 선반가공에서 가공면의 미끄러짐을 방지하기 위해 요철형태로 가공하는 것을 말한다. 또한, 널링가공은 소성가공에 포함되는 가공법이다.

⑤ 보링가공: 드릴로 이미 뚫어져 있는 구멍을 넓히는 공정으로 편심을 교정하기 위한 가공이며 구멍을 축 방향으로 대칭을 만드는 가공이다.

29

[헐거운 끼워맞춤]
항상 틈새가 생기는 끼워맞춤으로 구멍의 최소치수가 축의 최대치수보다 크다.
• 최대 틈새: 구멍의 최대허용치수−축의 최소허용치수
• 최소 틈새: 구멍의 최소허용치수−축의 최대허용치수

[억지 끼워맞춤]
항상 죔새가 생기는 끼워맞춤으로 축의 최소치수가 구멍의 최대치수보다 크다.
• 최대 죔새: 축의 최대허용치수−구멍의 최소허용치수
• 최소 죔새: 축의 최소허용치수−구멍의 최대허용치수

[중간 끼워맞춤]
구멍, 축의 실 치수에 따라 틈새 또는 죔새의 어떤 것이나 가능한 끼워맞춤이다.

∴ 최대 죔새＝축의 최대허용치수−구멍의 최소허용치수＝$(50+0.03)-(50-0.01)=0.04$mm

30

정답 ③

올덤커플링: 두 축이 서로 평행하고 중심선의 위치가 서로 약간 어긋났을 경우, 각속도의 변화 없이 동력을 전달시키려고 할 때 사용되는 커플링이다.

31

정답 ①

문제 푸는 순서

① 그림에 작용하는 힘들을 모두 표시한다.
② 기준이 되는 점을 정한다. 보통 힌지를 기준으로 잡는다.
③ 모멘트(M)는 반시계 방향을 (+) 부호로 잡고 시계 방향을 (−) 부호로 잡는다(시계 방향을 (+) 부호로 잡고 반시계 방향을 (−) 부호로 잡아도 상관없다).
④ 기준점에 대한 모멘트의 합력이 0이 된다는 것을 사용하여 평형방정식을 만든다.

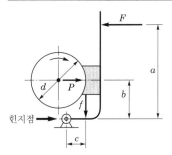

힌지점(O점으로 가정)에서 모멘트의 합력이 0이 된다는 것을 이용한다.

$$\sum M_O = 0$$

$-fc - Pb + Fa = 0$으로 평형방정식을 세울 수 있다.

(f는 드럼의 회전방향에 의해 접선방향으로 작용하는 제동력이다. 이 제동력은 드럼과 블록 접촉면에 작용하게 된다. $f = \mu P$이며 μ는 마찰계수, P는 브레이크 블록을 누르는 힘이다)

$-\mu Pc - Pb + Fa = 0 \quad \rightarrow \quad Fa = \mu Pc + Pb = P(\mu c + b)$

$$Fa = P(\mu c + b) \quad \rightarrow \quad P = \frac{Fa}{\mu c + b} = \frac{1,000 \times 1,500}{(0.2 \times 100) + 280} = 5,000\text{N}$$

브레이크 블록을 누르는 힘 P는 5,000N이 도출된다. 여기서 주의해야 할 점은 다 풀어놓고 답을 5,000N으로 선택하여 틀리는 일이 없도록 해야 한다. 실제로 위와 같은 문제가 실제 시험에 많이 출제되고 있다. 많은 준비생들이 제동력(f)을 구해야 하는데 P까지만 구하고 답을 선택하는 경우가 매우 많다. 조심해야 한다.

문제에서는 브레이크 제동력(f)을 구하라 했으므로 아래와 같이 구한다.

$\therefore f = \mu P = 0.2 \times 5,000 = 1,000\text{N}$

32

정답 ⑤

$P = \tau \dfrac{1}{4} \pi d^2 n$ [여기서, P: 하중, τ: 허용전단응력, d: 리벳 지름, n: 리벳의 수]

$1\text{kgf} = 9.8\text{N}$이므로 하중 $750\text{kgf} = 7,350\text{N}$이다.

τ(허용전단응력)는 $4\text{kgf}/\text{mm}^2 = 39.2\text{N}/\text{mm}^2$이다.

$P = \tau \dfrac{1}{4} \pi d^2 n \rightarrow 750 = 4 \times \dfrac{1}{4} \times \pi \times 5^2 \times n$

$\therefore n = 10$

$\therefore$ 리벳이 최소 10개가 있어야 750kgf의 하중을 지지할 수 있다.

33

정답 ①

기본적으로 효율은 입력 대비 효율이다. 즉, "얼마나 먹고 얼마나 싸는가"라고 생각하면 쉽다. 먹은 것은 공급열(Q)이 될 것이며, 싼 것은 외부에 한 일(W)이므로 아래와 같이 정의될 수 있다.

열기관의 효율 $\eta = \dfrac{W}{Q}$ [여기서, Q: 공급열, W: 외부에 한 일]

$1\text{kcal} = 4,180\text{J}$이므로 $5,000\text{kcal} = 20,900\text{kJ}$

$\eta = \dfrac{W}{Q} = \dfrac{2,500\text{kJ}}{20,900\text{kJ}} \fallingdotseq 0.12 = 12\%$

※ 단위 맞춰주는 것을 잊지 말아야 한다.

34

정답 ④

$\tau = \dfrac{P}{A} = \dfrac{P}{2al}$

$P = \tau(2al) = \tau(2h\cos 45\, l)$ [여기서, $a = h\cos 45$, h: 용접 사이즈]

$\quad = 200 \times 2 \times 10 \times 0.7 \times 60 = 168,000\text{N} = 168\text{kN}$

35

정답 ③

$T(\text{토크}) = \mu P\left(\dfrac{D_m}{2}\right) = \mu P\left(\dfrac{D_1 + D_2}{4}\right)$

[여기서, D_m: 평균지름$\left(\dfrac{D_1 + D_2}{2}\right)$, D_1: 안지름, D_2: 바깥지름, μ: 마찰계수]

$T[\text{N} \cdot \text{mm}] = 9,549,000 \times \dfrac{H[\text{kW}]}{N[\text{rpm}]} = 9,549,000 \times \dfrac{4}{4,000} = 9,549\text{N} \cdot \text{mm}$

$T(\text{토크}) = \mu P\left(\dfrac{D_1 + D_2}{4}\right) \rightarrow 9,549\text{N} \cdot \text{mm} = 0.2 \times P \times \dfrac{40 + 60}{4}$

$\therefore P$(축 방향으로 미는 힘) $= 1909.8\text{N}$

비틀림모멘트(토크) 계산식 ★	
동력(H)의 단위가 kW일 때	$T(\text{N} \cdot \text{mm}) = 9,549,000\dfrac{H[\text{kW}]}{N[\text{rpm}]}$
동력(H)의 단위가 PS일 때	$T(\text{N} \cdot \text{mm}) = 7,023,500\dfrac{H[\text{PS}]}{N[\text{rpm}]}$

36

정답 ②

마찰손실동력(단위시간당 마찰일량)

$$H_f = A_f = \mu P v[\text{N} \cdot \text{m/s}] = \frac{\mu P v}{735}[\text{PS}] = \frac{\mu P v}{1,000}[\text{kW}]$$

$$v = \frac{\pi DN}{60,000} = \frac{3 \times 100 \times 2,400}{60,000} = 12\text{m/s}$$

$$H_f = \frac{\mu P v}{735}[\text{PS}] = \frac{0.2 \times 2.94 \times 1,000 \times 12}{735} = 9.6\text{PS}$$

37

정답 ⑤

공동현상은 펌프의 회전수가 클 때 발생한다.

[공동현상이 발생하는 원인]
• 유속이 빠를 때
• 펌프와 흡수면 사이의 수직거리가 너무 길 때
• 관 속을 유동하고 있는 물속의 어느 부분이 고온도일수록 포화증기압에 비례해서 상승할 때

[공동현상을 방지하는 방법]
• 실양정이 크게 변동해도 토출량이 과대하게 증가하지 않도록 주의한다.
• 스톱밸브를 지양하고 슬루스밸브를 사용한다.
• 펌프의 흡입수두를 작게 한다.
• 유속을 3.5m/s 이하로 유지하고 펌프의 설치위치를 낮춘다.
• 마찰저항이 작은 흡입관을 사용하여 흡입관 손실을 줄인다.
• 펌프의 임펠러속도(회전수)를 작게 한다(흡입비교회전도를 낮춘다).
• 펌프의 설치위치를 수원보다 낮게 한다.
• 양흡입펌프를 사용한다(펌프의 흡입측을 가압한다).
• 펌프를 2개 이상 설치한다.
• 관 내의 물의 정압을 증기압보다 높게 한다.
• 흡입관의 구경을 크게 하여 유속을 줄이고 배관을 완만하고 짧게 한다.
• 입축펌프를 사용하고 회전차를 수중에 완전히 잠기게 한다.
• 유압회로에서 기름의 점도는 800ct를 넘지 않아야 한다.

38

T(구동토크) $= \dfrac{Pq}{2\pi}$ [여기서, P: 작동유 압력, q: 1회전당 유량, Q(유량)$=qN$(회전수)]

작동유 압력: $500\text{N/cm}^2 = 5{,}000{,}000\text{N/m}^2$

1회전당 유량: $20\text{cc/rev} = 20 \times 10^{-6}\text{m}^3\text{/rev}$

$\therefore\ T = \dfrac{Pq}{2\pi} = \dfrac{5{,}000{,}000 \times 20 \times 10^{-6}}{2 \times 3} = 16.67\text{N} \cdot \text{m}$

39

[밸브의 사용목적]
유량조절, 압력조절, 속도조절, 유체의 방향 전환, 유체의 단속 및 유송

[밸브의 종류]

슬루스 밸브	판상의 밸브 판이 흐름의 직각으로 미끄러져 유로를 개폐하는 밸브이다. 게이트 밸브라고도 한다. 참고 게이트 밸브는 유로의 중간에 설치해서 흐름을 차단하는 대표적인 개폐용 밸브이다. 그리고 게이트 밸브는 부분적으로 개폐될 때 유체의 흐름에 와류가 생겨 내부에 먼지가 쌓이기 쉽다.
글로브 밸브	유체의 흐름이 S자 모양이 되거나 유체의 흐름을 90° 변형시켜 흐름 방향으로 디스크를 눌러 개폐하는 밸브이다. 기밀성이 높고 유량제어가 우수한 특징을 가지고 있다.
플로트 밸브	버저의 움직임으로 밸브를 개폐하고 액의 유입을 조절하여 액면을 일정하게 유지하는 조절 밸브이다.
체크 밸브	역지 밸브라고도 불리며, 유체를 한 방향으로만 흐르게 하여 역류를 방지하는 밸브이다.
버터플라이 밸브	밸브의 몸통 안에서 밸브대를 축으로 하여 원판 모양의 밸브 디스크가 회전하면서 관을 개폐하여 관로의 열림 각도가 변화함으로써 유량을 조절하는 밸브이다.
스톱 밸브	밸브 디스크가 밸브대에 의하여 밸브 시트에 직각 방향으로 작동한다.

40

ㄱ. 관통볼트란 관통된 구멍에 볼트를 집어넣어 반대쪽에서 너트로 죄어 2개의 기계부품을 죄는 볼트이다.

ㄹ. 탭볼트란 관통볼트를 사용하기 어려울 때 결합하려는 상대 쪽에 탭으로 암나사를 내고 이것을 머리달린 볼트를 나사에 박아 부품을 결합하는 볼트이다.

41

정답 ③

[외팔보형 판스프링] [여기서, n : 판수, $B = nb$]

굽힘응력 $\sigma = \dfrac{6PL}{Bh^2} = \dfrac{6PL}{nbh^2}$, 처짐량 $\delta = \dfrac{6PL^3}{Bh^3E} = \dfrac{6PL^3}{nbh^3E}$

[단순보형 겹판스프링]

굽힘응력 $\sigma = \dfrac{3PL}{2nbh^2}$, 처짐량 $\delta = \dfrac{3PL^3}{8nbh^3E}$

■ 외팔보형 겹판스프링의 공식에서 하중 $P \to \dfrac{P}{2}$, 길이 $L \to \dfrac{L}{2}$ 로 대입하면 위와 같은 식이 도출된다.

42

정답 ④

ㄱ. 슈퍼피니싱: 가공물 표면에 미세하고 비교적 연한 숫돌을 낮은 압력으로 접촉시켜 진동을 주어 가공하는 고정밀 가공 방법이다.

ㄷ. 래핑: 금속이나 비금속재료의 랩(lab)과 일감 사이에 절삭 분말 입자인 랩제(abrasives)를 넣고 상대 운동을 시켜 공작물을 미소한 양으로 깎아 매끈한 다듬질 면을 얻는 정밀가공 방법으로, 절삭량이 매우 적으며 표면의 정밀도가 매우 우수하며 블록게이지 등의 다듬질 가공에 많이 사용된다. 종류로는 습식래핑과 건식래핑이 있고 습식래핑을 먼저 하고 건식래핑을 실시한다.

• 습식법(습식래핑): 랩제와 래핑액을 혼합해서 가공하는 방법으로 래핑능률이 높다.

• 건식법(건식래핑): 건조 상태에서 래핑 가공을 하는 방법으로 래핑액을 사용하지 않는다. 일반적으로 더욱 정밀한 다듬질 면을 얻기 위해 습식래핑 후에 실시한다.

43

정답 ④

ㄱ. 전자빔용접: 고진공 분위기 속에서 음극으로부터 방출된 전자를 고전압으로 가속시켜 피용접물에 충돌시켜 그 충돌로 인한 발열 에너지로 용접을 실시하는 방법이다.

ㄴ. 고주파용접: 플라스틱과 같은 절연체를 고주파 전장 내에 넣으면 분자가 강하게 진동되어 발열하는 성질을 이용한 용접 방법이다.

ㄷ. 테르밋용접: 알루늄 분말과 산화철 분말을 1:3~4 비율로 혼합시켜 발생되는 화학 반응열을 이용한 용접 방법이다.

ㄹ. TIG용접: 텅스텐 봉을 전극으로 하고 아르곤이나 헬륨 등의 불활성 가스를 사용하여 알루늄, 마그네슘, 스테인리스강의 용접에 널리 사용되는 용접 방법이다.

✓ 기존 기출문제보다 난이도를 더 높게 변형시켰다.

44

정답 ③

ㄱ. **오토콜리메이터**: 시준기와 망원경을 조합한 광학적 측정기로 미소각을 측정할 수 있다. 또한, 직각도, 평면도, 평행도, 진직도 등을 측정할 수 있다.

ㄴ. **블록게이지**: 여러 개를 조합하여 원하는 치수를 얻을 수 있는 측정기로 양 단면의 간격을 일정한 길이의 기준으로 삼은 높은 정밀도로 잘 가공된 단도기이다.

ㄷ. **다이얼게이지**: 측정자의 직선 또는 원호운동을 기계적으로 확대하여 그 움직임을 지침의 회전변위로 변환하여 눈금으로 읽을 수 있는 길이측정기로 진원도, 평면도, 평행도, 축의 흔들림, 원통도 등을 측정할 수 있다.

ㄹ. **서피스게이지**: 금긋기용 공구로 평면도 검사나 금긋기를 할 때 또는 중심선을 그을 때 사용한다.

참고

금긋기용 공구: 서피스게이지, 센터펀치, 직각자, V블록, 트롬멜, 캠퍼스 등

45

정답 ③

① **수축공(shrinkage cavity)**: 대부분 금속은 응고 시 수축하게 되는데 이때 수축에 의해 쇳물이 부족하게 되어 발생하는 결함이다.

② **미스런(주탕불량)**: 용융금속이 주형을 완전히 채우지 못하고 응고된 것

③ **콜드셧(쇳물경계)**: 주형 내에서 이미 응고된 금속과 용융금속이 만나 응고속도 차이로 먼저 응고된 금속면과 새로 주입된 용융금속의 경계면에서 발생하는 결함, 즉 서로 완전히 융합되지 않고 응고된 결함이다.

④ **핀(지느러미)**: 주형의 상·하형을 올바르게 맞추지 않을 때 생기는 결함으로 주로 주형의 분할면 및 코어프린트 부위에 쇳물이 흘러나와 얇게 굳은 것이다.

⑤ **기공(blow hole)**: 가스배출의 불량으로 발생하는 결함이다.

46

정답 ②

[종탄성계수(E, 세로탄성계수, 영률), 횡탄성계수(G, 전단탄성계수), 체적탄성계수(K)의 관계식]
$$mE = 2G(m+1) = 3K(m-2) \ \text{[여기서, } m : \text{푸아송수]}$$

푸아송수(m)과 푸아송비(ν)는 서로 역수의 관계를 갖기 때문에 위 식이 아래처럼 변환된다.
$$E = 2G(1+\nu) = 3K(1-2\nu) \ \text{[여기서, } \nu : \text{푸아송비]}$$
$$E = 2G(1+\nu)$$
$$= 2G(1+0.2) = 2G \times 1.2 = 2.4G$$
$$\therefore \ \frac{E}{G} = 2.4$$

47

① 초전도합금: 초전도 특성을 가진 재료로 다양한 형태로 가공하여 코일 등으로 만들어 사용한다. 어떤 전도물질을 상온에서 점차 냉각하여 절대온도 $0K(=-273℃)$에 가까운 극저온이 되면 전기저항이 0이 되어 완전도체가 되는 동시에 그 내부에 흐르고 있던 자속이 외부로 배제되어 자속밀도가 0이 되는 "마이스너 효과"에 의해 완전한 반자성체가 되는 재료이다. 초전도 현상에 영향을 주는 인자는 온도, 자기장, 자속밀도이다.

② 초소성합금: 초소성은 금속이 유리질처럼 늘어나는 특수현상을 말한다. 즉, 초소성 합금은 파단에 이르기까지 수백 % 이상의 큰 신장률을 발생시키는 합금이다. 초소성 현상을 나타내는 재료는 공정 및 공석조직을 나타내는 것이 많다. 또한, Ti 및 Al계 초소성 합금이 항공기의 구조재로 사용되고 있다.

③ 형상기억합금: 고온에서 일정 시간 유지함으로써 원하는 형상을 기억시키면 상온에서 외력에 의해 변형되어도 기억시킨 온도로 가열만 하면 변형 전 형상으로 되돌아오는 합금이다.
- 온도, 응력에 의존되어 생성되는 마텐자이트 변태를 일으킨다.
- 형상기억 효과를 만들 때 온도는 마텐자이트 변태 온도 이하에서 한다.
- 우주선의 안테나, 치열 교정기, 안경 프레임, 급유관의 이음쇠, 소재의 회복력을 이용하여 용접 또는 납땜이 불가한 것을 연결하는 이음쇠로 사용된다.
- Ni-Ti 합금의 대표적인 상품은 니티놀이다. 주성분은 Ni과 Ti이다.

④ 파인세라믹스: 가볍고 금속보다 훨씬 단단한 특성을 지닌 신소재로 $1,000℃$ 이상의 고온에서도 잘 견디며 강도가 잘 변하지 않으면서 내마멸성이 커서 특수 타일이나 인공 뼈, 자동차 엔진, 반도체 집적회로 등의 재료로 사용되지만 깨지기 쉬워 가공이 어렵다는 단점이 있다.

⑤ FRP: 폴리에스터 수지, 에폭시 수지 등의 열경화성 수지를 섬유 등의 강화재로 보강하여 기계적 강도와 내열성을 높인 플라스틱으로 동일 중량으로 기계적 강도가 강철보다 강력하다.

48

[너트의 설계]

$$d_e = \frac{d_1 + d_2}{2} = \frac{6+10}{2} = 8\text{mm} \quad [\text{여기서, } d_1: \text{골지름, } d_2: \text{바깥지름}]$$

$$h = \frac{d_2 - d_1}{2} = \frac{10-6}{2} = 2\text{mm}$$

$$Z = \frac{Q}{\pi d_e h q} = \frac{10,000}{3 \times 8 \times 2 \times 20} ≒ 10.42 \quad [\text{단, } 1\text{MPa} = 1\text{N/mm}^2]$$

$$\therefore H = pZ = 2 \times 10.42 = 20.84\text{mm}$$

Z(나사산수) 구하기	$Z = \dfrac{Q}{\pi d_e h q},\ d_e = \dfrac{d_1 + d_2}{2},\ h = \dfrac{d_2 - d_1}{2}$ [여기서, Z: 나사산수, d_e: 유효지름, h: 나사산높이, q: 허용접촉면압력, Q: 축방향 하중]
H(너트의 높이) 구하기	$H = pZ$ [여기서, H: 너트의 높이, p: 피치, Z: 나사산수]

49

[수차]
유체에너지를 기계에너지로 변환시키는 기계로 수력발전에서 가장 중요한 설비

[대표적인 수차들의 종류와 특징]

충동 수차	반동 수차
수차가 **물에 완전히 잠기지 않으며** 물은 수차의 일부 방향에서 공급. 운동에너지만을 전환시킨다.	물의 위치에너지를 압력에너지와 속도에너지로 변환하여 이용하는 수차이다. 물의 흐름 방향이 회전차의 날개에 의해 바뀔 때 회전차에 작용하는 충격력 외에 회전차 출구에서의 유속을 증가시켜줌으로써 반동력을 회전차에 작용하게 하여 회전력을 얻는 수차이다. 종류로는 **프란시스 수차와 프로펠러 수차**가 있다. • **프로펠러 수차**: 약 10~60m의 저낙차로 비교적 유량이 많은 곳에 사용된다. 날개각도를 조정할 수 있는 가동익형을 카플란 수차라고 하며, 날개각도를 조정할 수 없는 고정익형을 프로펠러 수차라고 한다.
펠톤 수차(충격수차) ★ 빈출	프란시스 수차
• **고낙차(200~1,800m)** 발전에 사용하는 **충동수차의 일종**으로 "물의 속도 에너지"만을 이용하는 수차이다. • 고속 분류를 **버킷에 충돌**시켜 그 힘으로 회전차를 움직이는 수차이다. 그리고 회전차와 연결된 발전기가 돌아 전기가 생산된다. • **분류(jet)가 수차의 접선 방향으로 작용**하여 날개차를 회전시켜서 기계적인 일을 얻는 충격수차이다.	반동수차의 대표적인 수차로 40~600m의 광범위한 낙차의 수력발전에 사용된다. 적용 낙차와 용량의 범위가 넓어 **가장 많이 사용**되며 물이 수차에 반경류 또는 혼류로 들어와서 **축 방향으로 유출**되며 이때, 날개에 반동작용을 주어 날개차를 회전시킨다. 비교적 효율이 높아 발전용으로 많이 사용된다.
중력 수차	사류 수차
물이 낙하할 때 **중력에 의해서** 움직이는 수차이다.	**혼류수차**라고도 하며 유체의 흐름이 회전날개에 **경사진 방향으로 통과**하는 수차로 구조적으로 프란시스 수차나 카플란 수차와 같다. 종류로는 데리아 수차가 있다.
펌프 수차	튜블러 수차
펌프와 수차의 기능을 각각 모두 갖추고 있는 수차이다. 양수발전소에서 사용된다.	원통형 수차라고 하며 10m 정도의 저낙차, 조력발전용 수차이다.

50

응력집중은 단면적이 급하게 변하는 부분, 모서리 부분, **구멍 부분** 등에서 발생한다.

$$\sigma_{max} = \alpha \times \frac{P}{A} = \alpha \times \frac{P}{(b-d)t} = 4 \times \frac{100}{(0.3-0.1) \times 0.08} = 25,000 \text{N/m}^2 = 25\text{kN/m}^2$$

01	③	02	②	03	③	04	③	05	④	06	③	07	④	08	④	09	④	10	④
11	②	12	②	13	③	14	①	15	①	16	②	17	③	18	③	19	③	20	②
21	①	22	④	23	④	24	③	25	④	26	④	27	①	28	④	29	③	30	④
31	②	32	③	33	④	34	③	35	③	36	③	37	④	38	④	39	③	40	②

01

정답 ③

[강괴]
평로, 전로, 전기로에서 정련이 끝난 용강에 탈산제를 넣어 탈산시킨 후 주형틀에 넣어 응고시켜 만든 금속이다.

[산소 제거 정도에 따른 제강법으로 만들어진 강괴의 종류]

림드강	• 탄소함유량 0.3% 이하 • 산소를 가볍게 제거한 강(불완전탈산강) • 기포가 발생하고 편석이 되기 쉽다. • 킬드강에 비해 강괴의 표면이 곱고 분괴 생산 비율도 좋으며 값이 싸다.	탈산제: 페로망간(Fe-Mn)
킬드강	• 탄소함유량 0.3% 이상 • 산소를 충분하게 제거한 강(완전탈산강) • 상부에 수축공이 발생하기 때문에 강괴의 상부를 10~20% 잘라서 버린다. 즉, 가공 전 제거하는 과정이 추가되기 때문에 값이 비싸며 고품질이다.	탈산제: 페로실리콘(Fe-Si), 알루미늄(Al) 용도: 조선 압연판, 탄소공구강의 재료로 쓰이며 편석과 불순물이 적은 균일의 강
캡드강	• 림드강을 변형시킨 것으로 다시 탈산제를 넣거나 뚜껑을 덮고 비등교반운동(리밍액션)을 조기에 강제적으로 끝나게 한다. • 내부의 편석과 수축공을 적게 제조한다.	–
세미킬드강	• 탄소함유량 0.15~0.3% • 산소를 중간 정도로 제거한 강 • 림드강과 킬드강의 중간 상태의 강으로 용접에 많이 사용된다.	탈산제: 페로망간(Fe-Mn) + 페로실리콘(Fe-Si)

✓ 탈산 정도가 큰 순서: 킬드강 > 세미킬드강 > 캡드강 > 림드강
✓ 비등교반운동(리밍액션): 림드강에서 탈산조작이 충분하지 않아 응고가 진행되면서 용강 중에 남은 탄소와 산소가 반응하여 일산화탄소가 발생하면서 방출되는 현상이다. 이로 인해 순철의 림층이 형성된다.

02

[고급주철의 제조법(암기법: 에미야 코피난다)]

에멜법 (Emmel process)	5.0%(C+Si)의 성분을 가진 것을 1,500℃ 이상의 고온으로 용해하여 흑연을 미세화하고 균일하게 정출시키고 펄라이트의 바탕조직을 가지도록 하는 방법이다.
미한법 (meehan process)	저탄소, 저규소의 주철 쇳물에 Fe-Si 또는 Ca-Si 등을 첨가하여 흑연핵의 생성을 촉진시키는 방법으로 기계적 성질을 개선한 신뢰성이 있는 강인한 고급주철을 얻을 수 있다. 이 조작을 접종처리라고 한다.
코오살리법 (corsalli process)	용선의 C량을 2.0% 이하로 하기 때문에 전량의 2/3의 강 스크랩을 가하는 방법이다.
피보와르스키법 (Piwowarsky process)	• 전탄소, 전규소의 재료를 사용해서 흑연을 미세화하기 때문에 전기로에서 용탕을 과열하는 방법이다. • 큐폴라에서 얻은 쇳물을 전기로에 옮겨 1,500~1,600℃의 고온에서 재가열하고 적당한 온도까지 냉각시킨 다음 주입하면 흑연핵이 소실되어 미세한 흑연이 정출됨과 동시에 펄라이트 조직의 주철을 얻는 방법이다.
란쯔법 (Lanz process)	3.5~4.0%(C+Si)의 성분을 가진 쇳물을 시멘타이트의 정출을 막기 위해 가열된 주형에 주입, 냉각속도를 느리게 함으로써 흑연화를 촉진시킨다.

03

[주철의 특징]
• 일반적으로 주철의 탄소함유량은 2.11~6.68%C이다.
• 압축강도는 크지만 인장강도는 작다.
• 용융점이 낮기 때문에 녹이기 쉬우므로 주형 틀에 녹여 흘려보내기 용이하여 유동성이 좋다. 따라서 주조성이 우수하며 복잡한 형상의 주물 재료로 많이 사용된다.
• 내마모성과 절삭성은 우수하지만 가공이 어렵다.
• 탄소함유량이 많아 용접성이 불량하며 취성(메짐, 깨짐, 여림)이 크다.
• 탄소강에 비하여 충격에 약하고 고온에서도 소성가공이 되지 않는다.
• 녹이 잘 생기지 않으며 마찰저항이 크고 값이 저렴하다.
• 탄소함유량이 많아 단단하므로 전연성이 작고 취성((메짐, 깨짐, 여림)이 크다.
• 주철 내의 흑연이 절삭유의 역할을 하기 때문에 절삭유를 사용하지 않는다.
• 주철 내의 흑연이 진동에너지를 흡수하기 때문에 감쇠능(진동을 흡수하는 성질)이 좋다.
• 용접, 단조가공, 담금질, 뜨임 등의 열처리 작업을 하기 어렵다.
• 용도로는 공작기계의 베드, 기계구조물 등에 사용된다.
• 내식성은 있으나 내산성은 낮다.

※ 감쇠능: 진동을 흡수하여 열로서 소산시키는 흡수 능력을 말하며 내부 마찰이라고도 한다.

04
정답 ③

① **사일런트 체인**: 링크가 스프로킷에 비스듬히 미끄러져 들어가 맞물리기 때문에 롤러체인보다 소음이 적은 특징을 가지고 있다.

② **롤러 체인**: 가장 널리 사용되는 전동용 체인으로 저속~고속회전까지 넓은 범위에서 사용된다.

③ **부시 체인**: 롤러 체인에서 롤러를 없애고 롤러와 부시를 일체로 하여 구조를 간단하게 한 체인이다.

④ **핀틀 체인**: 양쪽의 링크와 핀 삽입부를 일체로 주조하고 핀으로 연결한 체인이다.

05
정답 ④

[V-벨트의 특징]
- 축간 거리가 짧고 속도비(1:7~10)가 큰 경우에 적합하며 접촉각이 작은 경우에 유리하다.
- 소음 및 진동이 적고 미끄럼이 적어 큰 동력 전달이 가능하다.
- 바로걸기만 가능하며 엇걸기는 불가능하다.
- 벨트가 벗겨질 염려가 없지만 끊어졌을 때 접합이 불가능하고 길이 조정이 불가능하다.
- 고속 운전이 가능하고 충격을 완화할 수 있다.
- 전동 효율이 95% 이상으로 우수하다(전동 효율을 90~95% 범위로 보기도 한다).
- 작은 장력으로 큰 회전력을 얻을 수 있으므로 베어링의 부담이 적다.
- 수명을 고려하여 속도를 10~18m/s의 범위로 운전한다.
- 밀링머신에서 보통 가장 많이 사용되는 벨트이다.
- V-벨트의 홈 각도는 40°이다.
- V-벨트의 풀리 홈 각도는 34°, 36°, 38°이다. 풀리 홈에 V-벨트가 끼워지게 된다. 이때, 폴리 홈 각도는 40°보다 작게 해서 더욱 쪼이게 하여 마찰력을 증대시킨다. 이에 따라 전달할 수 있는 동력이 더 커지므로 전동 효율이 증가된다.
- V-벨트의 종류는 A, B, C, D, E, M형이 있다.

※ V벨트 A30 규격의 경우, 단면이 A형이며 30inch 길이를 의미하므로 벨트의 길이는 $25.4\text{mm} \times 30 = 762\text{mm}$이다.

※ 인장강도, 허용장력, 단면치수가 큰 순서: $E > D > C > B > A > M$

※ A, B, C, D, E, M형 V벨트는 모두 동력전달용으로 사용된다.

※ V벨트의 길이는 유효둘레를 인치(inch)로 나타낸 숫자를 호칭번호로 표시한다. 단, M형은 바깥둘레로 표시한다.

06
정답 ③

$$\eta_{강판효율} = 1 - \frac{d}{p} \quad [여기서,\ d:\ 리벳지름,\ p:\ 리벳\ 피치]$$

$$= 1 - \frac{20}{50} = 0.6$$

∴ 강판의 효율은 60%이다.

07

정답 ④

[세라믹]
도기라는 뜻으로 점토를 소결한 것이며 알루미나 주성분에 Cu, Ni, Mn을 첨가한 것이다.

[세라믹의 특징]
- 세라믹은 1,200℃까지 경도의 변화가 없으며 원료가 풍부하기 때문에 대량 생산이 가능하다.
- 냉각제를 사용하면 쉽게 파손되므로 냉각제는 사용하지 않는다.
- 세라믹은 이온결합과 공유결합 상태로 이루어져 있다.
- 세라믹은 금속과 친화력이 작아 구성인선이 발생하지 않는다.
- 고온경도가 우수하며 열전도율이 낮아 내열제로 사용된다.
- 충격에 약하며★ 세라믹은 금속산화물, 탄화물, 질화물 등 순수화합물로 구성되어 있다.

✓ 세라믹에 포함된 불순물에 가장 크게 영향을 받는 기계적 성질: 횡파단강도

08

정답 ④

[형상기억합금]
- 고온에서 일정 시간 유지함으로써 원하는 형상을 기억시키면 상온에서 외력에 의해 변형되어도 기억시킨 온도로 가열만 하면 변형 전 형상으로 되돌아오는 합금이다.
- 온도, 응력에 의존되어 생성되는 마텐자이트 변태를 일으킨다.
- 형상기억 효과를 만들 때 온도는 마텐자이트 변태 온도 이하에서 한다.
- 형상기억 효과를 나타내는 합금이 일으키는 변태는 마텐자이트 변태이다.
- 우주선의 안테나, 치열 교정기, 안경 프레임, 급유관의 이음쇠, 소재의 회복력을 이용하여 용접 또는 납땜이 불가한 것을 연결하는 이음쇠로 사용된다.
- Ni-Ti 합금의 대표적인 상품은 니티놀이다. 주성분은 Ni과 Ti이다.
- 이 외에도 Cu-Al-Zn계 합금, Cu-Al-Ni계, Cu계 합금 등이 있다.

Ni-Ti계 합금	• 결정립의 미세화가 용이하다. • 내식성, 내마멸성, 내피로성이 좋다. • 가격이 비싸며 소성가공에 숙련된 기술이 필요하다.
Cu계 합금	• 결정립의 미세화가 곤란하다. • 내식성, 내마멸성, 내피로성이 Ni-Ti계 합금보다 좋지 않다. • 가격이 싸며 소성가공성이 우수하여 파이프 이음쇠에 사용된다.

09

정답 ④

[절삭공구용 재료 구비조건]
- 내마모성, 고온경도가 커야 한다.
- 열처리와 가공이 쉬워야 한다.
- 강인성이 커야 한다.
- 강도 및 경도에 대한 변화가 작아야 한다.
- 충격에 잘 견뎌야 한다.
- 절삭 시 마찰계수가 작아야 한다.
- 성형성이 용이하며 가격이 저렴해야 한다.

10

[알루미늄의 특징]
- 순도가 높을수록 연하며 변태점이 없다.
- 비중은 2.7이며 용융점은 660℃이다.
- 면심입방격자이며 주조성이 우수하고 열과 전기전도율이 구리(Cu) 다음으로 우수하다.
- 내식성, 가공성, 전연성이 우수하다.
- 비강도가 우수하다. 그리고 표면에 산화막이 형성되기 때문에 내식성이 우수하다.
- 공기 중에서 내식성이 좋지만 산, 알칼리에 침식되며 해수에 약하다.
- 보크사이트 광석에서 추출된다.

✓ 수축률의 크기가 큰 순서: 알루미늄 > 탄소강 > 회주철(연할수록 수축률이 크다)

11

정답 ②

$\sigma = \dfrac{P}{A} = \dfrac{P}{a^2}$ [여기서, a: 정사각형의 한 변의 길이]

$a^2 = \dfrac{P}{\sigma} = \dfrac{4\text{kN}}{10\text{MPa}} = \dfrac{4{,}000\text{N}}{10\text{N/mm}^2} = 400\text{mm}^2$

$a^2 = 400\text{mm}^2$

$\therefore\ a = 20\text{mm}$

12

정답 ②

$연신율(\%) = \dfrac{파단\ 후\ 표점거리 - 표점\ 간\ 거리}{표점\ 간\ 거리} \times 100$

$\qquad\qquad = \dfrac{55 - 50}{50} \times 100 = 10\%$

13

정답 ③

$W = 4{,}000\text{kgf},\ \sigma_b = 204\text{kgf/mm}^2,\ P_a = 10\text{kgf/mm}^2$이므로

폭경비 $\dfrac{l}{d} = \sqrt{\dfrac{\sigma_b}{5.1P_a}} = \sqrt{\dfrac{204}{5.1 \times 10}} = 2$

$\therefore\ l = 2d$가 도출된다.

$P_a = \dfrac{W}{dl} \rightarrow dl = \dfrac{W}{P_a}$ 여기에 $l = 2d$를 대입한다.

$2d^2 = \dfrac{18{,}000\text{kgf}}{10\text{kgf/mm}^2} = 1{,}800\text{mm}^2$

$\therefore$ 지름 $d = \sqrt{900} = 30\text{mm}$

$\qquad$ 길이 $l = 2d = 2 \times 30 = 60\text{mm}$

14

정답 ①

[침탄법과 질화법의 비교]

특성	침탄법	질화법
정의	순철에 0.2% 이하의 탄소(C)가 합금된 저탄소강을 목탄과 같은 침탄제 속에 완전히 파묻은 상태로 900~950℃로 가열하여 재료의 표면에 탄소를 침입시켜 고탄소강으로 만든 후 급랭시킴으로써 표면을 경화시키는 열처리법이다. 기어나 피스톤 핀을 표면경화할 때 주로 사용된다.	암모니아(NH₃)가스 분위기(영역) 안에 재료를 넣고 **500℃**에서 50~100시간을 가열하면 재료 표면에 Al, Cr, Mo원소와 함께 질소가 확산되면서 매우 단단한 질소화합물 층이 형성되어 강 재료의 표면이 단단해지는 표면경화법이다. 침탄법의 경우는 2차 열처리를 통해 담금질을 하기 때문에 변형이 생길 수 있지만 질화법은 담금질이 필요 없기 때문에 열처리에 의한 변형이 작다. 그리고 침탄법에 비해 시간과 비용이 더 많이 든다. ※ 질화법의 용도: 기어의 잇면, 크랭크 축, 스핀들 등
경도	질화법보다 낮음	침탄법보다 높음
수정여부	침탄 후 수정 가능	수정 불가
처리시간	짧음	길음
열처리	침탄 후 열처리 필요	열처리 불필요
변형	변형이 큼	변형이 작음
취성	질화층보다 여리지 않음	질화층부가 여림
경화층	질화법에 비해 깊음	침탄법에 비해 얇음
가열온도	900~950℃ ★ 수치 암기 꼭!	500℃ ★ 수치 암기 꼭!
경화층 두께	2~3mm ★ 수치 암기 꼭!	0.3~0.7mm ★ 수치 암기 꼭!

15

정답 ①

(가)   (나)   (다)   (라)

(가): 점용접, 심용접, 프로젝션용접

(나): 필릿용접

(다): 플러그용접, 슬롯용접

(라): 비드용접

16

정답 ②

$$T = \tau Z_p = \tau \left(\frac{\pi d^3}{16} \right) = 4 \times \frac{\pi \times 80^3}{16} = 128,000\,\pi\,[\mathrm{kgf \cdot mm}]$$

17

① 이 두께(tooth thickness): 피치원 위에서 측정한 이의 두께
② 뒤틈(backlash, 치면놀이, 엽새): 한 쌍의 기어가 맞물렸을 때 치면 사이에 생기는 틈새
③ 이 너비(tooth width): 기어의 축 방향(축 선상)으로 측정한 이의 길이
④ 이끝 틈새(clearance): 총 이 높이에서 유효 높이를 뺀 이뿌리 부분의 여유 간격

18

금의 순도를 나타내는 단위는 여러 가지가 있는데 그 중에서 가장 많이 사용되는 것이 캐럿(K, Karat)이다. K는 캐럿의 약자이며 캐럿을 사용하여 금의 순도를 나타낼 때에는 24를 100으로 기준해서 계산한다. 즉, 1K는 "1/24에 해당하는 양만큼 금이 들어가 있다"라는 의미이다.

따라서 14K는 $\frac{14}{24} \times 100 = 58.3\%$, 18K는 $\frac{18}{24} \times 100 = 75\%$, 21K는 $\frac{21}{24} \times 100 = 87.5\%$의 금 함량을 나타내고 24K는 불순물이 전혀 없는 순도 100%의 순금을 의미한다.

순금의 경우에는 강도가 약해 쉽게 변형될 수 있기 때문에 실용성을 높이고자 다른 금속을 섞어 강도 등을 높인다. 다른 금속의 함량에 따라 21K, 18K, 14K 등으로 표시한다.

21K	인장강도가 매우 크다.
18K	색상과 강·경도가 우수하여 금 장식에 가장 보편적으로 많이 사용된다.
14K	금과 구리의 비율이 통상적으로 3:1이며 여기에 니켈(Ni) 1% 미만을 첨가하면 더욱 좋은 성질을 지닌다.

19

니들 롤러 베어링은 축 직각 방향(반경 방향)에 대한 힘만 받을 수 있다(지지할 수 있다). 즉, 니들 롤러 베어링은 축 방향 하중을 지지할 수 없다.

20

[수명시간(L_h)]

$$L_h = 500 \times \frac{33.3}{N} \times \left(\frac{C}{P}\right)^r$$

[여기서, N: 회전수(rpm), C: 기본동적부하용량(기본 동정격하중), P: 베어링 하중]

• 볼베어링일 때 $r = 3$

• 롤러베어링일 때 $r = \frac{10}{3}$

[정격수명(수명회전수, 계산수명, L_n)]

$$L_n = \left(\frac{C}{P}\right)^r \times 10^6 [\text{rev}]$$

[여기서, C: 기본동적부하용량(기본 동정격하중), P: 베어링 하중]

※ 기본동적부하용량(C)가 베어링 하중(P)보다 크다.

문제에서는 볼베어링에 대해 물어보았다. 따라서 수명시간은 아래와 같다.

$$L_h = 500 \times \frac{33.3}{N} \times \left(\frac{C}{P}\right)^3$$

볼베어링의 수명은 베어링 하중(P)의 3제곱에 비례함을 알 수 있다.

즉, $L_h \propto \left(\frac{1}{2}\right)^3$ 가 되므로 수명시간(L_h)은 $\frac{1}{8} = 0.125$배가 된다.

21

정답 ①

[파이프 이음의 종류]

나사 이음	주로 저압이거나 분리될 필요가 있을 경우에 사용된다.
용접 이음	관을 커플링이나 유니온에 끼워 용접 접속하는 것으로 기밀성이 우수하기 때문에 고압용, 대관경의 관로에 쓰이며 분해 및 보수가 어렵다. 즉, 분리가 필요가 없는 영구적으로 이음할 개소에 사용된다.
플랜지 이음	수 개의 볼트에 의해 조임의 힘이 분할되기 때문에 고압, 저압에 관계없이 대형관 이음에 쓰이며 분해 및 보수가 용이하다. 볼트는 리머볼트를 사용한다.
플레어 이음 (압축접합)	관의 선단부를 나팔형으로 넓혀서 이음 본체의 원뿔면에 슬리브와 너트에 의해 체결한다.
플레어리스 이음	관의 끝을 넓히지 않고 관과 슬리브의 먹힘 또는 마찰에 의해 관을 유지하는 이음이다.
소켓 접합 (연납접합)	주철관의 소켓 쪽에 납(Pb)과 얀(마, yarn)을 정으로 박아 넣어 접합하는 방식이다.
기계적 접합	소켓접합과 플랜지 접합의 장점을 채택한 것으로 150mm 이하의 수도관용으로 사용된다.
빅토릭 접합	가스배관용으로 빅토릭형 주철관은 고무링과 금속제킬라를 사용하여 접합한다.
타이튼 접합	소켓 내부의 홈은 고무링을 고정시키고, 돌기부는 고무링이 있는 홈 속에 들어맞게 되어 있으며, 삽입구의 끝은 쉽게 끼울 수 있도록 테이퍼로 되어 있다.

22

정답 ④

[합금]

탄소강에 1가지 이상의 특수 원소를 첨가하여 기계적 성질을 향상시킨 것이다.

[합금의 특징]
• 인장강도, 경도, 내식성, 내열성, 내산성, 전기저항 등이 증가한다.
• 전연성, 연신율, 단면수축률이 작고 용융점이 낮다.
• 열전도율과 전기전도율이 낮다.
• 담금질 효과 및 주조성이 향상되며 용접성을 좋게 한다.
• 여러 가지 금속의 원소를 혼합하기 때문에 열처리 성질이 우수하다.
• 결정립의 성장을 방지하여 일정한 성질을 가질 수 있다.

23

[전위기어의 사용목적]
• 중심거리를 자유롭게 변화시킬 때
• 언더컷을 방지할 때
• 이의 물림률과 이의 강도를 개선할 때
• 최소 잇수를 적게 할 때

[전위기어의 특징]
• 모듈에 비해 강한 이를 얻을 수 있다.
• 주어진 중심거리에 대한 기어의 설계가 용이하다.
• 공구의 종류가 적어도 되고 각종 기어에 응용된다.
• 계산이 복잡하게 된다.
• 호환성이 없게 된다.
• 베어링 압력을 증가시킨다.

24

정답 ③

[불변강(고−니켈강)]
온도가 변해도 탄성률, 선팽창계수가 변하지 않는 강

[불변강의 종류]

인바	Fe−Ni 36%로 구성된 불변강으로 선팽창계수가 매우 작다. 즉, 길이의 불변강이다. 시계의 추, 줄자, 표준자 등에 사용된다.
초인바	기존의 인바보다 선팽창계수가 더 적은 불변강으로 인바의 업그레이드 형태이다.
엘린바	Fe−Ni 36%−Cr 12%로 구성된 불변강으로 탄성률(탄성계수)이 불변이다. 정밀저울 등의 스프링, 고급시계, 기타정밀기기의 재료에 적합하다.
코엘린바	엘린바에 Co(코발트)를 첨가한 것으로 공기나 물에 부식되지 않는다. 용도로는 스프링, 태엽 등에 사용된다.
플래티나이트	Fe−Ni 44~48%로 구성된 불변강으로 열팽창계수가 백금, 유리와 비슷하다. 용도로는 전구의 도입선으로 사용된다.

25

정답 ④

체심입방격자	면심입방격자	조밀육방격자
Li, Ta, Na, Cr, W, V, Mo, α−Fe, δ−Fe	Ag, Au, Al, Ca, Ni, Cu, Pt, Pb, γ−Fe	Be, Mg, Zn, Cd, Ti, Zr
강도 우수, 전연성 작음, 용융점 높다	강도 약함, 전연성 큼, 가공성 우수	전연성 작음, 가공성 나쁨

26

정답 ④

[냉간가공과 열간가공의 비교]

구분	냉간가공	열간가공
가공온도	재결정온도 이하	재결정온도 이상
표면거칠기, 치수정밀도	우수(깨끗한 표면)	냉간가공에 비해 거칠다(높은 온도에서 가공하기 때문에 표면이 산화되어 정밀한 가공은 불가능하다).
동력	많이 든다.	적게 든다(가공하기 쉽다, 대량생산이 가능하다, 작은 힘으로 큰 변형을 줄 수 있다).
가공경화	가공경화가 발생하여 가공품의 강도 증가	가공경화가 발생하지 않음
변형 응력	높음	낮음
용도	연강, 구리, 합금, STS 등의 가공	압연, 단조, 압출 가공
성질의 변화	인장강도, 항복점, 탄성한계, 경도가 증가하고 연신율, 인성, 단면수축률은 감소한다.	연신율, 인성, 단면수축률은 증가하고 인장강도, 항복점, 탄성한계, 경도는 감소한다.
조직	미세화	초기 미세화 효과 → 조대화
균일성(표면의 치수 정밀도 및 요철의 정도)	크다.	작다.
마찰계수	작다.	크다.
가공도	작다.	크다(거친 가공에 적합).

27

정답 ①

$M = \sigma_b Z = \sigma_b \left(\dfrac{\pi d^3}{32} \right) \rightarrow M \propto d^3$이 도출된다. 굽힘응력($\sigma_b$)은 일정 값을 가지므로 상수 취급을 해도 된다. 따라서 굽힘모멘트(M)가 2배가 되려면 직경(d)은 $\sqrt[3]{2}$ 배가 되어야 한다.

28

정답 ④

감마선(γ-선)은 강력한 투과력이 있어 밀봉 포장된 제품도 내부까지 투과가 가능하다.

29

정답 ③

[황(S)의 특징]
• 망간(Mn)과 결합하여 절삭성을 좋게 한다.
• 인장강도, 연신율, 충격치를 저하시킨다.
• 탄소강에 함유되면 강도 및 경도를 증가시킨다.
• 탄소강에 함유되면 용접성을 저하시킨다.
• 적열취성의 원인이 되는 원소이다. (가장 큰 힌트)

30

정답 ④

[고주파경화법]

표면경화법 중에서 가장 편리한 방법 중 하나로 고주파 유도 전류로 강의 표면층을 급속 가열한 후 급냉시키는 방법으로 가열시간이 짧고 재료 표면만을 경화시키는 표면경화법이다.

[고주파 경화법의 특징]

• 직접 가열하기 때문에 열효율이 높다.
• 작업비가 저렴하다.
• 조작이 간단하여 열처리 시간이 단축된다.
• 불량이 적어 변형을 수정할 필요가 없다(변형보정을 필요로 하지 않는다).
• 급열이나 급랭으로 인해 재료가 변형될 수 있다.
• 가열시간이 짧아 산화나 탈탄 현상이 적다.
• 마텐자이트 생성으로 체적이 변하여 내부응력이 발생한다.
• 부분 담금질이 가능하므로 필요한 깊이만큼 균일하게 경화시킬 수 있다.
• 경화층이 이탈되거나 담금질 균열이 생기기 쉽다.
• 열처리 후 연삭과정을 생략할 수 있다.

31

정답 ②

[가공경화(변형경화, strain hardening)]

• 재결정 이하의 온도에서 가공하면 할수록 경화되는 현상이다.
• 경도, 강도가 증가하나 연신율, 단면수축률, 인성이 감소한다.
• 없애려면 풀림처리를 한다. 혹은 재결정온도 이상에서 가공하면 된다.

[가공경화의 예]

철사를 반복하여 굽히면 굽혀지는 부분이 결국 부러진다.

→ "가공경화의 예로 옳은 것은?" 답이 "철사를 반복하여 굽히면 굽혀지는 부분이 결국 부러진다."라고 에너지공기업, 지방공기업 등에서 자주 출제되었던 적이 있다. 앞으로도 나올 가능성이 있으니 숙지하자.

✓ 냉간가공에서는 가공경화 현상이 발생한다. 철사를 가열하지 않고 반복하여 굽히게 되면 가공부위가 점점 단단해지는 가공경화 현상이 발생하고 변형 저항열로 온도가 상승하다가 결국 끊어지게 된다. 철사 내의 결정입자가 굽혀지는 변형 과정 중에 스트레스를 받기 때문이다.

✓ 열간가공에서는 가공경화 현상이 발생하지 않는다. 열간가공은 철사를 재결정온도 이상, 즉 적당한 온도까지 가열하고 굽히기 때문에 가공경화 현상이 발생하지 않는다. 따라서 철사는 쉽게 끊어지지 않고, 얻고자 하는 원하는 형상으로 변형이 된다.

32

[외형에 따른 축의 분류]
① 직선 축: 일직선으로 곧은 원통형의 축이며 일반적인 동력 전달용으로 사용된다.
② 크랭크 축: 몇 개의 축의 중심을 서로 어긋나게 한 것으로 왕복 운동기관 등의 직선운동과 회전 운동을 서로 변환시키는 데 사용하며 곡선축이라고도 한다. 내연기관이나 압축기에 많이 사용하며 일체식과 조립식이 있다.
③ 테이퍼 축: 원뿔형의 축으로 연삭기, 밀링 머신, 드릴링 머신 등의 주축에 사용된다. 원뿔형은 기울기(구배)가 있기 때문에 테이퍼라고도 불린다.
④ 플렉시블 축: 강선을 2중, 3중으로 감은 나사 모양의 축으로 축 방향이 수시로 변하는 작은 동력 전달 축으로, 공간상의 제한으로 일직선 형태의 축을 사용할 수 없을 때 사용한다. 비틀림 강성은 매우 우수하지만 굽힘 강성은 작다.

33

[금속침투법(시멘테이션)]
재료를 가열하여 표면에 철과 친화력이 좋은 금속을 표면에 침투시켜 확산에 의해 합금 피복층을 얻는 방법이다. 금속침투법을 통해 재료의 내식성, 내열성, 내마멸성 등을 향상시킬 수 있다.

[금속침투법의 종류]
• 칼로라이징: 철강 표면에 알루미늄(Al)을 확신 침투시키는 방법으로 확산제로는 알루미늄, 알루미나 분말 및 염화암모늄을 첨가한 것을 사용하며, 800~1,000℃ 정도로 처리한다. 또한, 고온산화에 견디기 위해서 사용된다.
• 실리콘나이징: 철강 표면에 규소(Si)를 침투시켜 방식성을 향상시키는 방법이다.
• 보로나이징: 표면에 붕소(B)를 침투 확산시켜 경도가 높은 보론화층을 형성시키는 방법으로 저탄소 강의 기어 이 표면의 내마멸성 향상을 위해 사용된다. 경도가 높아 처리 후 담금질이 불필요하다.
• 크로마이징: 강재 표면에 크롬(Cr)을 침투시키는 방법으로 담금질한 부품을 줄질할 목적으로 사용되며 내식성이 증가된다.
• 세라다이징: 고체 아연(Zn)을 침투시키는 방법으로 원자 간의 상호 확산이 일어나며 대기 중 부식 방지 목적으로 사용된다.

34

[클러치의 종류]

맞물림 클러치	• 독클러치, 클로클러치라고도 불린다. • 미끄럼이 없어 정확한 속도비를 얻을 수 있다. • 결합시 충격을 수반한다. • 소형 및 경량화로 설계하여 관성력을 작게 한다(클러치 설계의 가장 중요한 부분). • 회전수가 크면 부적당하다(회전수가 빠르면 맞물린 이가 빠질 수 있다).
일방향 클러치	동력을 역방향에서 전달시키지 못하며 자전거에 사용되는 클러치이다.

유체 클러치	• 펌프축을 원동기에 터빈축을 부하에 결합하여 동력을 전달하는 클러치이다. • 원동축에 고하중을 가해도 종동축에 힘을 받지 않아 무리가 가지 않는다. • 축의 비틀림 진동과 충격을 완화하며 역회전이 가능하고 자동변속이 가능하다.
마찰 클러치	• 한쪽은 금속으로 하며 다른 쪽은 가죽, 목재, 고무로 한다. • 축과 접촉된 부분의 면적을 크게 하여 마찰력을 크게 한 후, 동력을 전달한다. • 일정량 이상의 과하중이 피동축에 가해지면 접촉면이 미끄러져 하중이 원동축에 작용하지 않는다.

35

정답 ③

용접이음	**[장점]** • 이음 효율(수밀성, 기밀성)을 100%까지 할 수 있다. • 공정수를 줄일 수 있다. • 재료를 절약할 수 있다. • 경량화할 수 있다. • 용접하는 재료에 두께 제한이 없다. • 서로 다른 재질의 두 재료를 접합할 수 있다. **[단점]** • 잔류응력과 응력집중이 발생할 수 있다. • 모재가 용접 열에 의해 변형될 수 있다. • 용접부의 비파괴검사(결함검사)가 곤란하다. • 진동을 감쇠시키기 어렵다. **[용접의 효율]** 아래보기 용접에 대한 위보기 용접의 효율 — 80% 아래보기 용접에 대한 수평보기 용접의 효율 — 90% 아래보기 용접에 대한 수직보기 용접의 효율 — 95% 공장용접에 대한 현장용접의 효율 — 90%
리벳이음	**[장점]** • 리벳이음은 잔류응력이 발생하지 않아 변형이 적다. • 경합금처럼 용접하기 곤란한 금속을 이음할 수 있다. • 구조물 등에서 현장 조립할 때는 용접이음보다 쉽다. **[단점]** • 길이 방향의 하중에 취약하다. • 결합시킬 수 있는 강판의 두께에 제한이 있다. • 강판 또는 형강을 영구적으로 접합하는 데 사용하는 이음으로 분해 시 파괴해야 한다. • 체결 시 소음이 발생한다. • 용접이음보다 이음 효율이 낮으며 기밀, 수밀의 유지가 곤란하다.

36

정답 ③

[액정 폴리머(Liquid Crystal Polymer, LCP)]
액정(Liquid Crystal)은 액체 결정을 일컫는 말로 액체와 고체의 성질 모두 지닌다. 액정은 고체결정처럼 분자가 규칙적으로 배열되어 있지는 않지만, 전혀 불규칙적인 액체에 비하면 일부 규칙성이 있다. 따라서 액정은 액체처럼 흐르지만 이방성도 가지며 액체와 고체의 중간적인 성질을 갖는 제4의 물질상태이다.

[액정 폴리머의 특징]
• 강도와 탄성계수가 우수하다.
• **성형수축률 및 선팽창률이 낮다.**
• 용융 시 유동성이 우수하여 성형품의 정밀도가 높다.
• 난연소성이며 치수안정성, 내약품성, 내가수분해성이 우수하다.
• 용도로는 전기, 전자, 자동차, 화학기기 분야 등에 사용된다.

37

정답 ④

[주철의 성장]
A1변태점 이상에서 가열과 냉각을 반복하면 주철의 부피가 커지면서 팽창하여 균열을 발생시키는 현상

[주철의 성장 원인]
• 불균일한 가열에 의해 생기는 파열 팽창
• 흡수된 가스에 의한 팽창에 따른 부피 증가
• 고용 원소인 Si의 산화에 의한 팽창[페라이트 조직 중 Si 산화]
• 펄라이트 조직 중의 Fe_3C 분해에 따른 흑연화에 의한 팽창

[주철의 성장 방지법]
• **C, Si의 함량을 적게 한다.** Si 대신에 내산화성이 큰 Ni로 치환한다[Si는 산화하기 쉽다].
• 편상 흑연을 구상화시킨다.
• 흑연의 미세화로 조직을 치밀하게 한다.
• 탄화안정화원소(Cr, V, Mo, Mn)를 첨가하여 펄라이트 중의 Fe_3C 분해를 막는다.

38

정답 ④

[마찰차의 특징]
기본 마찰차는 이가 없는 원통으로 마찰차의 표면끼리 직접 접촉했을 때 발생하는 마찰로 동력을 전달하는 직접전동장치 중 하나이다. 즉, 이가 없기 때문에 서로 맞물리지 않아 미끄럼이 발생하고 이로 인해 정확한 속도비는 기대하기 어렵다. 또한, 원동차에 공급된 동력이 종동차에 전달되는 과정에서 미끄럼에 의한 손실이 발생하게 되며, 이로 인해 효율이 그다지 좋지 못하다. 그리고 손실된 동력은 축과 베어링 사이로 전달되어 축과 베어링 사이의 마멸이 크다. 추가적으로 기어는 이와

이가 맞물려서 동력을 전달하기 때문에 회전 속도가 큰 경우에는 이에 큰 부하가 걸리거나 이가 손상될 가능성이 있다. 하지만 마찰차는 이가 없는 원통이기 때문에 회전 속도가 너무 커서 기어를 사용할 수 없을 때 사용할 수 있다.

- 무단변속이 가능하며 과부하 시 약간의 미끄럼으로 손상을 방지할 수 있다.
- 미끄럼이 발생하기 때문에 효율이 그다지 좋지 못하다.
- 기본 마찰차는 이가 없는 단순한 원통으로 미끄럼이 발생하여 정확한 속도비를 얻을 수 없다.
- 축과 베어링 사이의 마찰이 커서 축과 베어링의 마멸이 크다.
- 구름접촉으로 원동차와 종동차의 속도가 동일하게 운전된다.
- 회전 속도가 너무 커서 기어를 사용할 수 없을 때 사용한다.

직접전동장치 (원동차와 종동차가 직접 접촉하여 동력 전달)	간접전동장치 (원동과 종동이 직접 접촉하지 않고 중간 매개체를 통해 간접적으로 동력을 전달)
마찰차, 기어, 캠	벨트, 로프, 체인

39
정답 ③

둥근머리나사	와셔붙이나사	접시머리나사	트러스머리나사

40
정답 ②

$$\tau_{전단응력} = \frac{P_{인장력}}{n_{전단면의 수} \times A_{전단되는 \, 단면}} = \frac{P}{n\frac{1}{4}\pi d^2} = \frac{4P}{n\pi d^2}$$

$$\rightarrow P = \frac{n\pi d^2 \tau}{4} = \frac{1 \times \pi \times 20^2 \times 1,500}{4} = 471,000 \, \mathrm{kgf}$$

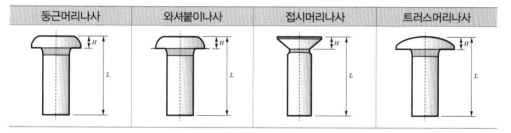

위 그림처럼 리벳이 전단되는 곳은 점선 표시 부분이다. 전단면의 개수는 1개이며 전단되는 면의 단면은 원의 단면으로 전단되게 되므로 $A = \frac{1}{4}\pi d^2$이 되는 것이다.

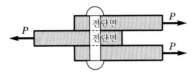

위 그림의 경우에는 양쪽 덮개판으로 되어 있는 리벳 이음이다. 그림처럼 전단되는 면의 수가 2개이므로 전단응력은 아래와 같이 구한다.

$$\tau_{\text{전단응력}} = \frac{P_{\text{인장력}}}{n_{\text{전단면의 수}} \times A_{\text{전단되는 단면}}} = \frac{P}{n\frac{1}{4}\pi d^2} = \frac{P}{2 \times \frac{1}{4}\pi d^2}$$

1회 실전 모의고사 **정답 및 해설**

01	③	02	③	03	②	04	③	05	④	06	②	07	③	08	③	09	②	10	①
11	②	12	②	13	②	14	①	15	②	16	④	17	②	18	③	19	④	20	①
21	④	22	③	23	①	24	①	25	④	26	②	27	①	28	①	29	①	30	①
31	③	32	④	33	③	34	③	35	④	36	④	37	②	38	②	39	①	40	②
41	②	42	③	43	①	44	①	45	②	46	④	47	④	48	③	49	②	50	①

01

정답 ③

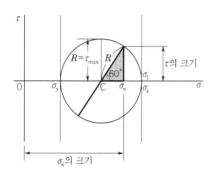

σ_x와 σ_y의 평균값은 $\dfrac{\sigma_x + \sigma_y}{2}$이므로 모어원의 중심($C$)의 x좌표값을 말한다.

모어원의 중심(C) $= \dfrac{\sigma_x + \sigma_y}{2}$이다. $x-y$ 좌표로 표현하면 $\left(\dfrac{\sigma_x + \sigma_y}{2} , \, 0 \right)$이다.

모어원의 반지름(R)은 모어원의 중심(C)에서 모어원의 임의의 원주 표면까지이다(반지름은 중심에서 임의의 원주 표면까지 다 동일하므로).

최대전단응력($\tau_{\max}$)는 모어원의 반지름(R) $= \dfrac{\sigma_x - \sigma_y}{2}$이다.

① 최대주응력(σ_1)의 크기는 $\dfrac{\sigma_x + \sigma_y}{2} + R$이다(크기는 항상 원점(0,0)에서부터 떨어진 거리를 말한다).

→ 최대주응력의 크기는 σ_x와 σ_y의 평균값에 모어원의 반지름(R)을 더한 값이다. (○)

② 최대전단응력($\tau_{\max}$)의 크기는 모어원의 반지름(R)이므로 $\sigma_1 - C$가 된다.

→ 최대전단응력의 크기는 최대주응력의 크기에서 원점에서 모어원의 중심까지의 거리를 뺀 값이다. (○)

③ 경사각이 30°라고 나와 있다. 따라서 모어원에서는 30°의 2배인 60°로 도시하여 모어원을 그려야 한다. 그려봤더니 경사각 30°에서의 전단응력(τ)의 크기는 모어원의 반지름(R)보다 작다는 것을 알 수 있다(그림 참조).

→ 경사각 30°에서의 전단응력의 크기는 모어원의 반지름(R)의 크기보다 크다. (×)

④ 경사각 30°에서의 수직응력(σ_n)의 크기는 모어원의 중심(C)인 $\dfrac{\sigma_x + \sigma_y}{2}$의 값보다 크다는 것을 알 수 있다(그림 참조).

→ 경사각 30°에서의 수직응력의 크기는 σ_x와 σ_y의 평균값보다 크다. (○)

02
정답 ③

유량(Q)이 $2000\,\mathrm{m^3/s}$이므로 1초마다 $2{,}000\mathrm{m^3}$ 부피에 해당하는 물이 빠져나오고 있다는 것을 알 수 있다. 1시간(3,600초, 3,600s) 동안 빠져나간 물의 총 부피는 아래와 같이 구할 수 있다.

$2000\mathrm{m^3/s} \times 3600\mathrm{s} = 7{,}200{,}000\mathrm{m^3}$

※ 물의 밀도(ρ)=1,000kg/m³이다. 이것은 물 $1\mathrm{m^3}$의 부피에 해당하는 물의 질량이 1,000kg이라는 것을 의미한다.

1시간 동안 빠져나온 물 $7{,}200{,}000\mathrm{m^3}$의 부피에 해당하는 물의 질량은 얼마일까?

물의 밀도(ρ) = 1,000kg/m³ = 7,200,000,000kg/$7{,}200{,}000\mathrm{m^3}$가 도출된다.

즉, 물 $7{,}200{,}000\mathrm{m^3}$의 부피에 해당하는 물의 질량은 7,200,000,000kg이다.

1시간 동안 빠져나온 물의 무게를 구하라고 했으므로 W(무게)$=mg$를 사용한다.

W(무게)$=mg = 7{,}200{,}000{,}000\mathrm{kg} \times 10\mathrm{m/s^2} = 72{,}000{,}000{,}000\mathrm{N} = 72 \times 10^9\mathrm{N}$

03
정답 ②

$Q = dU + PdV$ [여기서, Q: 열량, dU: 내부에너지 변화량, $W = (PdV)$: 외부에 한 일의 양]

위의 식은 열량(Q)을 공급하면 기체의 내부에너지를 변화시키고 나머지는 외부에 일로 변환된다는 의미이다.

→ $80\mathrm{J} = dU + (100{,}000\mathrm{Pa} \times dV)$

압력(P)은 외부 기압과 피스톤 무게에 의한 압력을 모두 고려해야 한다.

$P =$ 외부압 $+ \dfrac{무게(mg)}{A} = 100{,}000\mathrm{Pa} + \dfrac{12\mathrm{kg} \times 10\mathrm{m/s^2}}{60 \times 10^{-4}\mathrm{m^2}} = 120{,}000\mathrm{Pa}$

부피(체적) 변화량(dV) $= AS$ [여기서, A: 피스톤 단면적, S: 피스톤 이동거리]

$dV = AS = 60\mathrm{cm^2} \times 5\mathrm{cm} = 300\mathrm{cm^3} = 300 \times 10^{-6}\mathrm{m^3}$

$80\mathrm{J} = dU + (120{,}000\mathrm{N/m^2} \times 300 \times 10^{-6}\mathrm{m^3})$ [단, $\mathrm{Pa} = \mathrm{N/m^2}$]

$m\,80\mathrm{J} = dU + 36\mathrm{N \cdot m} = dU + 36\mathrm{J}$ [여기서, $1\mathrm{N \cdot m} = 1\mathrm{J}$]

$\therefore\ dU = 44\mathrm{J}$

04
정답 ③

파스칼 법칙의 예	유압식 브레이크, 유압기기, 파쇄기, 포크레인, 굴삭기 등
베르누이 법칙의 예	비행기 양력, 풍선 2개 사이에 바람 불면 풍선이 서로 붙음 등
베르누이 법칙의 응용	마그누스의 힘(축구공 감아차기, 플레트너 배 등)

05

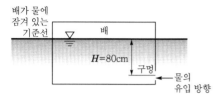

구멍에서 배출되는 물의 속도 $V = \sqrt{2gH} = \sqrt{2 \times 10\,\mathrm{m/s^2} \times 0.8\mathrm{m}} = 4\mathrm{m/s}$

$Q[\mathrm{m^3/s}] = AV = 20 \times 10^{-4}\mathrm{m^2} \times 4\mathrm{m/s} = 0.008\mathrm{m^3/s}$

즉, 1초(s)마다 물 $0.008\mathrm{m^3}$가 배 안으로 유입되고 있다.

[필수 개념]

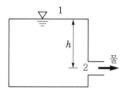

수면 1점에서는 $V_1 \approx 0$이다. 그리고 1점과 2점은 각각 대기압(P)을 동일하게 받고 있다.

베르누이 방정식 $\dfrac{P_1}{\gamma} + \dfrac{V_1^2}{2g} + Z_1 = \dfrac{P_2}{\gamma} + \dfrac{V_2^2}{2g} + Z_2$를 사용하여 토출구의 속도 V_2를 구해보자.

$$\frac{P_1}{\gamma} + \frac{V_1^2}{2g} + Z_1 = \frac{P_2}{\gamma} + \frac{V_2^2}{2g} + Z_2$$

$$\frac{P}{\gamma} + Z_1 = \frac{P}{\gamma} + \frac{V_2^2}{2g} + Z_2$$

$$\frac{V_2^2}{2g} = Z_1 - Z_2 = h$$

$$V_2^2 = 2gh$$

$$V_2 = \sqrt{2gh}$$

06

90℃ 물

단열 용기

0℃ 얼음

90°C의 물과 0°C의 얼음이 만난다. 어느 정도 시간이 흐르면 물과 얼음은 서로 열적 평형 상태가 되어 평형온도 T에 도달하게 될 것이다. 90°C의 물은 0°C의 얼음으로부터 열을 빼앗기기 때문에 90°C에서 평형온도 T로, 0°C의 얼음은 90°C의 물로부터 열을 빼앗아 녹게 되고 물이 될 것이며 0°C의 물에서 평형온도 T로 상승하게 될 것이다. 열은 항상 고온체로부터 저온체로 이동한다.

0°C의 얼음은 90°C의 물로부터 열을 빼앗아 물로 녹을 것이다. 그리고 평형온도 T까지 상승한다. 90°C의 물은 0°C의 얼음으로부터 열을 빼앗겨 평형온도 T까지 온도가 하강한다.

※ 0°C의 얼음이 90°C의 물로부터 얻은 열량 Q와 90°C의 물이 0°C의 얼음으로부터 빼앗긴 열량 Q는 서로 동일할 것이다. 그 열이 그 열이기 때문이다. 이를 수식으로 표현하면 아래와 같다.

질량을 m이라고 가정한다.

0°C의 얼음이 90°C의 물로부터 빼앗은(얻은) 열(Q)은 얼음이 물로 상 변화하는 데 필요한 열인 얼음의 융해열 A와 0°C의 물에서 평형온도 T까지 온도가 변화하는 데 필요한 현열로 쓰일 것이다. 이를 수식으로 표현하면 아래와 같다.

$Q = mA + Cm(T-0)$ ⋯ ①

90°C의 물은 0°C의 얼음으로부터 열을 빼앗겨 90°C에서 평형온도 T까지 온도가 떨어진다. 이를 수식으로 표현하면 아래와 같다.

$Q = Cm(90-T)$ ⋯ ②

※ 물과 얼음 사이에서 이동한 열량 Q는 서로 같기 때문에 ① = ②가 된다.

$mA + Cm(T-0) = Cm(90-T)$

$mA + CmT = 90Cm - CmT$

$mA + 2CmT = 90Cm \;\rightarrow\; A + 2CT = 90C \;\rightarrow\; 2CT = \dfrac{90C-A}{2C}$

$\therefore\; T = 45 - \dfrac{A}{2C}$

※ 얼음을 물에 넣어서 녹은 상황이므로 섞었을 때의 평형온도 T가 곧 물의 온도이다.

07

정답 ③

벡터 (크기와 방향을 가지고 있는 물리량)	스칼라 (크기만 가지고 있는 물리량)
속도, 힘, 가속도, 전계, 자계, 토크, 운동량, 충격량 등	에너지, 온도, 질량, 길이, 전위 등

08

정답 ③

열기관의 열효율(η) = $\dfrac{출력}{입력}$ = $\dfrac{W_{일}}{Q_1}$ [여기서, $W_{일} = Q_1 - Q_2$, Q_1: 공급열, Q_2: 방출열]

$\eta = \dfrac{W_{일}}{Q_1} \;\rightarrow\; 0.4 = \dfrac{Q_1 - Q_2}{Q_1} = \dfrac{Q_1 - 9,000\mathrm{J}}{Q_1}$

$0.4Q_1 = Q_1 - 9,000\mathrm{J} \;\rightarrow\; 0.6Q_1 = 9,000\mathrm{J}$

$\therefore\; Q_1 = 15,000\mathrm{J}$

$W_일 = Q_1 - Q_2 = 15{,}000\text{J} - 9{,}000\text{J} = 6{,}000\text{J} = 6\text{kJ}$

즉, 매순환마다 고온체로부터 15,000J의 열을 공급받고, 외부로 6,000J의 일을 하며 남은 9,000J은 저온체로 방출하여 버려진다.

$일률 = \dfrac{W(한\ 일)}{t(시간,\ s)} \rightarrow 3\text{kW} = 3\text{kJ/s} = 3{,}000\text{J/s} = \dfrac{6{,}000\text{J}}{t} \rightarrow t = 2\text{s}(초)$

09

정답 ②

동일한 높이 h이기 때문에 각 물체가 갖는 초기 상태에서의 위치에너지값은 mgh로 동일하다. 이 위치에너지가 지면에 도달했을 때 모두 운동에너지로 변환된다. 그 이유는 지면에 도달했을 때에는 높이가 0이고, 점점 속도가 붙어 운동에너지가 커지기 때문이다. 이는 곧, 위치에너지가 모두 운동에너지로 변환되었다는 의미이다.

$mgh(위치에너지) = \dfrac{1}{2}mV^2(운동에너지)$

$\therefore\ V(지면에\ 도달했을\ 때의\ 속도) = \sqrt{2gh}$

문제에서는 경사면을 벗어나는 순간(지면 도달)의 운동에너지를 물어봤기 때문에 지면 도달 시, 좌측과 우측의 운동에너지는 각각 mgh로 동일할 것이다. 따라서 $\dfrac{A}{B} = 1$이다.

10

정답 ①

경사면 위쪽 방향으로 F라는 힘을 가했을 때, 반대 방향으로 $mg\sin30°$의 힘이 작용하게 된다. 이때, 가해준 F의 힘과 $mg\sin30°$의 힘이 서로 평형을 이루기 때문에 물체는 정지하고 있는 것이다(같은 방향의 힘만 생각한다).

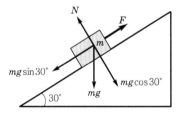

$F = mg\sin30° = \dfrac{1}{2}mg$

만약, 경사각이 60°로 바뀐다면 아래와 같다.

$mg\sin60° = \dfrac{\sqrt{3}}{2}mg$ 크기의 힘이 경사면 아래 방향으로 작용한다. 이때, 물체를 정지시키려면 위쪽 방향으로 $\dfrac{\sqrt{3}}{2}mg$와 동일한 크기의 힘을 가해야 한다.

$\dfrac{\sqrt{3}}{2}mg = \left(\dfrac{1}{2}mg\right)\sqrt{3} = F\sqrt{3} = \sqrt{3}F$라는 힘이 위쪽 방향으로 가해져야 한다.

11

구가 반만 잠긴 채 물 위에 떠서 정지해있다는 것은 **"중력부력"** 상태라는 것을 말한다. 중력 부력은 부력과 중력에 의한 물체의 무게가 서로 힘의 평형관계가 있다라는 것을 말한다(즉, 중력＝부력).

양성부력	부력 ＞ 중력 (물체가 점점 뜬다)
중성부력	부력 ＝ 중력 (물체가 떠 있는 상태)
음성부력	부력 ＜ 중력 (물체가 점점 가라앉는다)

㉠ 부력(F_b)의 크기 구하기

$$F_b = \gamma V_{\text{잠긴 부피}} = 9,800\text{N/m}^3 \times \left[\frac{4}{3} \pi (0.1\text{m})^3 \right] \frac{1}{2} \fallingdotseq 19.6\text{N}$$

$$\left[\text{여기서, } V_{\text{잠긴 부피}} = \left(\frac{4}{3} \pi r^3 \right) \frac{1}{2} \text{ (구의 반만 잠겼으므로)} \right]$$

㉡ 구(물체)의 무게 구하기

$$W = mg = m \times 9.8\text{m/s}^2$$

㉢ 부력(F_b)과 구(물체)의 무게가 서로 힘의 평형관계에 있으므로 아래와 같다.

$$F_b = W \rightarrow 19.6\text{N} = m \times 9.8\text{m/s}^2 \rightarrow \therefore m = 2\text{kg}$$

※ 물의 밀도(ρ) $= 1\text{g/cm}^3 = \dfrac{0.001\text{kg}}{10^{-6}\text{m}^3} = 1,000\text{kg/m}^3$

※ 물의 비중량(γ) $= 9,800\text{N/m}^3$

※ 구의 부피(V) $= \dfrac{4}{3} \pi r^3$

12

풀이 1) 베르누이 방정식 활용

- ①점은 수면, ②점은 구멍 중심을 기준으로 잡는다.

$$\frac{P_1}{\gamma} + \frac{V_1^2}{2g} + Z_1 = \frac{P_2}{\gamma} + \frac{V_2^2}{2g} + Z_2$$

①점은 수면이기 때문에 잔잔한 정지 상태이다. 따라서 $V_1 = 0\text{m/s}$ 이다.

$Z_1 - Z_2 = 5\text{m}$ 이다.

P_1과 P_2는 동일하게 대기압이 작용하고 있으므로 압력수두$\left(\dfrac{P}{\gamma} \right)$는 상쇄된다.

$Z_1 - Z_2 = \dfrac{V_2^2}{2g}$ 이 된다. $5 = \dfrac{V_2^2}{2 \times 10} \rightarrow V_2^2 = 100 \rightarrow \therefore V_2 = 10\text{m/s}$

즉, 물이 구멍에서 10m/s의 속도로 빠져나간다는 것을 알 수 있다.

질량(m)=밀도(ρ) × 구멍의 단면적(A) × 빠져나가는 물의 속도(V_2) × 시간(t)

$200\text{kg} = 1{,}000\text{kg/m}^3 \times 0.0001\text{m}^2 \times 10\text{m/s} \times t$

$\therefore t = 200\text{s} = 200$초 $=$3분 20초가 도출된다.

풀이 2) 간단한 사고의 활용

※ 물의 밀도(ρ): 1000kg/m^3(부피 1m^3 공간에 들어 있는 물의 질량이 $1{,}000\text{kg}$이라는 의미)

따라서 물 200kg은 부피 $\dfrac{1}{5}\text{m}^3$에 해당한다는 것을 알 수 있다.

구멍의 면적은 0.0001m^2이다.

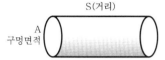

S(거리)

A
구멍면적

구멍의 면적(A)은 0.0001m^2이고 물 200kg이 빠져나가려면 부피 $\dfrac{1}{5}\text{m}^3$만큼 물이 빠져나가야 한다. 위 그림처럼 하나의 관으로 생각해보면 부피는 아래와 같다.

부피(V)=면적(A)×이동거리(S)

$\dfrac{1}{5}\text{m}^3 = (0.0001\text{m}^2 \times S \rightarrow \therefore S = 2{,}000\text{m}$

즉, 하나의 관으로 보았을 때, 빠져나간 물의 질량이 200kg가 되려면 길이가 2,000m인 관을 물이 이동해야 한다. 풀이 1에서 빠져나가는 물의 속도가 10m/s였다. 10m/s의 속도로 2,000m를 이동하려면 200초(200s)가 걸린다. 따라서 답은 3분 20초이다.

[단, 이동거리(S)=속도(V)×시간(t)]

13
정답 ②

만유인력, 자기력, 전기력은 물체가 떨어져 있어도 작용하는 힘이다.

14
정답 ①

ㄱ. 전도: 추운 겨울날 마당의 철봉과 나무는 온도가 같지만 손으로 만지면 철봉이 더 차게 느껴진다.

ㄴ. 전도: 감자에 쇠젓가락을 꽂으면 속까지 잘 익는다.

ㄷ. 대류: 난로는 바닥에, 냉풍기는 위에 설치하는 것이 좋다.

ㄹ. 복사: 아무리 먼 곳이라도 열은 전달된다.

※ 한국환경공단 11번 해설 참조

15

정답 ②

열은 항상 고온체에서 저온체로 이동하게 된다.

고열원계 입장에서 보면 $Q(250\mathrm{J})$라는 열이 저열원계로 이동하였으므로 $Q(250\mathrm{J})$를 잃은 셈이다. 따라서 고열원계의 엔트로피 변화를 구하면 아래와 같다.

$$\triangle S_{고열원} = \frac{\delta Q}{T} = \frac{-250\mathrm{J}}{500\mathrm{K}} = -0.5\mathrm{J/K} \ [\text{열을 잃었으므로 } (-) \text{ 부호이다.}]$$

저열원계 입장에서 보면 $Q(250\mathrm{J})$라는 열을 고열원계로부터 받았으므로 $Q(250\mathrm{J})$을 얻은 셈이다. 따라서 저열원계의 엔트로피 변화를 구하면 아래와 같다.

$$\triangle S_{저열원} = \frac{\delta Q}{T} = \frac{250\mathrm{J}}{250\mathrm{K}} = 1\mathrm{J/K} \ [\text{열을 얻었으므로 } (+)\text{부호이다.}]$$

∴ 총 엔트로피 변화 $\triangle S_{총합} = \triangle S_{고열원} + \triangle S_{저열원} = -0.5\mathrm{J/K} + 1\mathrm{J/K} = 0.5\mathrm{J/K}$

따라서 두 계의 총 엔트로피는 "0.5J/K 증가"했다.

16

정답 ④

미끄러지다가 정지한 이유는 도로의 마찰 때문이다. 즉, 도로에 마찰계수가 존재한다는 이야기와 같다. 결국, 운동하고 있는 자동차의 운동에너지가 마찰일량으로 점점 변환되면서 자동차는 정지하게 된다. 이를 수식으로 표현하면 아래와 같다.

초기에 가진 자동차의 운동에너지가 마찰력에 의한 마찰일량으로 변환되면서 정지한다.

■ 운동에너지 $= \dfrac{1}{2}mV^2$

■ 마찰일량 $= f \times S = \mu mg \times S$ [여기서, $f(\text{마찰력}) = \mu mg$, S: 이동 거리]

운동에너지 $\xrightarrow{\text{변환}}$ 마찰일량

$$\frac{1}{2}mV^2 = \mu mgS \ \rightarrow \ \frac{1}{2}V^2 = \mu gS \ \rightarrow \ \frac{1}{2}V^2 = \mu gd$$

■ 속력이 $2V$로 되었을 때는 아래와 같다.

$$\frac{1}{2}mV^2 = \mu mgS \ \rightarrow \ \frac{1}{2}m(2V)^2 = \mu mgS \ \rightarrow \ 2mV^2 = \mu mgS \ \rightarrow \ 2V^2 = \mu gS$$

※ 초기 상태에서 구한 "$\dfrac{1}{2}V^2 = \mu gd$"를 사용한다.

$$2V^2 = \mu gS \ \xrightarrow{\text{양변에} \times \frac{1}{4}} \ \frac{1}{2}V^2 = \frac{1}{4}\mu gS \cdots \ ㉠$$

$$\frac{1}{2}V^2 = \mu gd \ \cdots \ ㉡$$

㉠과 ㉡을 같게 만들어 계산한다. → $\dfrac{1}{2}V^2 = \mu gd = \dfrac{1}{4}\mu gS$

$\mu gd = \dfrac{1}{4}\mu gS$

∴ $S = 4d$가 도출된다.

★ 혹시나 답 ①과 ②를 고르는 불상사가 없기를 바란다. 속력이 2배가 되었으므로 당연히 자동차의 제동거리는 멀어질 것이다. 따라서 기존 d보다는 더 미끄러지면서 자동차가 멈출 것이다. 따라서 문제를 풀기 전에 이미 답 ①과 ②는 걸러야 한다.

17
정답 ②

응력비(R): 피로시험에서 하중의 한 주기에서의 최소응력과 최대응력 사이의 비율로 $\dfrac{\text{최소응력}}{\text{최대응력}}$으로 구할 수 있다.

응력진폭(σ_a)	평균응력(σ_m)	응력비(R)
$\sigma_a = \dfrac{\sigma_{\max} - \sigma_{\min}}{2}$	$\sigma_m = \dfrac{\sigma_{\max} + \sigma_{\min}}{2}$	$R = \dfrac{\sigma_{\min}}{\sigma_{\max}}$

[여기서, $\sigma_{\max}$: 최대응력, $\sigma_{\min}$: 최소응력]

평균응력(σ_m)이 240MPa이므로 $240 = \dfrac{\sigma_{\max} + \sigma_{\min}}{2}$가 된다. 즉, $\sigma_{\max} + \sigma_{\min} = 480$이다.

응력비(R)이 0.2이므로 $0.2 = \dfrac{\sigma_{\min}}{\sigma_{\max}}$가 된다. 즉, $\sigma_{\min} = 0.2\sigma_{\max}$의 관계가 도출된다.

$\sigma_{\max} + \sigma_{\min} = 480$, $\sigma_{\min} = 0.2\sigma_{\max}$을 연립하면 $\sigma_{\max} + 0.2\sigma_{\max} = 480$이다.
$1.2\sigma_{\max} = 480$이므로 $\sigma_{\max} = 400$, $\sigma_{\min} = 80$이 도출된다.

18
정답 ③

① 마그누스 힘: 유체 속에 있는 물체와 유체 사이에 상대적인 속도가 있을 때, 상대 속도에 수직인 방향의 축을 중심으로 물체가 회전하면 회전축 방향에 수직으로 물체에 힘이 작용하는데 이 현상이 마그누스 힘 효과이다.

② 카르만 소용돌이 효과: 축구공에 회전을 주지 않고 강하게 밀어 차면 마주 오던 공기가 공의 위와 아래로 갈리면서 뒤편으로 흘러 양쪽에 소용돌이가 생기는데 이 소용돌이의 크기가 다르면 기압의 차이도 달라지므로 진행 방향에 변화가 생긴다. 따라서 키퍼가 공의 진행 방향을 예측하기 어렵다(무회전 슛).

③ 자이로 효과: 고속으로 회전하는 회전체는 그 회전축을 일정하게 유지하려는 성질이다.

④ 라이덴프로스트 효과: 어떤 액체가 그 액체의 끓는점보다 훨씬 더 뜨거운 부분과 접촉할 경우 빠르게 액체가 끓으면서 증기로 이루어진 단열층이 만들어지는 현상이다.

19

절탄기(economizer)	보일러에서 나온 연소 배기가스의 남은 열로 보일러로 공급되고 있는 급수를 미리 예열하는 장치이다.
복수기(정압방열)	응축기(condenser)라고도 하며 증기를 물로 바꿔주는 장치이다.
터빈(단열팽창)	• 보일러에서 만들어진 과열증기로 팽창 일을 만들어내는 장치이다. • 터빈은 과열증기가 단열팽창되는 곳이며 과열증기가 가지고 있는 열에너지가 기계에너지로 변환되는 곳이라고 보면 된다.
보일러(정압가열)	석탄을 태워 얻은 열로 물을 데워 과열증기를 만들어내는 장치이다.
펌프(단열압축)	복수기에서 다시 만들어진 물을 보일러로 보내주는 장치이다.

20

깁스의 자유에너지의 변화량 $\triangle G = \triangle H - T \triangle S$
$$= (-8,000) - 300(-30) = 1,000 \mathrm{J} = 1 \mathrm{kJ}$$
→ 깁스의 자유에너지 변화량이 양수라는 것은 그 반응계의 반응이 비자발적임을 의미한다.

■ 자유에너지(G): 온도와 압력이 일정한 조건에서 화학 반응의 자발성 여부를 판단하기 위해 주위와 관계없이 계의 성질만으로 나타낸 것이다.

자발적 반응	$\triangle S_{전체} > 0 \rightarrow \triangle G < 0$
평형 상태	$\triangle S_{전체} = 0 \rightarrow \triangle G = 0$
비자발적 반응	$\triangle S_{전체} < 0 \rightarrow \triangle G > 0$

[깁스의 자유에너지(깁스에너지)의 변화량]
$\triangle G > 0$: 역반응이 자발적이다.
$\triangle G = 0$: 반응 전후가 평형이다.
$\triangle G < 0$: 반응이 자발적이다.

21

비가역 경우에는 엔트로피는 증가한다.

22

시간에 따른 전단응력 변화는 나비에-스토크스식에 포함되지 않는다.

23

정답 ①

롤러지지		롤러지지(가동힌지)는 수평 방향으로는 롤러로 인해 이동할 수 있지만 수직 방향으로는 이동할 수 없다. 즉, 수직 방향으로 구속되어 있어 수직반력 1개가 발생한다.
힌지지지		힌지지지(부동힌지) 힌지로 인해 보가 회전할 수 있지만 수평 방향과 수직 방향으로는 이동할 수 없다. 즉, 수평 방향과 수직 방향으로 구속되어 있어 수평반력과 수직반력 2개가 발생한다. ※ 힌지: 핀 등을 사용하여 중심축을 기준으로 회전할 수 있도록 하는 구조의 접합 부분이다.
고정지지		고정지지는 힌지가 없으니 회전도 못하고, 수평·수직 방향으로 구속되어 있어 회전모멘트, 수평반력, 수직반력 3개가 발생한다.

24

정답 ①

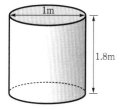

탱크에 가득 들어있는 물의 부피(V)는 Ah이다. [여기서, A: 원통의 밑면적, h: 원통의 높이]

$$V = Ah = \frac{1}{4}\pi d^2 h = \frac{1}{4}\pi \times 1^2 \times 1.8 = 0.45\pi\,[\text{m}^3]$$

탱크 바닥에 내경 $5\text{cm}\,(0.05\text{m})$의 관을 연결하여 1.2m/s의 평균 유속으로 물을 배출한다고 한다. 체적유량(Q)를 계산해보자.

$$Q = AV = \frac{1}{4}\pi d^2\,V = \frac{1}{4}\pi \times 0.05^2 \times 1.2 = 0.00075\pi\,[\text{m}^3/\text{s}]$$

1초마다 $0.00075\pi\,[\text{m}^3]$의 부피에 해당하는 물이 배출될 수 있다.

■ 탱크에 가득 들어있는 물의 부피 $= 0.45\pi\,[\text{m}^3]$

$$t(\text{시간}) = \frac{0.45\pi\,[\text{m}^3]}{0.00075\pi\,[\text{m}^3/\text{s}]} = 600\text{s} = 600\text{초} = 10\text{분}$$

25

정답 ④

열은 항상 고온에서 저온으로 이동한다. 즉, 전도는 에너지가 많은 입자에서 에너지가 적은 입자로 에너지가 전달되는 현상이다.

26

정답 ②

질량이 m인 물체가 높이 h에서 가지고 있는 위치에너지 값은 mgh이다. 이 에너지가 바닥에 떨어지면 모두 운동에너지로 바뀔 것이고 최종적으로 바닥에 있던 질량과 합쳐져 열평형이 이루어지므로 운동에너지가 최종적으로 열에너지로 변환될 것이다.

열(Q) $= cm \triangle T$ [여기서, c: 비열, m: 질량, $\triangle T$: 온도 변화]

$mgh = c(2m) \triangle T$ ($2m$이 되는 이유는 질량이 같은 물체 B와 합쳐지기 때문)

$\therefore \triangle T = \dfrac{gh}{2c}$ 가 도출된다.

27

정답 ①

[마하수(M, Mach number)]

㉠ $M = \dfrac{V}{a}$ [여기서, V: 물체의 속도, a: 소리의 속도(음속)]

물체의 속도가 음속의 몇 배인지 알 수 있는 무차원수이다.

$M = \dfrac{관성력}{탄성력}$ (탄성력에 대한 관성력의 비로 코시수와 물리적 의미 동일)

※ 마하 1이라고 하면 물체의 속도가 음속과 같다는 것이다.

※ 음속(소리의 속도)은 약 343m/s이다.

※ 빛의 속도는 300,000km/s이다.

아음속	$M < 1$
음속	$M = 1$
초음속	$M > 1$
극초음속	$M > 5$

■ 음속을 천음속이라고도 한다. 천음속은 유체의 속도가 아음속에서 초음속으로 전환되는 단계의 속도를 말한다.

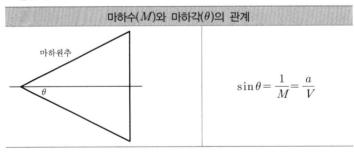

마하수(M)와 마하각(θ)의 관계

$\sin \theta = \dfrac{1}{M} = \dfrac{a}{V}$

㉡ 마하수(M)는 유체의 흐름의 압축성 또는 비압축성 판별에 가장 적합한 무차원수이다. → 마하수가 0.3보다 크면 압축성 효과를 갖는다.

※ 유체가 흐를 때 밀도가 변하면 압축성 유동이고, 밀도가 변하지 않으면 비압축성 유동에 해당된다. 일반적으로 유체가 빠르게 흐를 때, 속도와 압력 또는 온도가 크게 변할 경우, 밀도의 변화를 수반하게 되며 압축성 유동의 특성을 보이게 된다. 예를 들어, 유체 유동의 속도가 마하수 0.3 이하(상온에서

대략 100m/s 내외)에서 밀도의 변화가 무시할 정도가 되기 때문에 비압축성 유동에 해당된다. 그리고 속도가 그 이상으로 빠르게 되면 압축성 유동에 해당된다. 액체의 경우는 밀도 변화가 크지 않으므로 대부분의 경우 비압축성 유동에 해당된다.

→ $0.3 < M < 1.0$인 유동은 아음속 압축성 유동이다.

28

정답 ①

[프란틀(Prandtl)수, Pr]

$$Pr = \frac{C_p \mu}{k} = \frac{운동량전달계수}{열전달계수} \text{ (열전달계수에 대한 운동량전달계수의 비이다.)}$$

• 대부분의 액체에서 프란틀(Prandtl)수는 1보다 크다.
• 프란틀수는 액체에서 온도에 따라 변화 기체에서는 거의 일정한 값을 유지한다.
• 물의 프란틀수는 약 1~10 정도이며 가스의 프란틀수는 약 1이다.

액체 금속	열이 운동량에 비해 매우 빠르게 확산하므로 프란틀수는 매우 작다. $Pr \ll 1$
오일	열이 운동량에 비해 매우 느리게 확산하므로 프란틀수는 매우 크다. $Pr \gg 1$

[누셀(Nusselt)수, Nu]

$$N = \frac{hL}{k} = \frac{대류계수}{전도계수}$$

[여기서, h: 대류 열전달계수, L: 길이, k: 전도 열전달계수]

• 누셀수는 같은 유체 층에서 일어나는 대류와 전도의 비율이다.
• 누셀수가 1이라는 것은 전도와 대류가 상대적 크기가 같다는 의미이다.
• 누셀수가 커질수록 대류에 의한 열전달이 커진다.
• 누셀수(Nu)는 스탠턴수(St) × 레이놀즈수(Re) × 프란틀수(Pr)로 나타낼 수 있으며, 스탠턴수(St)가 생략되어도, 즉 레이놀즈수(Re) × 프란틀수(Pr)만으로 누셀수를 표현하여 해석하는 데 큰 무리가 없다.

29

정답 ①

[여러 가지 무차원수]

프란틀(Prandtl)수, Pr	$$Pr = \frac{C_p \mu}{k} = \frac{운동량전달계수}{열전달계수}$$ (열전달계수에 대한 운동량전달계수의 비)	
	• 대부분의 액체에서 프란틀(Prandtl)수는 1보다 크다. • 프란틀수는 액체에서 온도에 따라 변화 기체에서는 거의 일정한 값을 유지한다. ※ 물의 프란틀수는 약 1~10정도이며 가스의 프란틀수는 약 1이다.	
	액체 금속	열이 운동량에 비해 매우 빠르게 확산하므로 프란틀수는 매우 작다. $Pr \ll 1$
	오일	열이 운동량에 비해 매우 느리게 확산하므로 프란틀수는 매우 크다. $Pr \gg 1$

	■ 열경계층(δ_t): 유체의 흐름에서 온도구배가 있는 영역이다. 온도구배는 유체와 벽 사이의 열교환 과정 때문에 발생한다.

프란틀수에 따른 열경계층 관계	
$\text{Pr} \geq 1$	열 계층 두께(δ_t)가 유동경계층 두께(δ)보다 작다. $\delta_t \leq \delta$
$\text{Pr} = 1$	열 계층 두께(δ_t)가 유동경계층 두께(δ)가 같다. $\delta_t = \delta$
$\text{Pr} \leq 1$	열 계층 두께(δ_t)가 유동경계층 두께(δ)보다 크다. $\delta_t \geq \delta$

누셀(Nusselt)수, Nu	$N = \dfrac{hL}{k} = \dfrac{\text{대류계수}}{\text{전도계수}}$ [여기서, h : 대류 열전달계수, L : 길이, k : 전도 열전달계수] • 누셀수는 같은 유체 층에서 일어나는 대류와 전도의 비율이다. • 누셀수가 1이면 전도와 대류의 상대적 크기가 같다. • 누셀수가 커질수록 대류에 의한 열전달이 커진다. • 누셀수(Nu)는 스탠턴수(St) × 레이놀즈수(Re) × 프란틀수(Pr)로 나타낼 수 있으며, 스탠턴수(St)가 생략되어도, 즉 레이놀즈수(Re) × 프란틀수(Pr)만으로 누셀수를 표현하여 해석하는 데 큰 무리가 없다.
비오트(Biot)수, Bi	$Bi = \dfrac{hL}{k} = \dfrac{\text{대류열전달}}{\text{열전도}}$ 유체 속에 물체가 잠겨 냉각될 때, 즉 열전달 과정이 과도 상태일 때 쓰는 상수이다. 이는 물체의 표면과 내부 사이의 온도 강하의 정도를 알 수 있는 척도가 된다. • 비오트수가 크다면 물체 내에서의 온도 강하가 심하다. • 비오트수가 작으면 물체 내에서의 온도가 거의 일정하다. 비오트수가 작게 되면 물체의 하나의 덩어리로 온도가 일정하다고 가정할 수 있어서 시스템을 더욱 간단하게 만든다. • 대부분 비오트수가 0.1보다 작을 때 물체 내의 온도가 일정하다고 본다. • 비오트수가 1보다 아주 작은 경우 내부 열저항이 무시된다(고체 내부의 온도 구배가 없다고 가정). • 비오트수는 외부 물체와 표면에서 일어나는 대류의 크기와 물체 내부에서 일어나는 전도의 크기의 비율이다.
레이놀즈(Reynolds)수, Re	$Re = \dfrac{\rho Vd}{\mu} = \dfrac{\text{관성력}}{\text{점성력}}$ 강제대류에서 유동 형태는 유체에 작용하는 점성력에 대한 관성력의 비를 나타내는 레이놀즈수에 좌우된다. 즉, 강제대류에서 층류와 난류를 결정하는 무차원수는 레이놀즈수이다.
그라쇼프(Grashof)수, Gr	$Gr = \dfrac{\text{부력}}{\text{점성력}}$ 온도차에 의한 부력이 속도 및 온도분포에 미치는 영향을 나타내거나 자연대류에 의한 전열현상에 있어서 매우 중요한 무차원수이다.

3개 확실히 비교하여 숙지하기	
그라쇼프수	자연대류에서 유동 형태는 유체에 작용하는 점성력에 대한 부력의 비를 나타내는 그라쇼프수에 좌우된다. 즉, 자연대류에서 층류와 난류를 결정하는 무차원수는 그라쇼프수이다. ※ 층류와 난류 사이에 유동이 변하는 영역에서의 그라쇼프수의 임계값은 10^9이다.
레이놀즈수	강제대류에서 유동 형태는 유체에 작용하는 점성력에 대한 관성력의 비를 나타내는 레이놀즈수에 좌우된다. 즉, 강제대류에서 층류와 난류를 결정하는 무차원수는 레이놀즈수이다.
레일리수	자연대류에서 강도를 판별해주거나 유체층 속에서 **열대류가 일어나는지의 여부를 결정해주는** 매우 중요한 무차원수는 레일리수이다. ※ 대류 발생에 필요한 값(임계 레일리수): 약 10^3 ※ 레일리수(Ra) = 그라쇼프수(Gr) × 프란틀수(Pr)

자연대류와 강제대류의 판별	
$\dfrac{Gr}{(Re^2)} \gg 1$	자연대류
$\dfrac{Gr}{(Re^2)} \ll 1$	강제대류
$\dfrac{Gr}{(Re^2)} \fallingdotseq 1$	복합대류

30
정답 ①

누셀수(Nu)는 스탠턴수(St) × 레이놀즈수(Re) × 프란틀수(Pr)로 나타낼 수 있으며, 스탠턴수(St)가 생략되어도, 즉 레이놀즈수(Re) × 프란틀수(Pr)만으로 누셀수를 표현하여 해석하는 데 큰 무리가 없다.

31
정답 ③

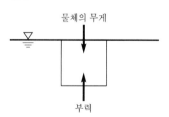

물체의 맨 위 표면이 수면과 같아지려면 물체 전체의 부피가 물에 잠겨야 한다.

물체의 부피: $0.1\text{m} \times 0.1\text{m} \times 0.1\text{m} = 0.001\text{m}^3$

물체의 위 표면이 수면과 같아지려면, "물체의 무게($W_{물체}$) + 위에 놓아야 할 금속의 무게($W_{금속}$)"

와 완전히 물체가 잠겼을 때 수직 상방향으로 작용하는 부력(F_B)이 힘의 평형 관계에 있어야 한다. 이를 수식으로 표현하면 아래와 같다.

완전히 물체가 잠겼을 때 수직 상방향으로 작용하는 부력(F_B)의 크기는 잠긴 부피만큼에 해당하는 유체(물)의 무게에 해당한다.

$$W_{물체} + W_{금속} = F_B$$

$$m_{물체}g + m_{금속}g = \rho_{물}gV_{잠긴\ 부피}$$

$$m_{물체} + m_{금속} = \rho_{물}V_{잠긴\ 부피}$$

밀도(ρ)는 $\dfrac{V(부피)}{m(질량)}$ 이므로 물체의 질량($m_{물체}$) = $\rho_{물체}$ $V(부피)$이다.

$$640\text{kg/m}^3 \times 0.001\text{m}^3 + m_{금속} = 1{,}000\text{kg/m}^3 \times 0.001\text{m}^3$$

$$\therefore\ m_{금속} = 0.36\text{kg} = 360\text{g}$$

32

정답 ④

풀이 1) 속도 – 시간 그래프 활용

성연이는 상공에서 뛰어내리므로 수직 하방향으로 작용하는 중력가속도의 영향을 받게 된다. 따라서 성연이의 운동 상태는 등가속도 운동이다.

3,000m 상공에서 점프한 후, 2,000m 상공에서의 낙하 속도를 구하는 것이므로 성연이의 총 이동 거리는 1,000m이다. 위의 운동 상태를 속도(V)−시간(t) 그래프로 나타내면 아래와 같다.

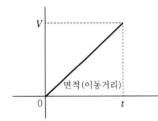

※ 속도−시간 그래프에서의
　기울기는 가속도(a)이다.
※ 속도−시간 그래프에서의
　삼각형 면적은 이동거리(S)이다.

$S = \dfrac{1}{2}Vt$, $a = \dfrac{V}{t}$ → $V = at$가 도출된다. $V = at$를 S 식의 V에 대입한다.

$$S = \frac{1}{2}Vt = \frac{1}{2}(at)t = \frac{1}{2}at^2 = \frac{1}{2}gt^2 \quad [단,\ 중력가속도의\ 영향을\ 받으므로\ a = g이다]$$

$$S = \frac{1}{2}gt^2 \ \rightarrow\ 1{,}000\text{m} = \frac{1}{2} \times 10\text{m/s}^2 \times t^2 \ \rightarrow\ \therefore\ t = \sqrt{200}\ 초(s) = 10\sqrt{2}\ 초(s)$$

즉, 3,000m 상공에서 2,000m 상공으로 낙하할 때까지 걸린 시간이 $10\sqrt{2}$ s 이다.

이 문제는 결국 "1,000m 높이에서 물체를 자유 낙하시켰을 때 $10\sqrt{2}$ 초 후의 속도는 얼마인가?"와 같은 맥락이라는 것을 알 수 있다.

따라서 $V = at = gt = 10\text{m/s}^2 \times 10\sqrt{2}\ \text{s} = 100\sqrt{2}\ \text{m/s} = 약\ 140\text{m/s}$로 도출된다.

($\sqrt{2}$는 대략 1.4이므로)

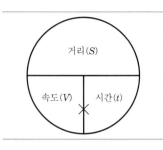

① 거리(S) = 속도(V) · 시간(t)

② 속도(V) = $\dfrac{거리(S)}{시간(t)}$

③ 시간(t) = $\dfrac{거리(S)}{속도(V)}$

풀이 2) 에너지의 변환 이용

초기에 성연이가 3,000m 상공에서 가지고 있는 위치에너지는 $mgh = m \times 10 \times 3,000 = 3,0000m$ 이다. 그리고 2,000m 상공에서 가지고 있는 위치에너지는 $mgh = m \times 10 \times 2000) = 20000m$ 이다. 즉, 10,000m 이라는 위치에너지가 운동 에너지로 변환되었다는 것을 의미한다. 역학적 에너지 보존 법칙에 의해 위치에너지와 운동에너지의 합은 항상 일정하기 때문이다. 구체적으로 말하면, 낙하하면서 속도가 중력가속도에 의해 점점 증가했을 것이며 이 말은 10,000m 이라는 위치에너지가 점점 낙하하면서 운동에너지로 모두 변환되었다는 것을 말한다. 이를 식으로 표현하면 아래와 같다.

$$10,000m = \frac{1}{2}mV^2 \rightarrow 10,000 = \frac{1}{2}V^2 \rightarrow V^2 = 20,000 \quad \therefore V = 약\ 140\,\text{m/s}$$

33

정답 ②

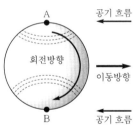

풀이 1) 간단한 생각 ★

A 지점에서는 공의 회전 방향과 공기 흐름의 방향이 서로 반대이기 때문에 공기의 속도가 느려진다. 즉, 공기의 속도가 느려진다는 것은 공기가 머무는 시간이 길어 A 지점에서의 공기의 양이 B 지점보다 상대적으로 많아진다.

B 지점에서는 공의 회전방향과 공기 흐름의 방향이 서로 같기 때문에 공기의 속도가 빨라진다. 즉, 공기의 속도가 빨라진다는 것은 공기가 머무는 시간이 짧아 B 지점에서의 공기의 양이 A 지점보다 상대적으로 적어진다.

유체(기체 또는 액체)의 압력은 유체의 양이 많을수록 크다. 즉, A 지점에서의 공기량이 많기 때문에 A 지점의 압력이 B 지점의 압력보다 크다. 따라서 위에서 아래로 압력이 작용하여 공은 아래로 휘게 되는 것이며 이 압력 차이로 발생하는 힘이 바로 "마그누스 힘"이다. 마그누스 힘과 관련된 것은 위와 같은 상황 외에도 축구공 감아 차기, 플레트너 배 등이 있다. 그리고 "마그누스 힘"은 베르누이 방정식의 응용 현상이라고 보면 된다.

※ 마그누스 힘: 유체 속에 있는 물체와 유체 사이에 상대적인 속도가 있을 때, 상대 속도에 수직인

방향의 축을 중심으로 물체가 회전하면 회전축 방향에 수직으로 물체에 힘이 작용하는데 이 현상이 마그누스 힘 효과이다.

풀이 2) 베르누이 방정식 응용

A 지점에서의 회전 방향에 따른 속도 방향은 접선 방향이므로 오른쪽이다. 근데 공기의 흐름은 왼쪽으로 작용한다. 즉, A 지점에서 회전 방향에 따른 공기의 속도가 공의 진행 방향에 따른 공기의 흐름의 저항을 받아 느려지게 된다. 따라서 A 지점에서 속도는 공기저항에 의해 느리다.

하지만 B 지점에서의 회전 방향에 따른 속도 방향은 접선 방향으로 왼쪽이다. 근데 공기의 흐름도 왼쪽으로 작용한다. 즉, B 지점에서 회전 방향에 따른 공기의 속도가 공의 진행 방향에 따른 공기의 흐름과 같기 때문에 B 지점에서의 공기의 속도 흐름을 도와주는 꼴이 된다. 따라서 B 지점에서의 속도는 A 지점에서의 속도보다 빠르다는 것을 알 수 있다.

※ 베르누이 방정식 $\dfrac{P}{\gamma} + \dfrac{V^2}{2g} + Z = \text{Constant}$

베르누이 방정식에 따르면, 압력과 속도는 항상 압력수두, 속도수두, 위치수두의 합이 일정하기 때문에 압력과 속도는 서로 반비례 관계를 갖는다. 즉, B 지점의 속도가 A 지점의 속도보다 빠르므로 압력은 A 지점보다 B 지점이 작다는 것을 알 수 있다.

속도	압력
$V_B > V_A$	$P_A > P_B$

→ 결론적으로 압력이 공의 A 지점이 B 지점보다 크므로 A에서 B 방향으로 누르는 힘이 발생하게 된다. 이 힘이 바로 마그누스 힘이다. 즉, 공은 아래쪽으로 굴절된다(휘어진다).

34

정답 ③

$f_{진동수} = \dfrac{\omega}{2\pi}$

주기와 진동수는 역수의 관계이다. → $f_{진동수} = \dfrac{1}{T_{주기}}$

따라서 $T_{주기} = \dfrac{2\pi}{\omega}$ 가 된다. [단, $\omega = \sqrt{\dfrac{g}{l}}$]

[여기서, ω: 각속도, l: 단진자의 길이, g: 중력가속도]

$T_{주기} = \dfrac{2\pi}{\omega} = 2\pi\sqrt{\dfrac{l}{g}} = 2$초가 된다.

문제에서 중력가속도(g)가 지구의 $\dfrac{1}{4}$인 행성에 가져갔으므로 위의 식에 g 대신 $\dfrac{1}{4}g$를 대입하면 된다. 단진자의 길이 l은 변함이 없다.

$T_{행성에서의\ 주기} = \dfrac{2\pi}{\omega} = 2\pi\sqrt{\dfrac{l}{g}} = 2\pi\sqrt{\dfrac{l}{\dfrac{1}{4}g}} = 2\pi\sqrt{\dfrac{4l}{g}} = 4\pi\sqrt{\dfrac{l}{g}}$ 가 된다.

$= 2 \times 2\pi\sqrt{\dfrac{l}{g}} = 2 \times 2$초 $= 4$초가 된다.

35

초기에 가진 물체의 운동에너지가 마찰력에 의한 마찰일량으로 변환되면서 정지한다.

■ 운동에너지: $\dfrac{1}{2}mV^2$

■ 마찰일량: $f \times S = \mu mg \times S$ [여기서, f(마찰력)$=\mu mg$, S=이동 거리]

운동에너지 $\xrightarrow{\text{변환}}$ 마찰일량

※ $\dfrac{1}{2}mV^2 = \mu mgS \rightarrow \dfrac{1}{2}V^2 = \mu gS \rightarrow \dfrac{1}{2} \times 20^2 = 0.2 \times 10 \times S$

∴ $S = 100\text{m}$

36

[유량계의 종류]

차압식 유량계	오리피스, 유동노즐, 벤투리
유속식 유량계	피토관, 열선식 유량계
용적식 유량계	오벌 유량계, 루츠식, 로터리 피스톤, 가스미터
면적식 유량계	플로트형, 피스톤형, 로터 미터, 와류식

※ 델타 유량계: 유체의 와류에 의해 유량을 측정하는 유량계

37

물체 B의 무게에 의해 아래로 땡겨지면서 물체 A가 원운동을 하게 된다. 어떤 물체가 등속 원운동을 할 수 있도록 유지시켜주는 힘이 바로 "구심력"이다. 다시 말해, 물체 B의 무게가 물체 A가 등속 원운동을 하게 만드는 구심력이 된다는 의미이다.

$m_B g = m_A \left(\dfrac{V^2}{R} rkght \right) \rightarrow 8 \times 10 = 4 \times \dfrac{V^2}{0.2} \rightarrow \therefore V = 2\text{m/s}$ (선속도)

구심가속도 $a_n = \dfrac{V^2}{R} = \dfrac{2^2}{0.2} = 20\text{m/s}^2$

38

풀이 1) 운동을 해석하기

물체의 운동 정도를 나타내는 물리량인 운동량이 처음엔 정지 상태이므로 0이다.

[운동량: $\vec{P}(\text{kg} \cdot \text{m/s}) = m\vec{V}$

그 물체가 운동 과정 중에 어떤 시간 t동안 힘 F를 누적하여 받았으므로 등가속도 운동을 하면서 운동 상태가 바뀌어 속도 5m/s가 된 것이다. 즉, 나중 물체의 운동 정도를 타나내는 물리량인 운동량은 50이 된다. [※ $10\text{kg} \times 5\text{m/s} = 50\text{kg} \cdot \text{m/s}$]

위 내용을 수식으로 바꾸면 아래처럼 표현된다.

$0 + Ft$(누적된 힘의 양 = 충격의 정도) $= 50$

Ft(누적된 힘의 양 = 충격의 정도) = 50이라는 것을 알 수 있으며 이것이 바로 운동 과정 중에 물체가 받은 충격량(역적)이다. 또한, 위와 같은 운동 해석을 통해 역적(충격량, $\vec{I}$)은 "운동량의 변화량"이라는 것을 알 수 있다.

※ $F = ma$의 본질적인 의미: 단순히 "질량과 가속도의 곱은 힘이다." 이것이 아니다. 본질적인 의미는 질량 m인 물체에 F라는 힘이 가해지면 그 물체는 반드시 등가속도 운동을 하게 된다는 것이다. 여기서 등가속도 운동이라 함은 시간에 따라 점점 감속될 수도 있고 점점 가속될 수도 있다.

풀이 2) 운동의 해석을 정형화시켜 만든 공식을 이용
역적(충격량, $\vec{I}$)은 "운동량의 변화량"으로 구할 수 있다.
운동량의 변화량($\triangle \vec{P}$): $m\vec{V_2} - m\vec{V_1}$
$m\vec{V_2} - m\vec{V_1} = (10 \times 5) - (10 \times 0) = 50\text{N} \cdot \text{s}$

■ 모든 물리나 동역학 문제를 [풀이 1]처럼 운동을 정확하게 해석하면서 푸는 것을 추천한다.

물리 및 동역학 등의 여러 가지 문제를 실제로 공부를 할 때, 정형화된 공식에다가 수치만 대입해서 계산하는 방식의 공부는 추천하지 않는다. 정형화된 공식에다가 수치만 대입해서 풀면 물리나 동역학 문제는 단순한 암기과목으로 전락하고 만다. 이렇게 공식만을 먼저 떠올리게 되면, 운동량, 충격량의 본질적인 의미를 모르고 지나칠 수도 있고 나중에 시험에서 말만 바꾸거나 약간 난이도 높게 응용되서 문제가 출제되면 손도 대지 못하는 상황이 발생할 수도 있다. 여러 문제를 해석하고 운동을 파악하고 물리적으로 어떤 의미를 갖는지, 이 공식은 어떤 의미를 갖는지 등을 분석하면서 공부를 해야 어떤 문제가 나와도 쉽게 풀수 있고 스스로의 사고력을 넓힐 수 있습니다.

※ 그럼 공식은 중요하지 않나?하는 질문이 있을 수 있다. 공식도 중요하다. 상황에 따라서 공식을 사용했을 때 빠르게 처리가 가능한 문제도 있다. 공식을 먼저 암기하기보다 운동 해석을 통해 이해를 하다보면, 저절로 따라오는게 공식이라고 생각하자.

운동량	물체의 운동의 세기(운동 정도)를 나타내는 물리량이다. 즉, 이 값이 클수록 물체는 운동을 매우 크게 하고 있다는 것이다. 예를 들면, 질량이 엄청 크거나 속도가 매우 빠르거나, 질량과 속도가 매우 크거나 할 때 물체의 운동의 세기는 커지고 이에 따라 운동량도 커진다. 따라서 아래와 같이 식이 표현된다. $\vec{P}(kg \cdot m/s) = m\vec{V}$ [여기서, $\vec{P}$: 운동량, m: 질량, $\vec{V}$: 속도] ※ 기호 위의 화살표는 백터를 의미한다. 속도는 크기뿐만 아니라 방향도 있는 백터량이다. 따라서 운동량도 백터량이다.
충격량 (역적)	충격량은 말 그대로 충격의 정도를 나타낸다. 즉, t시간동안 힘(F)이 얼마나 누적되었는지를 나타내는 물리량이라고 보면 된다. 따라서 아래와 같이 표현된다. $\vec{I}(\text{N} \cdot \text{s}, kg \cdot m/s) = \vec{F}t$ [단, $\vec{I}$: 충격량, $\vec{F}$: 힘, t: 시간] 역적(충격량, $\vec{I}$)은 "운동량의 변화량"으로 구할 수 있다. 운동량의 변화량($\triangle \vec{P}$): $m\vec{V_2} - m\vec{V_1}$ ※ 운동량이 백터량이기 때문에 운동량의 변화량인 "충격량"도 백터량이다. $\vec{I} = \vec{F}t = m\vec{a}t = m\dfrac{\vec{V_2} - \vec{V_1}}{t}t = m(\vec{V_2} - \vec{V_1}) = m\vec{V_2} - m\vec{V_1}$

39

정답 ②

등온과정에서는 절대일, 공업일, 열량이 모두 같다. 따라서 일은 아래와 같이 구하면 된다.

$$W = W_t = Q = P_1 V_1 \ln\left(\frac{V_2}{V_1}\right) = mRT\ln\left(\frac{V_2}{V_1}\right)$$

$$W = mRT\ln\left(\frac{V_2}{V_1}\right)$$

부피를 반으로 줄였으므로 $V_2 = \frac{1}{2}V_1$이 된다.

$$W = mRT\ln\left(\frac{\frac{1}{2}V_1}{V_1}\right) = mRT\ln\left(\frac{1}{2}\right) = mRT\ln(2^{-1}) = -mRT\ln 2 = 200\text{J}$$

$\therefore$ 부피를 $\frac{1}{8}$로 줄이면 $V_2 = \frac{1}{8}V_1$이 된다.

$$W = mRT\ln\left(\frac{\frac{1}{8}V_1}{V_1}\right) = mRT\ln\frac{1}{8} = mRT\ln(2^{-3})$$
$$= -3mRT\ln 12 = -3 \times -200\text{J} = 600\text{J}$$

40

정답 ②

과열도: 과열증기의 온도와 포화온도의 차이로 이 값이 높을수록 완전가스(이상기체)에 가까워진다.
먼저, 섭씨(℃)로 답을 도출해야 하므로 증기의 포화온도를 섭씨온도로 바꿔준다.

$T(K)_{\text{절대온도}} = T(C)_{\text{섭씨온도}} + 273.15$

$495 = T(C)_{\text{섭씨온도}} + 273.15 \quad \therefore T(C)_{\text{섭씨온도}} = 495 - 273.15 = 221.85℃$

과열도 = 과열증기의 온도 − 포화온도 = $325℃ - 221.85℃ = 103.15℃$

41

정답 ②

관성력과 점성력만을 고려하라는 것을 통해 레이놀즈수(Re)를 이용해야 하는 것을 알 수 있다.

$(Re)_{\text{모형}} = (Re)_{\text{원형}}$

$$\left(\frac{Vd}{\nu}\right)_{\text{모형}} = \left(\frac{Vd}{\nu}\right)_{\text{원형}} \rightarrow \left(\frac{V \times 0.1\text{m}}{\nu}\right)_{\text{모형}} = \left(\frac{2\text{m/s} \times 0.5\text{m}}{\nu}\right)_{\text{원형}}$$

$$\left(\frac{V(0.1\text{m})}{\nu}\right)_{\text{모형}} = \left(\frac{2\text{m/s} \times 0.5\text{m}}{\nu}\right)_{\text{원형}}$$

$(V \times 0.1\text{m})_{\text{모형}} = (2\text{m/s} \times 0.5\text{m})_{\text{원형}} \quad \therefore V_{\text{모형}} = 10\text{m/s}$

모형의 안지름이 10cm(0.1m)가 되는 이유는 1/5로 축소된 모형이기 때문이다. 모형과 원형 간의 역학적 상사가 성립되려면 모형의 속도가 10m/s가 되어야 한다는 것을 알 수 있다. 모형에서의 유량(Q)을 구하라고 되어 있으므로 $Q_{\text{모형}} = AV = \frac{1}{4}\pi \times 0.1^2 \times 10 = \frac{1}{4} \times 3 \times 0.01 \times 10 = 0.075\text{m}^3/\text{s}$ 가 도출된다.

여기서 $1\text{L} = 0.001\text{m}^3$이므로 $Q_{\text{모형}} = 0.075\text{m}^3/\text{s} = 75\text{L/s}$ 가 도출된다.

42

[선형 스프링이 부착된 피스톤–실린더 장치의 팽창문제]

1) 실린더 내의 최종압력(P_2)

피스톤과 스프링의 변위	$x = \dfrac{\triangle V}{A} = \dfrac{V_2 - V_1}{A} = \dfrac{0.12 - 0.06}{0.3} = 0.2\text{m}$
최종상태에서 스프링에 부가된 힘	$F = kx = 120 \times 0.2 = 24\text{KN}$
최종상태에서 스프링에 작용하는 기체압력	$P_{\text{spring}} = \dfrac{F}{A} = \dfrac{24}{0.3} = 80\text{KPa}$
실린더 내의 최종압력(P_2)	$P_2 = P_1 + P_{\text{spring}} = 150 + 80 = 230\text{KPa}$

2) 기체가 한 전체 일(P–V선도에서 과정곡선 밑의 면적) $= 11.4\text{kJ}$

$$(0.12 - 0.06) \times 150 + \frac{1}{2}(0.12 - 0.06) \times 80 = 11.4\text{kJ}$$

3) 스프링을 압축하기 위하여 스프링에 한 일

$$W = \frac{1}{2}kx^2 = \frac{1}{2} \times 120 \times 0.2^2 = 2.4\text{kJ}$$

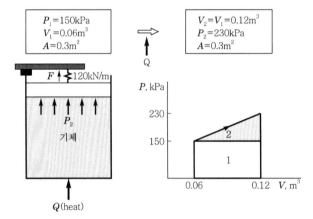

43

운동량 보존법칙($m_1 V_1 + m_2 V_2 = m_1 V_1{}' + m_2 V_2{}'$)을 활용한다.

충돌 전 미사일의 속력을 x라고 가정하고, V는 충돌 후 한 덩어리가 됐을 때의 속력이다.

$(0.01\text{kg})(x) + (0.2\text{kg})(0) = (0.01\text{kg} + 0.2\text{kg})(V)$

(충돌 후 한 덩어리가 되므로 충돌 후의 운동량 계산 시, 질량을 서로 더해줘야 한다)

$0.01x = 0.21V \rightarrow \therefore x = 21V$가 도출된다.

■ 충돌 후 발생한 운동에너지가 마찰력에 의한 일량으로 변환되면서 정지하게 될 것이다.

※ 운동에너지: $\frac{1}{2}mV^2$

※ 마찰일량: $f \times S = \mu mg \times S$ [여기서, f(마찰력)$= \mu mg$, S=이동 거리]

운동에너지 $\xrightarrow{\text{변환}}$ 마찰일량

※ $\frac{1}{2}mV^2 = \mu mgS$ → $\frac{1}{2}V^2 = \mu gS$

→ $\frac{1}{2}V^2 = 0.4 \times 10 \times 8$ → ∴ $V = 8\text{m/s}$가 도출된다. 즉, 충돌 후 한 덩어리가 됐을 때의 속력은 8m/s이다. ∴ $x = 21V$이므로 $x = 21V = 21 \times 8 = 168\text{m/s}$로 계산된다. 따라서 충돌 전 미사일의 속도는 $21 \times 8 = 168\text{m/s}$로 도출된다.

44
정답 ①

※ $Sc(schmidt수) = \dfrac{\nu}{D_V} = \dfrac{\mu}{\rho D_V} = \dfrac{\text{운동학점도}}{\text{분자확산도}}$

→ 분자확산도에 대한 운동학점도를 의미하는 무차원수이다.

45
정답 ②

전자기파 전파에 의한 열전달 현상인 열복사의 파장 범위: $0.1 \sim 100\mu\text{m}$

46
정답 ④

대류	뉴턴(Newton)의 냉각 법칙
전도	푸리에(Fourier)의 법칙
복사	스테판–볼츠만(Stefan–Boltzmann) 법칙

47
정답 ④

[프루드수(Froude수)]

$Froude수 = \dfrac{\text{관성력}}{\text{중력}} = \dfrac{V}{\sqrt{gL}}$

[여기서, V: 속도, g: 중력가속도, L: 길이]

• 자유표면을 갖는 유동의 역학적 상사 시험에서 중요한 무차원수이다(수력도약, 개수로, 배, 댐, 강에서의 모형실험 등의 역학적 상사에 적용).

• 개수로 흐름은 경계면의 일부가 항상 대기에 접해 흐르는 유체 흐름으로 대기압이 작용하는 자유표면을 가진 수로를 개수로 유동이라고 한다. 자유표면을 갖는 유동은 프루드수와 밀접한 관계가 있다.

48

[사고]

물체가 물에 떠있다는 것은 정지상태로 가만히 있다는 의미이다. 즉, 물체에 작용하고 있는 모든 합력이 0이며 각각의 힘이 서로 평형 관계를 유지하고 있다는 것을 내포하고 있다. 물체에 작용하고 있는 힘은 부력과 물체 그 자체의 무게 2가지가 있다.

• 부력의 크기 $= \rho g V_{잠긴 부피}$ (물의 밀도 × 중력가속도 × 잠긴 부피)
• 물체의 무게 $= mg$ (질량 × 중력가속도)
• 부피 $= Ah$ (단면적 × 높이)

[사고의 수식 변환]

㉠ 부력(F_B)은 $\rho_물 g V_{잠긴부피}$이다. $V_{잠긴 부피}$는 물체의 아래 단면적(A)과 h의 곱으로 표현 가능하다.

$$F_B = \rho_물 g V_{잠긴 부피} = \rho_물 g Ah$$

㉡ 물체의 무게는 mg이며 질량(m)은 $\rho_물체 V_{전체 부피}$이다. 그리고 $V_{전체 부피} = AH$이므로 물체의 무게를 다음과 같이 표현이 가능하다.

$$mg = \rho_물체 V_{전체 부피} g = \rho_물체 AHg$$

부력(F_B)과 물체의 무게(mg)는 힘의 평형 관계에 있으므로 $F_B = mg$이다.

$$\rho_물 g Ah = \rho_물체 AHg$$

$$\rho_물 h = \rho_물체 H$$

$$1,000 \text{kg/m}^3 \times 0.03 \text{m} = 600 \text{kg/m}^3 \times H$$

$$\therefore H = 0.05 \text{m} = 5 \text{cm}$$

49

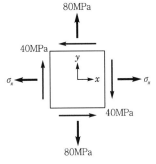

평면응력상태를 보면 y 방향으로 인장응력 80MPa이 작용하고 있으므로 $\sigma_y = +80$MPa이다.

평면응력상태를 보면 x 방향으로 인장응력 σ_xMPa이 작용하고 있으므로 $\sigma_x = +\sigma_x$MPa이다.

평면응력상태를 보면 2사분면과 4사분면으로 전단응력이 모이고 있으므로 τ_{xy}의 부호는 (−)부호이다. 따라서 $\tau_{xy} = -40$MPa이다.

※ 인장은 (+) 부호이며 압축은 (−)부호이다.

※ σ_x는 얼마로 작용하는지 모르기 때문에 미지수 σ_x로 표현한 것이다.

※ 전단응력이 1사분면과 3사분면으로 모이면 (+), 2사분면과 4사분면으로 모이면 (−)이다.

위에서 해석한 평면응력상태를 모어원으로 도시하면 아래와 같다.

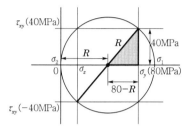

※ 최소주응력(σ_2)이 0MPa이므로 σ_2는 원점$(0,\ 0)$에 놓이게 된다.

ⓐ 모어원의 중심(C)은 $C=\dfrac{80+\sigma_x}{2}$이다. 좌표로 표현하면 $C=\left(\dfrac{80+\sigma_x}{2},\ 0\right)$이다.

ⓑ 최대주응력(σ_1)은 위의 모어원에서 보듯, 원점부터 σ_1까지의 거리이다. 즉, 아래와 같다.

∴ $\sigma_1 = C+R = 2R$ [단, 원점부터 C까지 거리가 모어원의 반지름(R)이다. $C=R$]

※ 모어원의 반지름(R)만 구하면 σ_1을 도출할 수 있다.

ⓒ 음영된 직각삼각형에서 피타고라스의 정리를 활용하면 $(80-R)^2+40^2=R^2$이 된다. $R=50$이 도출된다.

ⓓ $\sigma_1 = C+R = 2R = 2\times 50 = 100$MPa로 계산된다.

50
정답 ①

무게가 3,000kg이다. 이는 무게가 3,000kgf라는 것이다. 이것을 캐치해야 한다. 문제에서 kg은 질량의 단위가 아닌 무게를 나타내는 단위 kg = kgf이다. 편의상 kgf를 kg으로 사용하기도 한다.

※ 무게가 3,000kg = 3,000kgf라는 것을 통해 물체의 질량이 3,000kg이라는 것을 알 수 있다.

$\rightarrow \rho(\text{밀도}) = \dfrac{m(\text{질량})}{V(\text{부피})} = \dfrac{3{,}000\text{kg}}{10\text{m}^3} = 300\text{kg/m}^3$으로 도출된다.

2회 실전 모의고사 정답 및 해설

01	④	02	③	03	③	04	②	05	④	06	①	07	④	08	④	09	③	10	③
11	④	12	③	13	③	14	③	15	②	16	④	17	정답 없음	18	①	19	③	20	④
21	①	22	④	23	④	24	③	25	④	26	①	27	①	28	④	29	③	30	③

01
정답 ④

[절삭가공의 특징]

절삭가공의 장점	• 치수 정확도가 우수하다. • 주조 및 소성가공으로 불가능한 외형 또는 내면을 정확하게 가공이 가능하다. • 초정밀도를 갖는 곡면 가공이 가능하다. • 생산 개수가 적은 경우 가장 경제적인 방법이다.
절삭가공의 단점	• 소재의 낭비가 많이 발생하므로 비경제적이다. • 주조나 소성가공에 비해 더 많은 에너지와 많은 가공시간이 소요된다. • 대량생산할 경우 개당 소요되는 자본, 노동력, 가공비 등이 매우 높다(대량생산 에는 부적합하다).

02
정답 ③

[나사 절삭 시 필요한 것]
• 하프너트(스플릿너트): 리드스크류(어미나사)에 자동이송을 연결시켜 나사깎기 작업을 할 수 있게 한다.
• 체이싱 다이얼: 나사 절삭 시 두 번째 이후의 절삭시기를 알려준다.
• 센터게이지: 나사 바이트의 각도를 검사 및 측정한다.

03
정답 ③

서냉 조직	페라이트(F), 펄라이트(P), 시멘타이트(C), 소르바이트(S)
급랭 조직	오스테나이트(A), 마텐자이트(M), 트루스타이트(T)

급랭(물로 냉각, 수냉)	발생 조직: 마텐자이트(M)
유냉(기름으로 냉각, 유냉)	발생 조직: 트루스타이트(T)
노냉(노 안에서 냉각)	발생 조직: 펄라이트(P)
공랭(공기 중에서 냉각)	발생 조직: 소르바이트(S)

※ 유냉(기름으로 냉각)으로 발생되는 조직인 "트루스타이트"도 급랭 조직이다. 구체적으로 말하면, 담금질
(Quenching, 소입)은 변태점 이상으로 가열한 후, 물과 기름으로 급랭하여 재질을 경화시키는 작업이
다. 따라서 "유냉"도 급랭으로 본다. 실제로 많은 열처리 회사에서 담금질을 할 때 물로만 냉각하거나,
기름으로 하거나 또는 물에다가 기름을 섞어 냉각하기도 한다.

04
정답 ②

순수 알루미늄은 강도가 작다. 따라서 여러 금속들을 첨가하여 기계적 성질 등을 개선한 합금으로 주로 사용한다.

05
정답 ④

형상마찰: 유체를 수송하는 파이프의 단면적이 급격히 확대 및 축소될 때 흐름의 충돌이 생겨 소용돌이가 일어나 압력손실이 발생한다. 이와 같은 경우의 마찰을 "형상마찰"이라고 한다.

06
정답 ①

[압출결함]
- 파이프결함: 압출과정에서 마찰이 너무 크거나 소재의 냉각이 심한 경우 제품 표면에 산화물이나 불순물이 중심으로 빨려 들어가 발생하는 결함이다.
- 세브론균열(중심부균열): 취성균열의 파단면에서 나타나는 산 모양을 말한다.
- 표면균열(대나무균열): 압출과정에서 속도가 너무 크거나 온도 및 마찰이 클 때 제품 표면의 온도가 급격하게 상승하여 표면에 균열이 발생하는 결함이다.

[인발결함]
- 솔기결함(심결함): 봉의 길이 방향으로 나타나는 흠집을 말한다.
- 세브론균열(중심부균열): 인발가공에서도 세브론균열(중심부균열)이 발생한다.

07
정답 ④

항복점이 뚜렷하지 않은 재료에서 내력을 정하는 방법: 0.2%의 영구 strain(변형률)이 발생할 때의 응력으로 정한다.

강을 제외한 대부분의 연성 금속은 뚜렷한 항복점을 나타내지 않고 비례한도를 지나서 변형이 급격히 일어날 경우에 오프셋 방법을 통해 항복응력을 정한다.	
항복응력을 정의하는 방법	비례한도에서 곡선의 기울기와 평행하게 응력이 0인 상태로 내렸을 때, 0.2%의 영구 변형률을 가지게 되는 지점의 응력을 항복응력으로 정의하거나 0.5%의 총변형률에 해당하는 응력을 항복응력으로 정의한다.

08
정답 ④

누프 경도 시험법: 한쪽 대각선이 긴 피라미드 형상의 다이아몬드 압입자를 이용해서 경도를 평가한다.

※ 나머지 해설은 부산교통공사 9번 해설을 참고

09

정답 ③

조파항력(wave drag): 초음속 흐름에서 충격파로 인하여 발생하는 항력이다.

충격파(shock wave)	
정의	• 물체의 속도가 음속보다 커지면 자신이 만든 압력보다 앞서 비행하므로 이 압력파들이 겹쳐 소리가 나는 현상이다. • 기체의 속도가 음속보다 빠른 초음파 유동에서 발생하는 것으로 온도와 압력이 급격하게 증가하는 좁은 영역을 의미한다.
특징	• 비가역 현상으로 엔트로피가 증가한다. • 충격파의 영향으로 마찰열이 발생한다. • 압력, 온도, 밀도, 비중량이 증가하며 속도는 감소한다. • 매우 좁은 공간에서 기체 입자의 운동에너지가 열에너지로 변한다. • 충격파의 종류에는 **수직충격파, 경사충격파, 팽창파**가 있다.
관련 내용	소닉붐: 음속의 벽을 통과할 때 발생한다. 즉, 물체가 음속 이상의 속도가 되어 음속을 통과하면 앞서가던 소리의 파동을 따라잡아 파동이 겹치면서 원뿔모양의 파동이 된다. 그리고 발생한 충격파에 의해 급격하게 압력이 상승하여 지상에 도달했을 때 그것이 소리로 쾅 느껴지는 것이 소닉붐이다. ※ **요약**: 음속을 돌파 → 물체 주변에 충격파 발생 → 공기의 압력 변화로 인한 큰 소음 발생

10

정답 ③

쿠타–쥬코브스키 정리	
정의	물체 주위의 순환 흐름에 의해 생기는 양력, 즉 흐름에 놓여진 물체에 순환이 있으면 물체는 흐름의 직각 방향으로 양력이 생긴다. $L = \rho V T$ [여기서, ρ: 밀도, V: 속도, Γ: 와류의 세기]
특징	이론적으로 마그누스 힘을 쿠타–쥬코브스키 양력 정리로 설명할 수 있다. 축구공, 야구공, 골프공 등에 회전을 가했을 때, 공이 커브를 이루는 것은 양력으로 발생하는 것이다.

11

정답 ④

베르누이 방정식	
정의	$$\frac{P}{\gamma} + \frac{v^2}{2g} + Z = \mathrm{Constant}$$ [단, $\frac{P}{\gamma}$: 압력수두, $\frac{v^2}{2g}$: 속도수두, Z: 위치수두] [베르누이 방정식 기본 가정] ① 유체 입자가 같은 유선 상을 따라 이동한다. ② 정상류, 비점성, 비압축성이어야 한다.

↑ 위의 기본 가정하에서 압력수두 + 속도수두 + 위치수두의 합은 항상 일정하다. 즉, 에너지가 항상 보존된다는 것이다. 따라서 베르누이 방정식은 에너지 보존의 법칙이 기반으로 깔려있다.

※ 수두는 길이의 단위(m, 미터)아닌가요? 어떻게 수두를 에너지로 보는 것인가요? 수두 보존의 법칙이 아닌가요?

■ Answer: 식을 변환해보자.

① $\dfrac{P}{\gamma}+\dfrac{v^2}{2g}+Z=C$ $\xrightarrow{\text{양변에 } \gamma \text{을 곱한다}}$ $P+\gamma\dfrac{v^2}{2g}+Z\gamma=C\gamma$

② $P+\gamma\dfrac{v^2}{2g}+Z\gamma=C\gamma \rightarrow P+\dfrac{\rho v^2}{2}+\rho g h=C$

($\gamma=\rho g$이며, Z는 위치수두인 높이이므로 h로 표현한다. 또한, C는 상수이므로 γ이 곱해지던 그냥 상수일 것이다. 따라서 C로 써도 무방하다)

③ $P+\dfrac{\rho v^2}{2}+\rho g h=C$ $\xrightarrow{\text{양변에 } V(\text{부피})\text{를 곱한다}}$ $PV+\dfrac{\rho v^2}{2}V+\rho V g h=C$

④ 이제 모두 좌변을 에너지 식으로 표현하였다.

→ $W=FS=PAS=PV$ (일 = 에너지)

→ $\dfrac{\rho v^2}{2}V=\dfrac{1}{2}mv^2$ (운동에너지) [여기서, $\rho(\text{밀도})=\dfrac{m(\text{질량})}{V(\text{부피})}$]

→ $\rho V g h=mgh$ (위치에너지)

※ 결론: 좌변이 모두 에너지이므로 베르누이 방정식은 단순히 에너지 보존 법칙이라는 것을 알 수 있다. 즉, 유체가 흐를 때 가지고 있는 에너지의 총합은 항상 일정하다. 또한, 베르누이 방정식은 유체의 입장에서 표현한 간단한 식일 뿐이다. 베르누이 방정식을 압력에 대한 식, 수두에 대한 식, 에너지에 대한 식으로 모두 다 변환할 수 있다.

■ 압력에 대한 식: $P+\dfrac{\rho v^2}{2}+\rho g h=C$

→ 유체가 흐르고 있을 때 어느 한 지점의 압력 P를 정의하기 위해서 그 저짐에서 높이 h만큼 쌓여 있는 유체의 양을 고려해야 하며 유체가 흐르면서 유출된 압력까지 고려해야 우리가 구하고자 하는 지점에서의 압력은 일정할 것이다. 이것이 바로 베르누이 방정식의 본질적인 의미이고 수평적인 압력과 수직적인 압력 모두 고려한 방정식이라고 볼 수 있다.

어떤 유체를 얼마의 높이로 바닥 임의의 점이 이고 있는가, 즉, 높이 h인 유체의 기둥 무게에 의해 바닥을 누르고 있는 압력이 바로 유체의 압력(P)이다.

$P=\rho g h$

[단, $\gamma=\rho g$]

압력에 대한 식	$P+\dfrac{\rho v^2}{2}+\rho gh = C$
수두에 대한 식	$\dfrac{P}{\gamma}+\dfrac{v^2}{2g}+Z= C$
에너지에 대한 식	$PV+\dfrac{1}{2}mv^2+mgh = C$

[필수 비교]

베르누이 방정식	에너지 보존 법칙
연속 방정식	질량 보존 법칙

설명할 수 있는 예시	① 피토관을 이용한 유속 측정 원리 $\dfrac{P}{\gamma}+\dfrac{v^2}{2g}+Z= C$ 식에서 임의 지점에서의 위치와 압력만 알 수 있으면 v(속도)는 쉽게 측정될 수 있다. ② 유체 중 날개에서의 양력 발생 원리 $\dfrac{P}{\gamma}+\dfrac{v^2}{2g}+Z= C$ 식에서 보면 모든 합은 항상 일정하므로 P(압력)와 v(속도)는 반비례 관계에 있다는 것을 알 수 있다. P가 커지면 합이 일정해야 하므로 v는 작아져야 한다. → 비행기 날개 단면 위로 흐르는 유체의 흐름의 속도는 빠르다. 즉, 단면 위의 압력은 낮다. 하지만 날개 단면 아래로 흐르는 유체의 흐름의 속도는 느리다. 따라서 단면 아래의 압력은 높다. 결론적으로 아래의 압력이 위보다 높아 아래에서 위로 미는 힘(작용하는 힘)이 생기는 데 그것이 양력이다. 따라서 비행기가 뜰 수 있는 것이다. ③ 관의 면적에 따른 속도와 압력의 관계 $\dfrac{P}{\gamma}+\dfrac{v^2}{2g}+Z= C$ 식에서 보면 모든 합은 항상 일정하므로 P(압력)와 v(속도)는 반비례 관계에 있다는 것을 알 수 있다. P가 커지면 합이 일정해야 하므로 v는 작아져야 한다.
베르누이 법칙 응용	★ 아래의 2가지는 반드시 알고 넘어가야 한다. **2개의 가벼운 풍선이 천장에 매달려 있다. 풍선 사이로 공기를 불어 넣으면 2개의 공은 베르누이 법칙에 의해 달라붙게 된다.** 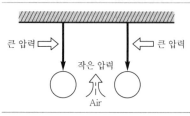

1) 사고로 이해하기

풍선 사이로 공기를 불어 넣으면 풍선 사이의 공기 흐름의 속도가 빨라지게 된다. 공기 흐름의 속도가 빠르다는 것은 공기가 머무는 시간이 짧아(=공기가 순간적으로 치워져) 공기의 양이 상대적으로 적어진다는 것이다. 유체(기체 또는 액체)의 압력은 유체의 양이 많을수록 크다. 즉, 풍선 사이의 공기의 양이 상대적으로 바깥 양쪽보다 적기 때문에 풍선 사이의 압력이 바깥 양쪽의 압력보다 상대적으로 작다는 것을 판단할 수 있다. 따라서 위 그림처럼 압력이 바깥쪽에서 안쪽으로 작용하기 때문에 풍선은 서로 달라붙게 된다.

2) 베르누이 방정식으로 이해하기

$$P + \frac{\rho v^2}{2} + \rho gh = C$$

→ 풍선 사이로 공기를 불어 넣으면 풍선 사이의 공기 흐름의 속도가 빨라지게 된다. 따라서 베르누이 방정식에 의거하여 속도와 압력은 반비례 관계를 갖기 때문에 풍선 사이의 공기 흐름의 속도가 빨라져 풍선 사이의 압력은 상대적으로 바깥 양쪽보다 낮아지게 된다. 결국, 바깥 양쪽의 큰 압력이 위 그림처럼 풍선 사이를 누르듯 작용하기 때문에 풍선을 달라붙게 된다.

마그누스의 힘

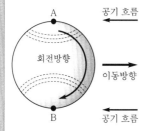

A   공기 흐름

회전방향

이동방향

B   공기 흐름

풀이 1) 간단한 생각 ★

A 지점에서는 공의 회전방향과 공기 흐름의 방향이 서로 반대이기 때문에 공기의 속도가 느려진다. 즉, 공기의 속도가 느려진다는 것은 공기가 머무는 시간이 길어 A 지점에서의 공기의 양이 B 지점보다 상대적으로 많아진다.

B 지점에서는 공의 회전방향과 공기 흐름의 방향이 서로 같기 때문에 공기의 속도가 빨라진다. 즉, 공기의 속도가 빨라진다는 것은 공기가 머무는 시간이 짧아 B 지점에서의 공기의 양이 A 지점보다 상대적으로 적어진다.

※ 결론: 유체(기체 또는 액체)의 압력은 **유체의 양이 많을수록 크다.** 즉, A 지점에서의 공기 양이 많기 때문에 A 지점의 압력이 B 지점의 압력보다 크다. 따라서 위에서 아래로 압력이 작용하여 공은 아래로 휘게 되는 것이며 이 압력 차이로 발생하는 힘이 바로 "마그누스 힘"이다. 마그누스 힘과 관련된 것은 위와 같은 **상황 외에도 축구공 감아 차기, 플레트너 배 등이 있다. 그리고 "마그누스 힘"은 베르누이 방정식의 응용 현상이라고 보면 된다.**

※ **마그누스 힘:** 유체 속에 있는 물체와 유체 사이에 상대적인 속도가 있을 때, 상대 속도에 수직인 방향의 축을 중심으로 물체가 회전하면 회전축 방향에 수직으로 물체에 힘이 작용하는데 이 현상이 마그누스 힘 효과이다.

풀이 2) 베르누이 방정식 응용

A 지점에서의 회전 방향에 따른 속도 방향은 접선 방향이므로 오른쪽이다. 근데 공기의 흐름은 왼쪽으로 작용한다. 즉, A 지점에서 회전 방향에 따른 공기의 속도가 공의 진행 방향에 따른 공기의 흐름의 저항을 받아 느려지게 된다. 따라서 A 지점에서 속도는 공기저항에 의해 느리다. 하지만 B 지점에서의 회전 방향에 따른 속도 방향은 접선 방향으로 왼쪽이다. 근데 공기의 흐름도 왼쪽으로 작요한다. 즉, B 지점에서 회전 방향에 따른 공기의 속도가 공의 진행 방향에 따른 공기의 흐름과 같기 때문에 B 지점에서의 공기의 속도 흐름을 도와주는 꼴이 된다. 따라서 B 지점에서의 속도는 A 지점에서의 속도보다 빠르다는 것을 알 수 있다.

※ 베르누이 방정식 $\dfrac{P}{\gamma}+\dfrac{V^2}{2g}+Z=\mathrm{Constant}$

→ 베르누이 방정식에 따르면, 압력과 속도는 항상 압력수두, 속도수두, 위치수두의 합이 일정하기 때문에 압력과 속도는 서로 반비례 관계를 갖는다. 즉, B 지점의 속도가 A 지점의 속도보다 빠르므로 압력은 A 지점보다 B 지점이 작다는 것을 알 수 있다.

속도	압력
$V_B > V_A$	$P_A > P_B$

→ 결론적으로 압력이 공의 A 지점이 B 지점보다 크므로 A에서 B 방향으로 누르는 힘이 발생하게 된다. 이 힘이 바로 마그누스 힘이다. 즉, 공은 아래쪽으로 굴절된다(휘어진다)

12
정답 ③

① 비딩(beading): 오목 및 볼록 형상의 롤러 사이에 판을 넣고 롤러를 회전시켜 홈을 만드는 공정으로 긴 돌기를 만드는 가공이다.
② 로터리스웨이징(rotary swaging): 금형을 회전시키면서 봉이나 포신과 같은 튜브 제품을 성형하는 회전단조의 일종인 가공이다.
③ 버링(burling): 뚫려 있는 구멍에 그 안지름보다 큰 지름의 펀치를 이용하여 구멍의 가장자리를 판면과 직각으로 구멍 둘레에 테를 만드는 가공이다.
④ 버니싱(burnishing): 1차로 가공된 가공물의 안지름보다 다소 큰 강구(steel ball)를 압입 통과시켜서 가공물의 표면을 소성변형으로 가공하는 방법이다. 원통의 내면 다듬질 방법으로 구멍의 정밀도를 향상시킬 수 있으며 압축 응력에 의한 피로강도 상승효과를 얻을 수 있다.

[가공 종류에 따른 분류] ★
• 전단가공: 블랭킹, 펀칭, 전단, 트리밍, 셰이빙, 노칭, 정밀블랭킹(파인블랭킹), 분단
• 굽힘가공: 형굽힘, 롤굽힘, 폴더굽힘
• 성형가공: 스피닝, 시밍, 컬링, 플랜징, 비딩, 벌징, 마폼법, 하이드로폼법
• 압축가공: 코이닝(압인가공), 스웨이징, 버니싱

"스웨이징"은 반지름 방향 운동의 단조 방법에 의한 가공법이다. 한국가스공사에서 "반지름 방향 운동의 단조 방법에 의한 가공은 무엇인가"?라고 출제된 적이 있다. 많은 준비생들이 인발을 선택해 틀린 문제이다. 인발은 다이 구멍에 축 방향으로 봉을 넣어 단면을 줄이는 가공이다. 반드시 구별해야 한다.

13
정답 ③

① 비가역적 상태가 많다면 엔트로피는 증가하게 된다.
② 슬라이딩을 하면 마찰이 발생하게 된다. 마찰은 비가역 현상의 대표적인 예시이므로 엔트로피가 증가하게 된다.
→ 비가역의 예시: 혼합, 자유팽창, 확산, 삼투압, 마찰, 열의 이동, 화학 반응 등
③ 엔트로피(무질서도)는 자연 상태에서 항상 증가한다. (세상의 모든 일은 무질서도가 증가하는 방향으로 일어난다) 즉, 자연 상태에서는 무조건 안정된 상태로 이동한다는 의미이다. 따라서 변화가 안정된 상태 쪽으로 일어나는 경우는 엔트로피가 증가하는 상황이다.
④ 냄새가 확산된다는 것은 비가역 현상의 대표적인 예시이므로 엔트로피가 증가하게 된다.

14
정답 ③

비오트수가 0.1보다 작을 때 물체 내의 온도가 일정하다고 가정할 수 있다.

15
정답 ②

① 열전도도의 크기는 고체 > 액체 > 기체 순서이다.
② 고체상의 순수 금속은 전기전도도가 증가할수록 열전도도는 높아진다.
③ 기체의 열전도도는 온도 상승에 따라 증가한다.
④ 액체의 열전도도는 온도 상승에 따라 감소한다.

16
정답 ④

헬리셔트: 마모된 암나사를 재생하거나 강도가 불충분한 재료의 나사 체결력을 강화시키는 데 사용되는 기계요소이다.

17
정답 정답 없음

보기 모두 물질전달계수와 관련이 있다.

레이놀즈(Reynolds)수	$Re = \dfrac{관성력}{점성력}$
슈미트(Schmidt)수	$Sc = \dfrac{운동량계수}{물질전달계수}$

루이스(Lewis)수	$Le = \dfrac{\text{열확산계수}}{\text{질량확산계수}}$ → 질량확산계수(물질전달계수)이므로 루이스수도 물질전달계수와 관계가 있는 무차원수이다.	
셔우드(Sherwood)수	$Sh = \dfrac{\text{물질전달계수} \times \text{특성길이}}{\text{이종확산계수}}$ ※ 셔우드(Sherwood)수는 레이놀즈(Reynolds)수와 슈미트(schmidt)수의 함수로 표현이 가능하다.	
	층류	$Sh = 0.664\,Re^{\frac{1}{2}} Sc^{\frac{1}{3}}$
	난류	$Sh = 0.037\,Re^{\frac{4}{5}} Sc^{\frac{1}{3}}$
	→ 따라서 레이놀즈(Reynolds)수도 물질전달계수와 관계가 있다.	
프란틀(Prandtl)수	$\Pr = \dfrac{\text{운동량전달계수}}{\text{열전달계수}}$ → 프란틀수는 물질전달계수와 관련이 **없는** 무차원수이다.	

18

정답 ①

기어는 이와 이가 맞물려서 동력을 전달하기 때문에 미끄럼이 없다.
→ 정확한 속도비를 얻을 수 있다. → 정확한 속도비를 전달할 수 있다.

[로프전동]

정의	로프전동은 벨트전동장치와 비슷하지만 풀리의 링에 홈을 파고 여기에 로프를 물려서 마찰력으로 동력을 전달하는 장치이다.	
특징	• 두 축 사이의 거리가 매우 멀 때에도 동력을 원활하게 전달할 수 있다. • 로프전동장치는 전동장치 중에서 가장 먼 거리의 전동(동력 전달)이 가능하다.	
	와이어로프	50~100m
	섬유질로프	10~30m
	• 벨트전동에 비해 미끄럼이 적다. • 큰 동력을 전달하는 곳과 고속 회전에 적합하다. • 로프 수를 늘리면 더 큰 동력 전달도 가능하다. • 엘리베이터, 케이블카, 스키장 리프트, 공사 현장 크레인 등에 사용한다.	

직접전동장치 (원동차와 종동차가 직접 접촉하여 동력 전달)	간접전동장치 (원동과 종동이 직접 접촉하지 않고 중간 매개체를 통해 간접적으로 동력 전달)
마찰차, 기어, 캠	벨트, 로프, 체인

전달할 수 있는 동력의 크기
체인 > 로프 > V벨트 > 평벨트 (체로브평)

19

운동량 보존 법칙($m_A V_A + m_B V_B = m_A V_A' + m_B V_B'$)을 사용한다.

ⓐ $m_A V_A + m_B V_B = m_A V_A' + m_B V_B'$

ⓑ $m_A(6) + m_B(0) = m_A V_A' + m_B(3)$ → ∴ $6m_A = m_A V_A' + 3m_B$

ⓒ $e = \dfrac{V_B' - V_A'}{V_A - V_B}$ → $1 = \dfrac{3 - V_A'}{6 - 0}$ → ∴ $V_A' = -3\text{m/s}$

완전탄성충돌이므로 반발계수(e)=1이다. 또한, $V_A' = -3\text{m/s}$이므로 충돌 후, 물체 A는 반대 방향으로 3m/s 속도로 운동하게 된다.

ⓓ 이제 대입만 하여 식을 정리하면 된다. ⓑ에서 구한 $6m_A = m_A V_A' + 3m_B$를 사용한다.

$6m_A = m_A V_A' + 3m_B$ 식에 "$V_A' = -3\text{m/s}$" 대입한다.

$6m_A = m_A \times (-3) + 3m_B$ → $9m_A = 3m_B$

∴ $\dfrac{m_A}{m_B} = \dfrac{3}{9} = \dfrac{1}{3}$ 이 도출된다.

충 돌

1) 반발계수에 대한 기본 정의

- 반발계수: 변형의 회복 정도를 나타내는 척도이며 0과 1 사이의 값이다.
- 반발계수(e) = $\dfrac{충돌\ 후\ 상대속도}{충돌\ 전\ 상대속도} = -\dfrac{V_1' - V_2'}{V_1 - V_2} = \dfrac{V_1' - V_2'}{V_1 - V_2}$

  $V_1 =$ 충돌 전 물체 1의 속도 $V_2 =$ 충돌 전 물체 2의 속도

  $V_1' =$ 충돌 전 물체 1의 속도 $V_2' =$ 충돌 전 물체 2의 속도

2) 충돌의 종류

- **완전탄성충돌**($e = 1$): 충돌 전후의 전체에너지가 보존된다. 즉, 충돌 전후의 운동량과 운동에너지가 보존된다. [충돌 전후의 질점의 속도가 같다]
- **완전비탄성충돌**(완전소성출돌, $e = 0$): 충돌 후 반발되는 것이 전혀 없이 한 덩어리가 되어 충돌 후 두 질점의 속도는 같다. 즉 충돌 후 상대속도가 0이므로 반발계수는 0이 된다. 또한, 전체운동량은 보존이 되나 운동에너지는 보존되지 않는다.
- **불완전탄성충돌**(비탄성충돌, $0 < e < 1$): 운동량은 보존이 되나 운동에너지는 보존되지 않는다.

20

층류	• 유체입자들이 얇은 층을 이루어서 층과 층 사이에 입자 교환 없이 질서정연하게 미끄러지면서 흐르는 유동이다. • 주로 유량이 작을 때 발생한다.
난류	• 주로 유량이 증가할 때 유체입자의 흐름이 불규칙적으로 되면서 서로 붙어있던 유체입자들이 떨어져 여기저기 흩어지는 무질서한 운동이다. 따라서 유체입자는 무작위로 움직인다. • 난류를 박리를 늦춰준다.

※ **층류저층**(점성저층, 층류막): 난류경계층 내에서 성장한 층류층으로 층류흐름에서 속도분포는 거의

포물선 형태로 변화하나 난류층 내의 벽면 근처에서는 선형적으로 변한다.

■ 층류저층의 경계층 두께(δ): $\dfrac{11.6\nu}{V\sqrt{\dfrac{f}{8}}}$ [여기서, f: 관마찰계수, ν: 동점성계수, V: 속도]

21

정답 ①

ⓐ 전단응력(τ)$=\dfrac{F_{전단력}}{A_{전단\ 면적}}=\dfrac{V}{ab}$ ⓑ 전단변형률(γ)$=\dfrac{\tau}{G}=\dfrac{V}{abG}$

→ 수평변위(λ_s, 미끄럼 변화량, 전단변형량, d)$=L\gamma=h\gamma=\dfrac{hV}{abG}$

전단응력(τ)에 의해 발생된 전단변형률(γ)을 도식화한 그림

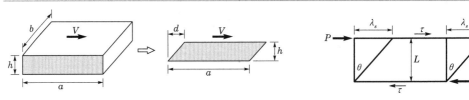

전단변형률(γ)$=\dfrac{\text{미끄럼 변화량(전단변형량)}}{\text{원래의 높이}}=\dfrac{\lambda_s}{L}=\tan\theta\approx\theta\,[\text{rad}]$

[여기서, θ: 전단각(rad)]

※ 전단변형률(γ, 각변형률)은 전단응력(τ)에 의해 발생하는 것으로 전단응력이 작용하기 전 서로 직교하던 두 선분 사이에서 전단응력(τ)의 작용으로 발생한 각도 변화량이다.

22

정답 ④

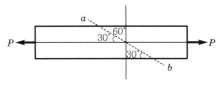

※ 단순응력(1축응력): 특정 한 방향으로만 하중이 작용하고 있는 경우를 단순응력이라고 한다. 그림을 보면, x방향으로만 하중이 작용하고 있으므로 단순응력 상태이다.

→ σ_x(x방향으로 작용하는 응력)만 존재한다. 그리고 σ_x는 (+) 부호이다. 양 옆으로 땡기는 인장하중이 작용하고 있기 때문이다. 양 옆으로 누르는 압축하중이 작용하고 있다면, 부호는 (−)가 된다.

■ 단순응력 상태를 정확히 도시하면 위와 같이 된다. 경사각 60°에서 ab단면에 발생하는 법선응력(수직응력, σ_n)이 25Pa이라는 것도 해석할 수 있다. 이제 모어원을 그려보면 모든 것이 해결된다.

※ 모어원을 도시할 때에는 경사각($\theta = 60°$)의 2배인 120°로 도시하고 반시계 방향으로 회전시킨다.

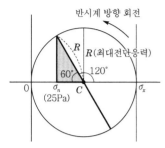

→ 모어원의 반지름(R)은 모어원의 지름(σ_x)의 절반이므로 $\frac{1}{2}\sigma_x$가 된다($R = \frac{1}{2}\sigma_x$).

→ 음영된 직각삼각형에서 $R\cos 60°$은 직각삼각형의 밑변의 길이이다.

※ 원점(O)에서 모어원의 중심(C)까지의 거리인 R에서 "직각삼각형의 밑변의 길이"를 빼면 원점(O)에서부터 σ_n까지의 거리가 도출된다. 즉, 이 거리의 크기가 바로 법선응력(수직응력, σ_n)의 크기이다.

→ $R - R\cos 60° = \frac{1}{2}\sigma_x - \frac{1}{2}\sigma_x\left(\frac{1}{2}\right) = \frac{1}{4}\sigma_x$가 도출되며 이것이 σ_n의 크기이다.

→ $\frac{1}{4}\sigma_x = \sigma_n = 25\text{Pa} \rightarrow \sigma_x = 100\text{Pa}$이 도출된다.

→ σ_x(x방향 응력, 인장하중 P에 의한 응력) $= \dfrac{P}{A}$

→ $\sigma_x = \dfrac{P}{A} \rightarrow 100\text{Pa}(\text{N/m}^2) = \dfrac{\text{P}}{10\text{m}^2} \rightarrow \therefore P = 1{,}000\text{N}$

→ 최대전단응력($\tau_{\max}$)는 모어원의 반지름(R)이다.

따라서 $\tau_{\max} = R = \dfrac{1}{2}\sigma_x = \dfrac{1}{2} \times 100\text{Pa} = 50\text{Pa}$가 도출된다.

23

정답 ④

※ 열역학 제3법칙: 모든 물질이 열역학적 평형상태에 있을 때, 절대온도(t)가 0에 가까워지면 엔트로피도 0에 가까워진다. → $\lim\limits_{t \to 0}\triangle S = 0$

※ 자발적이라는 것은 외부의 어떤 도움 없이 스스로 일어나는 반응 또는 과정을 말한다. 따라서 자발적으로 일어나는 반응 및 과정은 비가역적이며 열역학 제2법칙과 관련이 있다.

가역 과정	$\triangle S_{우주(전체)} = \triangle S_{계} + \triangle S_{주위} = 0$
비가역 과정	$\triangle S_{우주(전체)} = \triangle S_{계} + \triangle S_{주위} > 0$

24

정답 ③

필수 숙지 내용		
레질리언스	비례한도(A점) 내에서 재료가 파단될 때까지 단위체적당 흡수할 수 있는 에너지로 응력-변형률 선도에서 비례한도(A점) 아래 직각삼각형의 면적 값이다. 같은 말로는 변형에너지밀도, 최대탄성에너지, 단위체적당 탄성에너지라고 한다.	
인성	재료가 파단될 때까지 단위체적당 흡수할 수 있는 에너지로 응력-변형률 선도 파단점(E점)까지 총 아래 면적이 인성 값이다. 재료가 소성구간에서 에너지를 흡수할 수 있는 능력을 나타내는 물리량이며 곡선 OABCDE 아래의 면적으로 표현된다.	
	인성	• 질긴 성질 • 충격에 대한 저항 성질 • 충격값, 충격치와 비슷한 맥락의 의미이다.
	취성	• 깨지는 성질 • 메지다, 여리다 • 인성의 반대 성질 (인성이 크면 취성이 작다)
극한강도	재료가 버틸 수 있는 최대 응력 값(D점)으로 같은 말로는 인장강도, 최대공칭응력이다.	

25

정답 ④

단면적을 제외한 모든 조건이 동일하다.

ⓐ 신장량(λ)$=\dfrac{PL}{EA}$

→ 단면적(A)가 다르기 때문에 신장량(λ)도 다르다.

ⓑ 변형률(ε)$=\dfrac{\lambda(\text{신장량})}{L(\text{초기 길이})}$

→ 신장량(λ)이 다르기 때문에 변형률(ε)도 달라진다.

ⓒ 응력(σ)$=\dfrac{P}{A}$

→ 단면적(A)가 다르기 때문에 응력(σ)도 다르다.

ⓓ 단면적(A)는 다르다. 하지만 모든 조건이 동일하기 때문에 단면력으로 부재의 축력은 P로 동일하다.

26

정답 ①

액체의 온도를 50℃에서 100℃까지 올리는 데 필요한 열량을 먼저 구해보자.

액체는 1,000kg/hr로 공급되고 있다. 즉, 1시간당 1,000kg의 액체가 공급되고 있다.

모든 기준을 1hr(1시간)으로 잡는다(계산 용이).

50℃에서 100℃까지 올리는 데 필요한 열량은 현열이고 현열은 아래와 같이 구한다.

$Q_{\text{현열}}=cm\triangle T=0.5\text{cal/kg}\cdot℃\times1,000\text{kg}\times100℃-50℃=25,000\text{cal}$

즉, 1시간당 공급되는 1,000kg의 액체의 온도를 50℃에서 100°C로 올리는 데 필요한 열량은 25,000cal이다.

※ 25,000cal이라는 열량은 과열증기가 공급해줄 것이다. 그렇다면, 25,000cal의 열량을 공급하기 위해서 필요한 과열증기의 양은 얼마일까?

→ 과열증기가 액체에 공급하는 열량은 500cal/kg이다. 즉, 과열증기 1kg당 액체에 공급하는 열량이 500cal라는 것이다. 따라서 25,000cal의 열량을 공급하기 위해서 1시간당 요구되는 과열증기의 양은 50kg이다.

→ $25,000\text{cal} = m \times 500\text{cal/kg}$ ∴ $m = 50\text{kg}$

27

정답 ①

② 응집력이란 동일한 분자 사이에 작용하는 인력이다.

③ 부착력이 응집력보다 클 경우 모세관 안의 유체표면이 상승하게 된다.

④ 자유수면 부근에 막을 형성하는 데 필요한 단위 길이당 당기는 힘을 표면장력이라고 한다.

28

정답 ④

아래 그림처럼 BMD(굽힘모멘트 선도)를 도시하고 모멘트 면적법을 활용하여 처짐량을 도출할 수 있다.

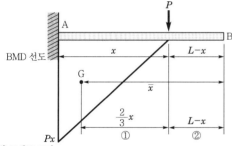

고정단의 모멘트 크기

$\theta = \dfrac{A_m}{EI}$, $\delta = \dfrac{A_m}{EI}\bar{x}$ [여기서, θ: 굽힘각, δ: 처짐량, A_m: BMD의 면적, $\bar{x}$: BMD의 도심까지의 거리]

ⓐ $A_m = \dfrac{1}{2}x(Px) = \dfrac{1}{2}Px^2$

ⓑ $\bar{x} = (L-x) + \dfrac{2}{3}x = L - \dfrac{1}{3}x$ [단, $\bar{x}$: 자유단(끝단)에서 BMD의 도심까지의 거리이다.]

→ $\delta_{\max(B점)} = \dfrac{1}{EI}\left(\dfrac{1}{2}Px^2\right)\left(L - \dfrac{1}{3}x\right) = \dfrac{Px^2}{6EI}(3L-x)$로 도출된다.

[Tip ★]

길이가 L인 외팔보의 자유단(끝단)에 집중하중 P가 작용하고 있을 때 임의의 위치 x에서의 처짐량	$\delta_x = \dfrac{Px^2}{6EI}(3L - x)$
길이가 L인 외팔보에서 고정단으로부터 x 위치에 떨어진 지점에 집중하중 P가 작용하고 있을 때 자유단(끝단)에서의 최대 처짐량	$\delta_{\max} = \dfrac{Px^2}{6EI}(3L - x)$

↑ 위 두 경우는 x에 대한 의미만 다를 뿐, 처짐에 대한 일반식이 동일하므로 각 경우의 x에 대한 의미만 정확히 숙지하고 해당 상황에 맞춰 대입하여 원하는 처짐량을 빠르게 구할 수 있다.

ex. 1) 길이가 L인 외팔보에서 끝단에 집중하중 P가 작용하고 있다. 이때, 보의 중간에서의 처짐량은?
[단, 종탄성계수는 E이며 단면 2차 모멘트는 I이다] (한국지역난방공사 기출)

$$\delta_{x = \frac{L}{2}(\text{보의 중간})} = \frac{P\left(\dfrac{L}{2}\right)^2}{6EI}\left(3L - \frac{L}{2}\right) = \frac{5PL^3}{48EI}$$

29

정답 ③

어떠한 조건도 없을 때 (단순 비교 시)
열효율 비교
디젤기관 (33~38%) > 오토기관[가솔린기관] (26~28%)
압축비 비교
디젤기관 (12~22) > 오토기관[가솔린기관] (6~9)

압축비 및 가열량이 동일할 때
열효율 비교
오토기관[가솔린기관] > 사바테기관 > 디젤기관

최고압력 및 가열량이 동일할 때
열효율 비교
디젤기관 > 사바테기관 > 오토기관[가솔린기관]

30

정답 ③

[주철의 인장강도 순서]
구상흑연주철 > 펄라이트 가단주철 > 백심 가단주철 > 흑심 가단주철 > 미하나이트 주철 > 합금주철 > 고급 주철 > 보통 주철

📝 암기법: (구)(포)역에서 (백)인과 (흑)인이 (미)친 듯이 (합)창하고 있다. (고)(통)이다.

⊘ 필수 암기: 인장강도(단위: 25kgf/mm^2)

보통주철	고급주철	흑심가단주철	백심가단주철	구상흑연주철
$10 \sim 20$	25 이상	35	36	$50 \sim 70$

↑ 위에서 주철의 인장강도 순서를 물어보는 문제 및 고급주철의 인장강도 범위를 물어보는 문제 등이 실제 공기업에서 기출된 적이 있다.

Memo

Memo

집 필 진 소 개

- 공기업 기계직 전공필기 연구소
- 전, 5대 발전사(한국중부발전) 근무
- 전, 서울시설공단 근무
- 공기업 기계직렬 시험에 직접 응시하여 최신 경향 파악

공기업 기계직 기출변형문제집

기계의 진리 민트에디션

2021. 9. 3. 초 판 1쇄 발행
2022. 7. 8. 초 판 2쇄 발행

지은이 | 공기업 기계직 전공필기 연구소
펴낸이 | 이종춘
펴낸곳 | **BM** ㈜도서출판 **성안당**

주소 | 04032 서울시 마포구 양화로 127 첨단빌딩 3층(출판기획 R&D 센터)
10881 경기도 파주시 문발로 112 파주 출판 문화도시(제작 및 물류)

전화 | 02) 3142-0036
031) 950-6300
팩스 | 031) 955-0510
등록 | 1973. 2. 1. 제406-2005-000046호
출판사 홈페이지 | **www.cyber.co.kr**
ISBN | 978-89-315-3218-0 (13550)
정가 | **19,000원**

이 책을 만든 사람들

기획 | 최옥현
진행 | 이희영
교정·교열 | 류지은
본문 디자인 | 신성기획
표지 디자인 | 박원석
홍보 | 김계향, 이보람, 유미나, 서세원, 이준영
국제부 | 이선민, 조혜란, 권수경
마케팅 | 구본철, 차정욱, 오영일, 나진호, 강호묵
마케팅 지원 | 장상범, 박지연
제작 | 김유석